"十二五"国家重点图书

U0393350

环境保护知识丛书

温室效应

——沮丧？彷徨？希望？

赵天涛　张丽杰　赵由才　主编

北　京

冶金工业出版社

2012

内 容 提 要

本书旨在让广大读者了解当前温室效应的产生原因及其机理；了解人类活动所造成的温室气体排放对气候变化的巨大影响；了解如何通过温室气体控制与节能减排来减缓其对气候的影响；了解国际社会在温室气体减排作出努力所取得的成绩。全书图文并茂，栩栩如生，通俗易懂，贴近生活。向读者清晰地解释一些当今最重要的科学话题。

全书共分为 6 章。第 1 章介绍温室效应的概念，讨论了引起温室效应的原因，进而分析温室效应对气候变化、生态系统和人类生活的主要影响。第 2 章讨论温室气体的主要来源以及排放现状。第 3 章～第 5 章介绍了主要温室气体（二氧化碳、甲烷等）的减排办法。第 6 章从正反两个侧面讨论了气候变化的未来与对策。

本书是《环境保护知识丛书》中的一册。该丛书是一套具有科学性、知识性和实用性的科普读物，适合高中文化水平以上、对环境保护感兴趣、关心环保事业的人士或青少年学生课余兴趣阅读。

图书在版编目（CIP）数据

温室效应：沮丧？彷徨？希望？/赵天涛，张丽杰，赵由才主编.
—北京：冶金工业出版社，2012.7
（环境保护知识丛书）
"十二五"国家重点图书
ISBN 978-7-5024-5948-2

Ⅰ. ①温…　Ⅱ. ①赵…　②张…　③赵…　Ⅲ. ①温室效应—研究
Ⅳ. ①X16

中国版本图书馆 CIP 数据核字（2012）第 121386 号

出 版 人　曹胜利
地　　址　北京北河沿大街嵩祝院北巷 39 号，邮编 100009
电　　话　（010）64027926　电子信箱　yjcbs@cnmip.com.cn
责任编辑　程志宏　美术编辑　李　新　版式设计　孙跃红
责任校对　石　静　责任印制　张祺鑫
ISBN 978-7-5024-5948-2
北京慧美印刷有限公司印刷；冶金工业出版社出版发行；各地新华书店经销
2012 年 7 月第 1 版，2012 年 7 月第 1 次印刷
169mm×239mm；15 印张；289 千字；226 页
32.00 元
冶金工业出版社投稿电话：（010）64027932　投稿信箱：tougao@cnmip.com.cn
冶金工业出版社发行部　电话：（010）64044283　传真：（010）64027893
冶金书店　地址：北京东四西大街 46 号（100010）　电话：（010）65289081（兼传真）
（本书如有印装质量问题，本社发行部负责退换）

丛书序言

人类生活的地球正在遭受有史以来最为严重的环境威胁，包括陆海水体污染、全球气候暖化、疾病蔓延等。经相关媒体曝光，生活垃圾焚烧厂排放烟气对焚烧厂周边居民健康影响、饮用水水源污染造成大面积停水、全球气候变化导致的极端天气等，事实上都与环境污染有关。过去曾被人们认为对环境和人体无害的物质，如二氧化碳、甲烷等，现在被证实是造成环境问题的最大根源之一。

我国环境保护工作起步比较晚，对环境问题的认识也不够深入，环境保护措施和政策法规还不完善，导致我国环境事故频发。随着人们生活水平的不断提高，环境保护意识逐渐增强，民众迫切需要加强对环境保护知识的了解。长期以来，虽然出版了大量环境保护书籍，但绝大多数专业性很强，系统性较差，面向普通大众的环境保护科普读物却较少。

为了普及大众环境保护知识，提高环境保护意识，冶金工业出版社特组织编写了《环境保护知识丛书》。本丛书涵盖了环境保护的各个领域，包括传统的水、气、声、渣处理技术，也包括了土壤、生态保护、环境影响评价、环境工程监理、温室气体与全球气候变化等，适合于非环境科学与工程专业的企业家、管理人员、技术人员、大中专师生以及具有高中学历以上的环保爱好者阅读。

本丛书内容丰富，编写的过程中，编者参考了相关著作、论文、研究报告等，其出处已经尽可能在参考文献中列出，在此对文献的作者表示感谢。书中难免出现疏漏和错误，欢迎读者批评指正，以便再版时修改补充。

赵由才

2011 年 4 月

前　言

　　早在 19 世纪 20 年代，法国科学家 Jean Fouxier 就发现自然温室效应，认为自然温室效应是地球能量系统平衡的重要组成部分。至 19 世纪末，瑞典科学家阿伦纽斯（Svante Arrhenius）又提出了人为温室效应的可能性，认为矿物燃料燃烧过程中所排放的二氧化碳将会带来气候变暖问题。但直至 70 年代末，气候变暖问题才重又引起重视。在1985 年由联合国环境规划署（UNEP）、世界气象组织（WMO）、国际科学联盟理事会（ICSU）共同召开的国际会议上，对温室气体浓度增加将引致全球平均温度上升的观点得到基本接受，并成为国际社会的热点之一。

　　20 世纪的最后 10 年是该世纪最暖的 10 年，而 20 世纪则是千年来最暖的世纪。究其原因，是我们释放了太多的温室气体。每当大气中二氧化碳浓度增加 1 倍时，气温会上升 4～6℃。全球气候变暖这一不争的事实说明温室气体的减排已刻不容缓，而温室气体减排也顺其自然地成了环境领域新技术发展的主流方向与目标。

　　本书被列入《环境保护知识丛书》就是在上述背景下产生的，旨在让广大读者了解当前温室效应的产生原因以及产生机理；了解人为活动所造成的温室气体排放情况以及对气候变化的巨大影响；了解如何通过温室气体控制与节能减排来减缓其对气候的影响；了解国际社会在温室气体减排所作的努力以及所取得的成绩。丛书通过栩栩如生的图例与专业而通俗易懂的文字相结合，向读者更清晰地解释了当今最重要的科学话题。

　　全书共分为 6 章。第 1 章介绍温室效应的概念，讨论了引起温室效应的原因，进而分析温室效应对气候变化、生态系统和人类生活的主要影响。第 2 章主要讨论了温室气体的主要来源以及排放现状。第 3 章～第 5 章介绍了主要温室气体（二氧化碳、甲烷等）的减排办法。第 6 章从正反两个侧面讨论了气候变化的未来与对策。

 前　言

　　本书由赵天涛、张丽杰、赵由才担任主编，第 1 章由张丽杰、赵天涛编写；第 2 章由赵天涛、全学军、赵由才编写；第 3 章由陈忠敏和张丽杰编写；第 4 章由赵天涛、赵由才、李军编写；第 5 章由张丽杰和赵天涛编写，第 6 章由徐雨龙和赵天涛编写。赵由才教授负责全书的统编工作。

　　限于编者水平和时间有限，书中不足和错误之处，恳请广大读者批评指正。

编　者

2012 年 1 月

目　录

第1章 温室效应

谈到"温室效应"（Greenhouse Effect），很多人的第一感觉是彷徨和恐惧，觉得它对人类是威胁。但实际上"温室效应"并不是新鲜事物，它是地球大气层具有的一种物理特性。如果没有自然温室效应来聚焦太阳能，地球表面的平均温度将不是现在的15℃，而只有零下6℃。

1.1 什么是温室效应

1.1.1 一些基本概念

在认识温室效应以及温室气体之前，我们首先要了解描述这些问题的一些基本概念。

1.1.1.1 源与汇

源是指环境中物质来源的位置或过程（包括物理与化学等过程），物质由源产生的强度称为源强；汇是指环境中物质去除的位置或过程，物质由汇去除的强度称为汇强。针对温室气体而言，产生温室气体的位置或过程就是温室气体的源，反之为汇。在后面的介绍中，我们会经常用到这两个概念。譬如，生活垃圾填埋场就是甲烷的源，而火力发电厂就是二氧化碳的源。我们通常把源分为自然源与人为源，自然源是指没有人为活动影响而产生物质的来源，湿地是甲烷的自然源之一；人为源是指由于人类活动而产生物质的来源，水稻田是甲烷的人为源之一。温室气体的人为源往往具有强度大、危害大等特点，因此也成为温室气体减排工作的重点。

1.1.1.2 全球增温潜势

政府间气候变化专业委员会（Intergovernmental Panel on Climate Change，IPCC）在1990年的报告中给出了全球增温潜势（Global Warming Potential，GWP）的概念。GWP是反映温室气体对地球变暖作用的相对强度，定义为某一单位质量的温室气体在一定时间内相对于二氧化碳的累积辐射力（辐射力是由于太阳或红外线辐射分量的转变而引起对流层顶部的平均辐射改变，辐射力影响了地球吸收辐射和释放辐射间的平衡，正辐射力会使地球表面变暖，负辐射力使地球表面变凉）。一些气体的全球增温潜势具有较大的不确定性，尤其是那些没有详细寿命测量值的气体；某些气体来源于间接辐射反馈的间接全球增温潜势，其中包括 CO。具有准确大气寿命值的气体的直接全球增温潜势的误差估计大约在 ±35%，而间接全球增温潜势则更加不确定。

1.1.1.3   温室气体的描述

温室气体在大气中的含量一般都非常低，国际常用的浓度单位用 ppm 或 ppb 表示。ppm（parts per million）是溶液浓度的一种表示方法，即 10^{-6} 或 10^{-4}%。对于溶液而言，当 1L 水溶液中有 1/1000mL 的溶质，则溶质浓度为 1ppm；对于气体而言，一百万体积的空气中所含污染物 1 体积，即 1ppm。ppb（parts per billion）是比 ppm 更小的浓度单位，指 10^{-9} 或 10^{-7}%，亦即 ppm 的千分之一。目前按我们国家标准规范，特别是环保部门，要求气体浓度以质量浓度的单位，即以 mg/m^3 表示。

虽然温室气体的浓度很低，但在大气层的尺度上（大气的总质量据估算约为 5.3×10^{18} kg），其总量却是巨大的。由于各种温室气体的含碳量不尽相同，一般都统一折算为总碳量来描述，所用的单位一些文献使用 Pg（10^{15} 克），但标准单位有 Tkg（10^{12} 千克）或 Gt（10^9 吨）。

1.1.2   温室效应产生的原理

大气中温室气体的增温效应最早是由法国数学家傅里叶（Jean-Baptiste Fourier）于 1827 年提出的，他认为大气中和玻璃温室内的环境条件非常相似，这也是温室效应得名的原因。1860 年前后英国科学家丁达尔（Jone Tyndall）测出了二氧化碳和水汽对红外辐射的吸收率，他还大胆猜测，冰期的形成可能与大气中二氧化碳含量减弱有关。1896 年瑞典化学家阿伦纽斯（Svante Arrhenius）计算了温室气体浓度增加的作用结果，大气中二氧化碳浓度增加一倍将使地球的平均气温升高 5~6℃，虽然该结果是一百多年前得到的，但已经很接近当今科学估算的结果了。近几十年来，全球气温的升高引起了各方人士的密切关注，通过各种方法，如气象观测证据、冰芯记录、树木年轮学证据、遥感证据等为全球变暖的趋势提供了有力证据。

自然界的一切物体都以电磁波的方式向周围放射能量，这种传播能量的方式称为辐射，通过辐射传播的能量称辐射能，它是太阳能传输到地球的唯一途径，是地球和大气最重要的能量来源。任何物体对辐射都有吸收、反射和透射作用，地球表面和大气也一样。通常，人们把大气上界垂直于太阳光线的 $1cm^2$ 面积内 1min 获得的太阳辐射能称为太阳常数，一般为 $1370W/m^2$。

太阳辐射光经过大气圈到达地面后，地球表面获得的太阳辐射强度比太阳常数小。这是因为在这个过程中经过了大气的削弱作用，使得透射到大气中的太阳辐射不能完全达到地面。大气云层对太阳辐射的削弱体现在吸收、反射和散射上，反射是指把太阳辐射中的一部分能量反射回宇宙空间；散射不能把辐射转变为热能，只是改变了辐射的方向，使太阳辐射以质点为中心四面八方传播。大气中吸收太阳辐射的成分主要有水汽、氧、臭氧、二氧化碳、甲烷以及固体杂质等，它们可选择吸收一定波长的辐射能。太阳辐射被它们吸收后转变成热能，使太阳辐射受到削弱。

在这三种作用中，反射作用最重要，散射次之，吸收作用相对最小。达到地面的太阳辐射分为两部分，一部分直接辐射到地面称为直接辐射；一部分经过散射后自天空投射到地面称为散射辐射，两者之和称为总辐射，这也是地面得到的全部太阳辐射能量。但投射到地面的太阳辐射，也并非完全被地面吸收，其中一部分被反射回太空中。地面吸收了太阳的短波辐射后被加热，于是不断地向外发出长波辐射。大气对太阳的短波辐射几乎透明、吸收很少，像大气中的二氧化碳对太阳短波辐射的吸收基本可以忽略不计；但其对地面的长波辐射却可强烈吸收，于是大部分的太阳辐射可以直接到达地面并对地面加热。由于地面发出的长波辐射被二氧化碳、氧化亚氮、甲烷等温室气体大量吸收，使得地面的辐射不至于大量损失到太空中去。

地球就像一个大的"玻璃暖房"，不过它是由大气层覆盖的。大气层像玻璃一样能够很好地透光，但不透热。暖房里面的太阳光部分被反射或吸收转变为热量或长波辐射（红外线辐射），这些能量被聚集起来，使整个温室内温度升高。比如晴天，温室内的温度要比温室外高20℃，这并不是因为直接吸收了太阳热，而是因为吸收的太阳光能被最终转化为热量。

温室效应原理如图1-1所示。

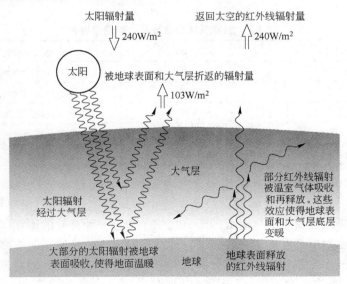

图1-1 温室效应原理

1.1.3　温室效应与温室气体

　　想要了解温室效应，首先要了解大气层。大气层（atmosphere）又叫大气圈，地球就是被这一层很厚的大气层包围着。大气层的成分主要有氮气，占 78.1%；氧气占 20.9%；氩气占 0.93%；还有少量的二氧化碳、稀有气体（氦气、氖气、氩气、氪气、氙气、氡气）和水蒸气。大气层的空气密度随高度而减小，越高空气越稀薄。大气层的厚度大约在 1000km 以上，但没有明显的界线。整个大气层随高度不同表现出不同的特点，分为对流层、平流层、中间层、暖层和散逸层（图 1-2，表 1-1），再上面就是星际空间了。

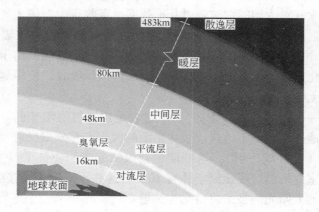

图 1-2　大气垂直分层示意图

表 1-1　温室气体的特征及全球增温潜能

层　序	高度/km	温度分布变化
对流层	0 ~ 17	随着高度的增加而降低
平流层	17 ~ 50	随着高度的增加而升高
中间层	50 ~ 80	随着高度的增加而降低
暖　层	80 ~ 500	随着高度的增加而升高
散逸层	500 ~ 1000	随着高度的增加而升高

　　温室气体通过吸收红外线辐射（长波辐射）从而影响到地球整体的能量平衡，当大量吸热的温室气体被排放到空气中，地球就像被裹上了一层厚厚的毯子。二氧化碳虽然仅占大气组成的千分之三，却是一种有效的温室气体，对来自太阳的短波辐射有高度的透过性，又对地球反射出来的长波辐射有高度的吸收能力，因此大气中二氧化碳的浓度升高就有可能导致大气层低处的对流层变暖。常见的温室气体除二氧化碳以外还有甲烷（CH_4）、臭氧（O_3）、一氧化二氮（N_2O）、全氟碳化物（PFCs）、氢氟碳化物（HFCs）、含氯氟烃（HCFCs）及六

氟化硫（SF_6）等。其中，臭氧比较特殊，当臭氧处在大气层较低的部位（对流层和同温层的下部）时，它是一种温室气体；而处于同温层的上部（此处有一层臭氧层）时，它可以吸收太阳光中的紫外线。对流层中的臭氧是仅次于二氧化碳和甲烷的温室气体，它是光化学的产物，丰度受甲烷（CH_4）、一氧化碳（CO）、氮氧化物（NO_x）和挥发性有机物（VOC）的排放量所控制，若甲烷的丰度增加一倍，或一氧化碳和氮氧化物增加三倍的话，对流层中臭氧的丰度将增加一半。

各种温室气体对地球的能量平衡影响程度并不相同，为了帮助人们比较各种温室气体对地球变暖的影响，表 1-2 列出 IPCC 报告中的一些温室气体的全球增温潜能（GWP）。对气候变化的影响来讲，GWP 已经考虑到各温室气体在大气层中的存留时间以及其吸收辐射的能力。计算 GWP 时需要了解各温室气体在大气层中的演变情况和它们在大气层的余量所产生的辐射力。因此，GWP 含有一些不确定因素，以 CO_2 作为相对比较，一般误差约在 ±35%。

表 1-2　温室气体的特征及全球增温潜能

温室气体种类		留存期/年	全球增温潜能		
			20 年	100 年	500 年
二氧化碳（CO_2）		未能确定	1	1	1
甲烷（CH_4）		12	62	21	7
一氧化二氮（N_2O）		114	275	296	156
氯氟碳化合物（CFCs）	$CFCl_3$（CFC-11）	45	6300	4600	1600
	CF_2Cl_2（CFC-12）	100	10200	10600	5200
	$CClF_3$（CFC-13）	640	10000	14000	16300
	$C_2F_3Cl_3$（CFC-113）	85	6100	6000	2700
	$C_2F_4Cl_2$（CFC-114）	300	7500	9800	8700
	C_2F_5Cl（CFC-115）	1700	4900	7200	9900

注：排放 1kg 该种温室气体相对于 1kg CO_2 所产生的温室效应（数据来自政府间气候变化专门委员会第三份评估报告，2001）。

从表 1-2 可以看出在百年的时间尺度上单位质量 CH_4 和 N_2O 的 GWP 分别是 CO_2 的 21 倍和 296 倍，而氯氟碳化合物（CFCs）的 GWP 则更加巨大，达到了 4600～14000。有些温室气体随着时间的增加，GWP 越来越低，比如甲烷和一氧化二氮等；而另外一些却有相反的趋势，如 C_2F_5Cl 则随着时间的增加，GWP 越来越强。

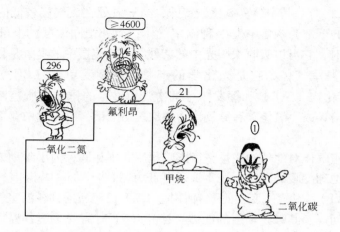

图 1-3　百年尺度上温室气体增温潜势排行

　　直接受人类活动影响的几种温室气体中，CO_2、CH_4 和 N_2O 被认为是最重要的温室气体。其中 CO_2 是数量最多，对增强温室效应贡献最大的气体，其目前的排放量对全球变暖的贡献率超过 50%，它产生的增温效应占所有温室气体总增温效应的 63%，在大气中存留时间最长可达约两百年；其次是 CH_4，贡献率约为 19%；再其次是 N_2O，贡献率约为 4%。

　　研究表明，大气中 CH_4 的丰度不断增加，从 1978 年的 $1520 \times 10^{-7}\%$ 增加到 1998 年的 $1745 \times 10^{-7}\%$。然而，最近二十多年的观测结果表明：CH_4 每年的增加速率在降低。大气中 CH_4 的增加具有很大的不确定性，比如 1992 年的增加量近乎为零，而 1998 年竟然增加了 $13 \times 10^{-7}\%$，对这种不确定性还没有定量的解释。大气中的 N_2O 在以每年 0.25% 的速度增加。

　　IPCC 利用复杂的气候模式估计：因 CO_2 和其他温室气体浓度增加的共同作用将会导致全球平均气温每 10 年上升 0.2℃。在过去的一个半世纪中全球表面温度上升了 (0.6 ± 0.2)℃，20 世纪是过去千年以来最暖的世纪。IPCC 在第三份评估报告中估计全球的地面平均气温将会在 2100 年上升 1.4~5.8℃。这个估计已考虑到大气层中悬浮粒子倾于对地球气候降温的效应以及海洋吸收热能的作用（海洋有较大的热容量），但是，还有很多未确定的因素会影响这一推算结果，例如：未来温室气体排放量的预计、对气候调整的各种反馈作用和海洋吸热的幅度等。

1.1.4　温室气体特征与人类活动

　　这里我们主要讨论几种最重要的受人类活动影响最大的温室气体：CO_2、CH_4、N_2O 以及 CFCs 等。表 1-3 列出了几种主要温室气体的特性。

表 1-3　几种主要温室气体的特性

温室气体	增　加	减　少	对气候的影响
二氧化碳 （CO_2）	1. 燃料； 2. 改变土地的使用（砍伐森林）	1. 被海洋吸收； 2. 植物的光合作用	吸收红外线辐射，影响大气平流层中 O_3 的浓度
甲烷 （CH_4）	1. 生物体的燃烧； 2. 肠道发酵作用； 3. 水稻	1. 和 OH 起化学作用； 2. 被土壤内的微生物吸取	吸收红外线辐射，影响对流层中 O_3 及 OH 的浓度，影响平流层中 O_3 和 H_2O 的浓度，产生 CO_2
一氧化二氮 （N_2O）	1. 生物体的燃烧； 2. 燃料； 3. 化肥	1. 被土壤吸取； 2. 在大气平流层中被光线分解以及和 O 起化学作用	吸收红外线辐射，影响大气平流层中 O_3 的浓度
臭氧 （O_3）	光线令 O_2 产生光化作用	与 NO_x、ClO_x 及 HO_x 等化合物的催化反应	吸收紫外光及红外线辐射
一氧化碳 （CO）	1. 植物排放； 2. 人工排放（交通运输和工业）	1. 被土壤吸取； 2. 和 OH 起化学作用	影响平流层中 O_3 和 OH 的循环，产生 CO_2
氯氟碳化合物 （CFCs）	工业生产	在对流层中不易被分解，但在平流层中会被光线分解和跟 O 产生化学作用	吸收红外线辐射，影响平流层中 O_3 的浓度
二氧化硫 （SO_2）	1. 火山活动； 2. 煤及生物体的燃烧	1. 干和湿沉降； 2. 与 OH 产生化学作用	形成悬浮粒子而散射太阳辐射

1.1.4.1　二氧化碳

　　在工业革命以前的几千年时间里，大气中 CO_2 浓度始终维持在 $280 \times 10^{-4}\%$ 左右；工业革命以后其浓度开始持续上升。夏威夷的冒纳罗亚观象台在 1958 年已开始对大气 CO_2 浓度进行连续检测，结果显示 CO_2 每年在大气层中的平均浓度由 1958 年约 $315 \times 10^{-4}\%$ 升至 1997 年约 $363 \times 10^{-4}\%$。在过去的一个世纪（20 世纪）里，大气 CO_2 的增加速度是空前的。

　　冒纳罗亚观象台观测结果还表明：每年在北半球因为植物呼吸作用 CO_2 浓度会产生周期性变化，在秋冬季节时 CO_2 浓度增加；而在春夏季时 CO_2 浓度减少。与北半球比较，这种随着植物生长及凋萎的 CO_2 浓度周期变化在南半球的出现时间刚刚相反，而且变化幅度较小，这种现象在赤道附近地区则完全观测不到。

1980～1989 年间大气 CO_2 含量的增加速度是 $(3.3 \pm 0.1) \times 10^9$ 吨/年；1990～1999 年间大气 CO_2 含量的增加速度是 $(3.2 \pm 0.1) \times 10^9$ 吨/年。另外，不同年份也表现出不同的增长速度。1992 年的增长速率比较低：1.9×10^9 吨/年；1998 年的增长速率达到最高：6.0×10^9 吨/年。这主要是由于陆地和海洋对 CO_2 吸收发生变化而造成的。

有统计表明，大气 CO_2 增加速率高的年份一般出现在厄尔尼诺（El Niño）年，而增加速率低的年份一般出现在厄尔尼诺延伸年，比如 1991～1994 年。太平洋赤道带的表层海水 CO_2 测量结果表明在厄尔尼诺事件时来自该区域的 CO_2 自然源减少 $(0.2～1.0) \times 10^9$ 吨/年；相反地，大气中的 CO_2 增加。在大多数厄尔尼诺事件中大气 CO_2 高速增加的可能解释是陆地生态系统吸收的减少，这部分引起了热带地区陆地生态系统中的高温、干旱、火灾等效应。

目前大气 CO_2 的增加主要是来自人类活动引起的排放。在很多工业化国家，排放到大气中的二氧化碳有超过三分之一是来自用于发电的燃料如天然气、煤、石油等的燃烧；几乎同样多的排放量是来自各种形式的交通工具上安装的汽油机、柴油机、喷气机和其他发动机；工厂的熔炉、烤炉约占四分之一，家庭集中供热系统、炉子、火加起来约占十分之一。

1.1.4.2 甲烷

甲烷（CH_4）气体对温室效应的贡献仅次于 CO_2，占温室气体对全球变暖贡献总份额的 20%，每分子 CH_4 温室增温潜力是 CO_2 的 21 倍。20 世纪 40 年代末期，科学家通过太阳红外光谱观测到了大气甲烷，并对其垂直分布进行了推算。由于人类活动的影响，自 1750 年以来，大气甲烷浓度在持续增长。目前大气甲烷在对流层的浓度约为 $1.760 \times 10^{-4}\%$，增长速度年平均为 $0.007 \times 10^{-4}\%$。CH_4 在大气层中的增长速度在近十几年开始减缓，尤其在 1991～1992 年间有明显的下降，但在 1993 年后期亦有些增长。1980 至 1990 年的平均增长速度是每年 $13 \times 10^{-7}\%$。

甲烷主要来源于厌氧环境的生物过程，在缺氧环境中由产甲烷细菌或生物体腐败产生，一切存在厌氧环境的生态系统都是大气甲烷的生物源，生物源产生的 CH_4 占大气 CH_4 总量的 80%；非生物过程产生 CH_4 的源称为非生物源，主要包括化石燃料的生产和使用过程的泄漏。大气中 CH_4 源也可以按照是否为人类所直接参与而分为自然源和人为源：前者主要包括湿地、白蚁、海洋等释放，一般占总 CH_4 源的 30%～50%；后者主要包括能源利用、垃圾填埋、反刍动物、稻田和生物体燃烧等的释放，大约占总 CH_4 源的 50%～70%，如表 1-4 所示。

表 1-4　全球 CH₄ 收支估算值　　　　　　　　　　($\times 10^{12}\,g/a$)

项目	数据来源及时间	Fung 等(1991)	Hein 等(1997)	Lelieveld 等(1998)	Houweling 等(1999)	Mosier 等(1998)	Olivier 等(1999)	SAR	TAR
	基准年	1980s	—	1992	—	1994	1990	1980s	1998
自然源	湿地	115	237	225	145				
	白蚁	20	—	20	20				
	海洋	10	—	15	15				
	碳氢化合物	5		10					
人为源	能源	75	97	110	89		109		
	垃圾填埋	40	35	40	73		36		
	反刍动物	80	90	115	93	80	93		
	废物处理	—	—	25		14	6		
	稻田	100	88	—	—	25~54	60		
	生物体燃烧	55	40	40	40	34	23		
	其他	—	—	—	20	15			
总源		500	587	600				597	598
汇	土壤	10	—	30	30	44		30	30
	对流层 OH 反应	450	489	510				490	506
	向平流层输送	—	46	40				40	40
总汇		460	535	580				560	576
失衡		+40						+37	+22

大气甲烷的减少主要是通过 CH₄ 在大气对流层与 OH 自由基发生化学反应被消耗而造成的（化学反应如式 1-1），其次是土壤的吸收和少量的向平流层输送。大气中 CH₄ 每年增加量约为 $30 \times 10^{12}\,g$，而大气 CH₄ 的减少主要是与 OH 自由基在对流层大气中的氧化反应相关，其量约为 $470 \times 10^{12}\,g/a$，占总 CH₄ 减少的 87.8% 左右；少量 CH₄ 则向平流层输送，其量约为 $40 \times 10^{12}\,g/a$，占总 CH₄ 减少量的 7% 左右；以及被干燥土壤吸收，其量约为 $30 \times 10^{12}\,g/a$，占总 CH₄ 减少量的 5.2% 左右；因此全球 CH₄ 减少量的大小在 $(560 \pm 100) \times 10^{12}\,g/a$。

$$CH_4 + OH \longrightarrow CH_3 + H_2O \tag{1-1}$$

早在 20 世纪初人类就知道甲烷氧化细菌能够氧化甲烷，而甲烷氧化细菌广泛散布于土壤、沉积物以及水环境中。在热带、温带以及北极地区的许多土壤的研究中证实了土壤可以氧化甲烷。据估计，全球好气土壤所消耗的大气甲烷的量每年约为 30×10^{12} g，其中温带常绿阔叶林土壤的甲烷消耗约占土壤吸收甲烷总量的 37%。好气的自然土壤如森林土壤、草原土壤等都可能具有吸收大气中甲烷的作用，即使是冻原和沼泽土，在无水层覆盖时也具有吸收作用。

大气中甲烷含量的多少取决于自然源和人为源的甲烷排放与消耗间的平衡，大气甲烷浓度持续升高是由于甲烷源增加和甲烷减小综合作用的结果。产生甲烷过程与消耗甲烷过程在土壤中往往同时存在，土壤甲烷通量是两个过程的综合。

1.1.4.3　一氧化二氮

大气中的氧化亚氮也是一种公认的温室气体。因为 N_2O 在大气中的存留时间可长达百年之久，并且可被输送到平流层，因此氧化亚氮是一种可以导致臭氧层损耗的物质。研究结果表明，自工业革命以来，由于人类活动的影响，大气中氧化亚氮的浓度急剧增加，1990 年时已经达到 310×10^{-7}%，而且每年还以 0.2% ~ 0.3% 的速度增加。现在对流层的氧化亚氮浓度在 $(312 \sim 314) \times 10^{-7}$% 左右。计算模拟结果表明，如果大气中氧化亚氮浓度增加一倍，全球地表气温平均将上升 0.4℃，并且使大气层中不同高度的臭氧浓度减少 10% ~ 16%。

N_2O 的排放源包括天然源和人为源。天然源包括海洋、森林和草地等；人为源指与人类活动密切相关的 N_2O 排放过程，包括农田土壤、生物质燃烧、工业排放等。N_2O 的主要天然源为土壤排放，土壤中的硝化和反硝化作用均可产生 N_2O。土壤中生物源 N_2O 主要是由硝化和反硝化过程产生的，简单地说，硝化是好氧的微生物将铵氧化为硝酸盐的过程，而反硝化是厌氧微生物将硝酸盐还原为 N_2 的过程，N_2O 是由微生物细胞在这两个反应过程中释放到土壤中的中间产物。IPCC 对全球已知的 N_2O 源汇进行总结，认为全球 N_2O 排放总量为每年 16.2×10^{12} g，其中，热带森林和温带森林土壤的 N_2O-N 排放量分别为每年 3.0×10^{12} g 和 1.0×10^{12} g，二者之和约占全球 N_2O 排放总量的 24.7%，总体而言，土壤排放量约占全球 N_2O 排放源的 57%。

海洋则是 N_2O 的另一个重要的天然排放源。有专家认为海洋释放的 N_2O 主要是由亚好氧环境中的细菌通过反硝化作用产生的，而气候变暖将导致亚好氧环境的扩大，从而促进了反硝化作用的进行，故将增加海洋系统 N_2O 的释放。最近的一些研究表明，海洋地区 N_2O 的排放量较低，特别是在厄尔尼诺现象发生时更是如此。IPCC（1997）估计海洋源的年排放量可能在 3.0×10^{12} g N_2O-N 左右。除了在大气中每年增加 $(3 \sim 4.5) \times 10^{12}$ g N_2O-N 以外，N_2O 的最主要的汇是在大气中的光化学分解、陆地水体和土壤也可能吸收少量 N_2O。

全球因生物质燃料而产生的 N_2O 估计每年 N 在 0.5×10^{12} g 左右。生物质燃烧包括农作物秸秆、森林、草地等的燃烧，最主要是热带森林以及草场的燃烧，据统计，它们每年燃烧的面积分别达到7.5亿公顷和750万公顷。化石燃料主要包括煤、石油和天然气等，据IPCC报道，全球燃料源N_2O排放量N可能在$(0.1 \sim 0.3) \times 10^{12}$ g之间，但因为化石燃料燃烧排放的N_2O的量随燃料的种类和燃烧设施的不同而变化，故该结果带有很大的不确定性。另外，工业生产以及废水处理过程也会释放一定的N_2O。

目前，对大气N_2O的源与减少都缺乏准确的定量认识，无论是总排放量还是各个源的排放量精度都很差。有研究表明，植物排放N_2O不仅是一个普遍存在的自然现象，而且其排放量可能达到与土壤排放相当的水平，因而植物可能是未知的大气N_2O的一个重要排放源，而目前对陆地生态系统N_2O排放的估算中一般未将植物的排放考虑进去。因此，N_2O源的定量测量将是未来10年或更长时间内需要探讨的课题。

N_2O在大气层中的存在寿命约150年左右。虽然N_2O在对流层中呈化学惰性，但可以利用太阳辐射的光解作用在同温层中将其中的90%分解，剩下的10%可以和活跃的原子氧反应而被消耗掉。即使如此大气层中的N_2O仍以每年$(0.5 \sim 3) \times 10^{12}$ g的速度净增。

1.1.4.4 氯氟碳化合物

因为氯氟碳化合物（CFCs）可以破坏臭氧层，故受到了我们的广泛关注，同时它们也是温室气体，具有很强的全球增温潜能，是二氧化碳的两万多倍。氯氟碳化合物常被用于制冷器、空调设备、工业清洁器中，也常在泡沫包装中被用作发泡剂。因为氯氟碳化合物绝大多数来自人工合成，故原来的大气中基本没有该类物质的存在，是最近几十年才积累起来的。在各种氯氟碳化合物中，以CFC-11及CFC-12较为重要，因为它们的浓度比较高，分别约为0.27×10^{-7}%及0.55×10^{-7}%，而且它们对平流层内的臭氧有很大的影响。

1.2 温室效应与臭氧层

臭氧层位于$20 \sim 25$km的大气层中，它并不是由纯净的臭氧组成，还混有大气的正常组分，因此在该处的臭氧比其他大气层的臭氧含量要高。臭氧层可以保护地球免受太阳光中有害紫外线的照射，但是，现在的臭氧层正在逐渐被氯氟烃（CFCs）等气体"吞食"，臭氧层急剧变薄正在威胁着地球上的所有生物。越来越少的臭氧意味着越来越多的紫外线照射到地球上。1985年，英国南极探险家J. C. Farman等首先提出南极出现了"臭氧空洞"，英国科学家观测到南极上空出现臭氧层空洞，并证实其同氟利昂（CFCs）分解产生的氯原子有直接关系。之后美国宇航局从人造卫星雨云7号的监测数据进一步证实了这一点，这一消息震惊了全世界。到1994年，南极上空的臭氧层破坏面积已达2400万平方公里，北半球上空的臭氧层比以往任何时候都薄，欧洲和北美上空的臭氧层平均减少了10% ~ 15%，西伯利亚上空甚至减少了35%。科学家警告说，地球上臭氧层被破坏的程度远比人们的想象要严重得多。

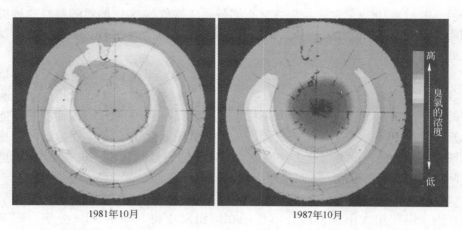

1981年10月　　　　　　　　　　　1987年10月

图 1-4　南极上空臭氧层的变化

通常认为，臭氧层的恢复对地球上的生物健康是至关重要的，然而新的研究表明，这种变化同时将有助于人们与全球变暖进行的斗争。在 2008 年 6 月 13 日出版的美国《科学》杂志上，气候学家报告说，臭氧层的恢复同时还能够重建南半球的季风系统，从而打破由臭氧损耗和温室气体集结形成的平衡。

然而对于地球气候而言，臭氧层还有另一个并不是那么显著的作用。在过去的 50 年中，南极的臭氧层空洞增加了南半球的一个名为南环模（SAM）的重要气旋模式的强度。一个密集的臭氧层能够加热下方距离地球表面 12 ~ 50km 的同温层，而臭氧层空洞的出现则会产生冷却作用。在低海拔地区的温室气体集结和冷却的同温层的双重作用下，SAM 阻挡了更加温暖的空气到达南极洲，从而形成了一个更加寒冷的南极大陆，但这一过程却无形中加热了除此之外的赤道以南的所有地区。

随着臭氧层空洞的愈合以及 SAM 逐渐恢复到更为正常的状态，研究人员预测，由它们产生的影响将在南半球地区逐渐减少。在一项最新的研究中，一个国际研究小组将标准的气候变化计算机模型与考虑了同温层化学变化的其他版本的模型进行了对比。比较的结果表明，臭氧层恢复将重建 SAM 传统的风模式。研究表明，臭氧层的恢复将减轻气候变化对南半球造成的影响。

1.3　碳与碳循环

在遥远的石炭纪、二叠纪、侏罗纪、白垩纪、三叠纪等时期，大量的生物及其沉积物因地壳变迁被埋在地下而迅速与空气隔绝，在适宜的地质条件和长期高温、高压的作用下，逐渐被炭化，最终形成了岩石碳库中最重要的部分——煤、石油、天然气等高碳能源。几千万甚至几亿年之后，这些化石燃料伴随着工业革命的来临推动了人类社会一次划时代的飞跃，深刻影响着人类未来的发展。今天，工业革命持续一百多年之后，与此相关的两个世界性难题摆在了人类面前：一个是，高碳的化石能源即将在触手可及的未来告罄；另一个是，大量燃烧化石能源排出的二氧化碳等温室气体加剧了全球气候变化。问题的核心都是碳以及碳在自然界的循环。

碳是一切生物体中最基本的成分，有机体干重的45%以上是碳。碳是构成生物原生质的基本元素，虽然它在自然界中的储量非常大，但绿色植物能够直接利用的仅仅局限于以 CO_2 形式存在的碳。陆地生态系统中的碳循环主要表现为植物从大气中吸收 CO_2，在水的参与下，经光合作用转化为葡萄糖，同时释放出氧气，有机体再利用葡萄糖合成其他有机化合物。碳水化合物经食物链传递，又变成动物和细菌等其他生物体的一部分。生物体内的碳水化合物一部分作为有机体代谢的能源，经呼吸作用被氧化为 CO_2 和水，并释放出其中储存的能量。动、植物死后，残体中的碳通过微生物的分解作用也成为 CO_2 而最终排入大气。由于这个碳循环，大气中的 CO_2 大约20年就完全更新一次。

生物界周而复始的碳循环维持着碳源与碳汇的平衡

图 1-5　生物界的碳循环示意图

少量（约千分之一）的动、植物残体在被分解之前就被沉积物所掩埋而成为有机沉积物。这些有机沉积物经过漫长的地质年代，在热和压力作用下转变成矿物燃料——煤、石油和天然气等。当它们在各种风化过程中或作为燃料燃烧时，其中的碳被氧化成为 CO_2 并排入大气。人类消耗的大量矿物燃料对碳循环发生重大影响。

CO_2 可由大气进入海水，也可由海水进入大气，这取决于海水表层和大气中的 CO_2 分压。这种交换发生在气和水的界面处，由于风和波浪的作用而加强。这两个方向流动的 CO_2 量大致相等，大气中 CO_2 量增多或减少，海洋吸收的 CO_2 量也随之增多或减少。

大气中的 CO_2 溶解在雨水和地下水中成为碳酸，碳酸能把石灰岩变为可溶性的重碳酸盐，并随水流被输送到海洋中。海水中的碳酸盐和重碳酸盐含量是饱和的，接纳新输入的碳酸盐，便有等量的碳酸盐沉积下来。经过成岩过程，形成了石灰岩、白云石或者碳质页岩等。在各种风化作用下，这些岩石被破坏后，所含的碳以 CO_2 的形式释放入大气中。火山爆发也可使一部分有机碳和碳酸盐中的碳再次加入碳的循环。碳质岩石的破坏，在短时期内对碳循环的影响虽不大，但在几百万年的时间尺度上对碳量的平衡却是非常重要的。

矿物燃料的燃烧可以产生大量的 CO_2。从 1949 年到 1969 年，由于燃烧矿物燃料以及其他工业活动，CO_2 的生成量估计每年增加 4.8%，其结果是大气中 CO_2 浓度升高。这样则破坏了自然界原有的平衡，可能导致气候异常。矿物燃料燃烧生成并排入大气中的 CO_2 有一部分可被海水溶解，但海水中溶解 CO_2 的增加又会引起海水中酸碱平衡和碳酸盐溶解平衡的变化。

碳循环过程不仅与气候变化有关，而且与其他自然过程（水循环、养分循环、生物多样性等）及人类的生存与社会的发展（能源、工农业等）息息相关。碳循环过程可以影响气候变化，反过来，气候变化又能改变碳循环过程。研究区域碳收支状况、碳循环控制机理、碳减排及碳增汇策略与技术已受到国际社会的广泛关注。

1.3.1　碳库

地球有四个大碳库：大气碳库、海洋碳库、陆地生态系统碳库和岩石圈碳库，其中陆地生态系统碳库又包括植被碳库和土壤有机物碳库。大气碳库，其中的碳多以 CO_2 和 CH_4 及其他含碳气体分子的形式存在；海洋碳库，包括海洋中溶解碳、颗粒碳，海洋生物体中含有的有机碳，以及赋存于海洋碳酸盐岩等沉积物中的碳；岩石圈碳库，主要存在于碳酸岩和黑色岩系，如煤、油页岩等沉积物中的碳；陆地生态系统碳库，包含了植被碳库和土壤碳库，也可按生态类型分成农田、森林、草地、湿地等生态系统碳库。几大碳库之间的碳是相互交换的，这种交换作用过程就构成了地球表层系统碳循环。

1.3.1.1　大气碳库

植物通过光合作用，将大气中的 CO_2 固定在有机物中，包括合成多糖、脂肪和蛋白质，从而贮存于植物体内，这可以看做碳循环的开始。食草动物吃了以后经过消化合成，通过一个一个营养级，再消化再合成。在这个过程中，部分碳又通过呼吸作用（包括自养呼吸和异养呼吸）回到大气中；另一部分成为动物体的组分，动物排泄物和动植物残体中的碳，则由微生物分解为 CO_2，再回到大气中。

由于植物的光合作用和生物的呼吸作用受到很多地理因素和其他因素的影响，所以地面附近大气中的 CO_2 的含量有明显的日变化和季节变化。比如，夜晚由于生物的呼吸作用，可使地面附近的 CO_2 的含量上升，而白天由于植物在光合作用中大量吸收 CO_2，可使大气中 CO_2 含量降到平均水平以下；夏季植物的光合作用强烈，因此，从大气中所摄取的 CO_2 超过了在呼吸和分解过程中所释放的 CO_2；冬季正好相反，其浓度差可达 0.002%。

大气碳库的大小约为 $720 \times 10^9 t$ 左右（由于估算方法等原因，不同研究者对大气碳库的估算具体数字不尽相同，但数量级基本一致），在几大碳库中大气碳库是最小的，但它把海洋碳库和陆地生态系统碳库紧密地联系在一起，大气中的碳含量多少直接影响整个地球系统的物质循环和能量流动。

大气中含碳气体主要有 CO_2、CH_4 和 CO 等，通过测定这些气体在大气中的含量即可推算出大气碳库的大小，因此，相对于海洋和陆地生态系统来说，大气中的碳量是最容易计算的，而且也是最准确的。在这些气体中，CO_2 含量最高，也最为重要，因此大气中的 CO_2 浓度往往可以看做大气中碳含量的一个重要指标。

1.3.1.2 海洋碳库

海洋具有贮存和吸收 CO_2 的能力，其可溶性无机碳（DIC）含量约在 $374000 \times 10^9 t$ 左右，是大气中含碳量的 50 多倍，在全球碳循环中有十分重要的作用。

海洋表层水在不断地与大气进行着 CO_2 的交换，交换借助于扩散作用进行，移动方向主要取决于界面两侧二氧化碳的相对分压（或者浓度），总是从高浓度的一侧扩散到低浓度的一侧。借助于降雨过程，CO_2 也可进入水体中，1L 雨水中大约含有 0.3mL 的 CO_2。在土壤和水域生态系统中，溶解的 CO_2 可以和水结合形成碳酸，这个反应是可逆的，参加反应的各成分的浓度决定着反应进行的方向。由此可以推测，如果大气中的 CO_2 发生局部短缺，就会引起一系列的补偿反应使得水圈中的 CO_2 更多地进入大气圈中；同样，如果海洋中的 CO_2 在光合作用中被植物利用耗尽，也可以通过其他途径或从大气中得到补偿，从而使得大气与海洋表层之间达到平衡。

从千年尺度上看，海洋决定着大气中的 CO_2 浓度。由于人类活动导致的碳排放中约 30% ~ 50% 将被海洋吸收，但海洋缓冲大气中 CO_2 浓度变化的能力不是无限的，这种能力的大小取决于岩石侵蚀所能形成的阳离子数量。由于人类活动导致的碳排放的速率比阳离子的提供速率大几个数量级，因此，在千年尺度上，随

着大气中 CO_2 浓度的不断上升，海洋吸收 CO_2 的能力将不可避免地会逐渐降低。一般地讲，海洋中碳的周转时间往往要几百年甚至上千年，可以说海洋碳库基本上不依赖于人类的活动，而且由于量测手段等原因，相对陆地碳库来说，对海洋碳库的估算还是比较准确的。

1.3.1.3　陆地生态系统碳库

在自然生态系统中，植物通过光合作用从大气中摄取碳的速率与通过呼吸和分解作用而把碳释放到大气中的速率基本达到平衡。

在陆地生态系统中，碳循环的速度是很快的，最快的在几分钟或几小时就能够返回大气，一般会在几周或几个月返回大气。一般来说，大气中 CO_2 的浓度基本上是恒定的。但是，近百年来，由于人类活动比如森林的大量砍伐、在工业发展中大量化石燃料的燃烧等对碳循环产生较大的影响，使得大气中 CO_2 的含量呈上升趋势。

已有的研究表明，现代全球植被碳储量的估计范围在 $(500 \sim 800) \times 10^9 t$，全球土壤碳储量为 $(700 \sim 2500) \times 10^9 t$，全球陆地生态系统碳储量为 $(1500 \sim 2900) \times 10^9 t$。土壤碳库大致是植被碳库的 $1.5 \sim 3$ 倍，而凋落物碳库只占其中的很小一部分。从上述数据可以看出，无论是对植被碳库还是土壤碳库，估算值均有一个很大的变化范围，这主要是由于不同估算方法之间的差异（假设条件、各类参数取值、测定的土壤深度、调查的土壤类型、植被类型全面与否等）以及估算中的各种不确定性造成的。IPCC 第四次评估报告给出的现代陆地生物圈植被和土壤碳储量分别为 $658 \times 10^9 t$ 和 $(2322 \sim 2559) \times 10^9 t$，介于上述估计的范围之内。表 1-5 给出了全球陆地生态系统的碳储量。

表 1-5　全球陆地生态系统碳储量

生物群落	面积/10^9 公顷	全球碳储量/10^{15} g			NPP /10^{15} g·a^{-1}
		植　被	土　壤	合　计	
热带森林	1.76	212	216	428	13.7
温带森林	1.04	59	100	159	6.5
寒带森林	1.37	88	471	559	3.2
热带稀树草原和草地	2.25	66	264	330	17.7
温带草地和灌丛	1.25	9	295	304	5.3
荒漠和半荒漠	4.55	8	191	199	1.4
冻　原	0.95	6	121	127	1.0
农　田	1.60	3	128	131	6.8
湿　地	0.25	15	225	240	4.3
总　计	15.12	466	2011	2477	59.9

从全球不同植被类型的碳蓄积情况来看，陆地生态系统碳蓄积主要发生在森林地区，森林生态系统在土壤圈、生物圈的生物地球化学过程中起着重要的"缓冲器"和"阀"的功能，约77%的地上碳蓄积和约40%的地下碳蓄积发生在森林生态系统，余下的部分主要贮存在耕地、湿地、冻原、高山草原及沙漠半沙漠中；从不同气候带来看，碳蓄积主要发生在热带地区，全球50%以上的植被碳和近1/4的土壤有机碳贮存在热带森林和热带草原生态系统，另外约15%的植被碳和近18%的土壤有机碳贮存在温带森林和草地，剩余部分的陆地碳蓄积则主要发生在北部森林、冻原、湿地、耕地及沙漠和半沙漠地区。

　　此外，与其他陆地生态系统相比，森林生态系统具有较高的生产力，每年固定的碳约占整个陆地生态系统的2/3。森林通过植物叶片的光合作用固定大气中的 CO_2 合成有机质，成为大气 CO_2 库的碳汇；另一方面，森林通过植物呼吸、凋落物分解和土壤呼吸作用将有机物进行分解，从而向大气释放 CO_2 而成为碳源；此外，森林采伐后被人类利用的木材和林产品最终分解等都向大气释放 CO_2，形成碳源。因此，森林生态系统在调节全球碳平衡、减缓大气中 CO_2 等温室气体浓度上升以及维护全球气候等方面中具有不可替代的作用。

　　一般认为在陆地生态系统中，土壤碳库的估算存在较大的不确定性，主要是因为土壤母质（黏土含量、土壤排水层次、矿物结构等）理化结构的复杂和土壤参数（容重、深度、面积等）选取的不同，另外土壤有机碳密度的空间变异很大，很难确定不同区域和不同类型的代表值；同时对土壤形成阶段、时间、条件等因素考虑得不充分，所得结果与实际也有很大的差异；受温度、降雨等气候因素的影响，同时以有限的样地对其他地区进行外推估计，所得到的碳密度精度不高，很难用于全球或区域尺度的计算。工业革命以来，由于人类从事农业、林业等方面的活动更加广泛，陆地生态系统土壤碳库中的有机碳流失严重，这部分碳经由不同途径进入大气、海洋，导致碳通量和碳收支的变化，引起大气中含碳气体浓度的变化。此外，人类活动还可通过影响其他自然因子（气候、地形、母质）而对土壤碳存储产生作用。但是，在确定时间内植被的恢复以及人类活动对土壤碳库的影响很难量化，这在很大程度上增加了陆地碳储量估算的难度。

1.3.2　碳循环

1.3.2.1　碳循环的概念

　　地球碳循环分为广义碳循环和狭义碳循环两大类。

　　广义碳循环也称地质循环，是指碳在岩石圈、水圈、大气圈、生物圈之间以 CO_3^{2-}、HCO_3^-、CO_2、CH_4、$RCOOH$（有机酸）等形式互相转换迁移和循环周转的过程。在漫长的地球历史进程中，最初碳循环只是在岩石圈、水圈和大气圈三个圈层中进行；随着生物的出现，地球上出现了两个相应的圈层：生物圈和土壤圈,于是碳循环便在这五个圈层中进行,碳元素的循环流动也就从简单的地球化学循环进入到复杂的生物地球化学循环,而且生物圈和土壤圈在碳循环过程中扮演着越来越重要的角色。碳循环的主要途径是:大气中的 CO_2 被陆地和海洋中的植物吸收,然后通过生物或地质过程以及人类活动干预,又以 CO_2 的形式返回到大气中。

狭义碳循环即生物碳循环,主要在生物圈、水圈和大气圈之间进行,即生命物质(主要是植物)与大气 CO_2 进行交换的过程。与生物和人类关系最直接的是陆地生物碳循环。

就流量讲,全球碳循环中最重要的是 CO_2 的循环,因为 CH_4 和 CO 的含量相对较少,故 CH_4 和 CO 的循环是较次要的部分。碳在大气、海洋和陆地生态系统(包括植物和土壤)这三个碳库之间进行着 CO_2 的交换。目前全球碳循环研究已经确定的与人类活动有关的三个主要 CO_2 源是:化石燃料燃烧、水泥生产和土地利用变化,向大气排放的碳总量约为 $7.5 \times 10^{15} g/a$,其中约有一半(3.8×10^{15} g/a)留在大气圈中,从而使得大气中的 CO_2 浓度增加,而另外一半被海洋和陆地生态系统这两个主要碳库所吸收。通过海洋环流、生物地球化学模型以及测量大气-海洋 CO_2 分压差异估计的 20 世纪 80 年代全球海洋碳吸收通量比较一致,在 $(2 \pm 0.8) \times 10^{15} g/a$ 左右。

这种 CO_2 经光合作用从大气圈进入生物圈、由生物圈进入土壤圈、再由生物圈和土壤圈重新回到大气圈的过程, CO_2 在大气圈-生物圈-土壤圈-大气圈中的流动过程便形成了地球上规模最大的生物地球化学过程——陆地生物碳循环。

1.3.2.2 影响碳循环的因素

A CO_2 浓度的变化对碳循环的影响

当大气中 CO_2 浓度升高,高于目前的水平时,一方面可以直接提高光合作用;另一方面还可以通过间接提高水的效率,从而产生施肥效应,使植被固碳能力增强。当 CO_2 浓度高到约 $(800 \sim 1000) \times 10^{-4}\%$ 以上时, CO_2 的施肥效应则变得很小。作为碳汇的陆地吸收效应则取决于碳是否转变成具有长时间保留的形式(木质或改良的土壤有机物),因为慢碳库的惯性作用,故管理措施能够提高碳汇。

大气中 CO_2 浓度的增加可以引起海洋净碳吸收的增加,这是受海洋-大气间不同的 CO_2 分压驱动导致的结果。被海洋吸收的人类活动产生的 CO_2 所占的比例随着海水 CO_2 浓度增加而降低,因为它减少了碳酸盐系统的缓冲能力;随着大气 CO_2 浓度的继续增加,海洋吸收 CO_2 的比例也将降低,因为深层海水和表层海水的混合速率限制了 CO_2 的进一步吸收。另外, CO_2 浓度的增加对海洋生物的产量没有明显的施肥作用,但是可以降低海水的 pH 值。经过一个世纪的时间,海洋生物的变化带来了低 pH 值条件下石灰化作用的改变,从而导致了海洋对

CO_2 吸收的增加，这个增加量可达几个百分点。

B　气候变暖对碳循环的影响

在短时间尺度内，气候变暖会增加陆地生态系统的异养呼吸，但是这个作用是否可以推广到长时间尺度上，即在长时间尺度内气候变暖能否改变陆地-大气间通量还不得而知。气候变暖、区域降雨方式的改变等可能带来陆地生态系统结构、地理分布和初始生产力的改变。气候变暖使得 CO_2 的溶解性变小，因此减少了海洋对 CO_2 的吸收作用。海洋竖向分层数的增加，可能伴随着全球温度的增加，使得上涌 CO_2 的除气作用减小，故减少了更多的碳向深海传输的可能，同时改变了海洋生物的生产力。

C　其他因素对碳循环的影响

管理措施的改进可能对陆地生态碳循环有重要的影响，另外除了森林的砍伐、造林和再造林外，更多的精细管理措施是很重要的。抑制火灾的发生（例如大草原）则可减少来自燃烧的 CO_2 排放，刺激木质植物的生物量的增加。在农业土地上，当土地被清理以及耕种后产生的土壤碳损失可以通过采用低耕作农业等措施来恢复。在一些区域，人类活动引起氮沉降的增加也促进了陆地植被固碳能力，但是对流层中过多的臭氧（O_3）可能减少固碳能力。通过河流和大气尘埃把人类活动导致的营养物质输送到海洋中将影响海洋生物的生产力，但是这些作用目前还没有定量的关系。

1.3.3　碳源和碳汇

科学家揭示了自然界碳循环的基本过程：大气中的二氧化碳被陆地和海洋中的植物转化为有机物固定下来，然后通过生物或地质过程以及人类活动，又以二氧化碳的形式返回大气中。一般来讲，以大气为中心，某个生态系统如果向大气排放二氧化碳，就是碳源，从大气吸收二氧化碳就是碳汇。

自 20 世纪 60 年代以来，对全球温室气体收支平衡问题（碳源与碳汇）的研究，特别是全球碳循环研究一直是研究的热点和难点。碳循环过程是一个发生在各种时间和空间范围内的多种过程的综合，主要源包括化石燃料燃烧释放到大气中的 CO_2、土地利用（包括森林砍伐、森林退化、开荒等）释放到大气中的 CO_2、陆地植物的自养呼吸、陆地生态系统植物的异养呼吸（保护微生物、真菌类和动物）、海洋释放到大气中的 CO_2；主要汇包括陆地生态系统通过光合作用固定的主要源 CO_2、海洋吸收大气中的 CO_2、沉积在陆地和海洋中的有机碳和无机碳。

大气中的 CO_2 量可以相当准确地通过直接测定获得；海洋系统因为相对均质，其吸收量也能较准确地估算；唯独陆地生物系统最为复杂、最具不确定性，因为陆地表面除了丰富多样的植被类型外，还存在一个碳储量巨大的土壤碳库。

20世纪90年代初，对陆地生态系统中的碳进行了大量的研究。美国大气科学家利用大气和海洋模型以及大气CO_2浓度的观测资料研究发现，北半球中高纬度陆地生态系统是一个巨大的碳汇，其碳值可达$(2 \sim 3) \times 10^9$吨/年，部分抵消了"碳失汇"。之后，通过分析森林资源清查资料发现了欧洲大陆的森林起着碳汇的作用。对全球森林生态系统碳循环进行分析后发现北半球中高纬度森林净吸收CO_2的碳值为$(0.7 \pm 0.2) \times 10^9$吨/年。在利用大气和海洋模型模拟的研究中，科学家发现北美是个巨大的碳汇，其吸收的CO_2可以抵消北美工业源CO_2的释放。但这个结果遭到了广泛质疑，认为北美陆地不可能有如此大的碳汇。事实上，该研究小组于2001年承认了他们的结果偏大。据估计，在20世纪80年代，美国的陆地碳汇相当于其工业CO_2排放量的30%～50%，欧洲大陆吸收了其工业源CO_2的7%～12%，中国森林的固碳能力与美国森林相当。利用遥感数据对北半球陆地碳汇库的变化进行了分析，发现欧亚大陆是个巨大的碳库，其固碳能力远大于北美大陆。

总体而言，北半球中高纬度陆地生态系统起着碳汇的作用，但不同生态系统差异极大，一些生态系统起着碳汇的作用，而另一些生态系统则起着碳源的作用，而且它们随时间变化明显。就全球而言，不同学者估算的全球碳汇值差异很大。例如，Schimel等人估计全球陆地碳汇由20世纪80年代的0.2×10^9吨/年增加到90年代的1.4×10^9吨/年。Plattner等人估计20世纪80年代陆地碳汇为0.4×10^9吨/年，90年代为0.7×10^9吨/年。Gurney等利用大气反演模型估算得到的90年代的全球陆地碳汇为1.4×10^9吨/年。Houghton则认为90年代全球陆地碳汇为0.8×10^9吨/年。由此可见，陆地碳汇的大小和分布存在很大的不确定性。造成这种差异的主要原因是来自于生态系统的复杂性以及不同研究者所使用的研究方法和手段的不同。

碳汇的大小同时还具有很大的空间异质性，这是由陆地生态系统的类型、所处的气候和土壤条件以及它们对全球环境变化的敏感程度所决定的。陆地碳汇的季节变化与生态系统生产者碳输入的季节变化有关。研究表明，北半球陆地生态系统的CO_2净排放量在四月份为0.6×10^{15}g，在七月份则变为净吸收，达1.8×10^{15}g。这种由四月份的净排放碳转变为七月份的净吸收碳主要是由于在生长季节，光合作用吸收大量的CO_2，而在非生长季节，生态系统的呼吸作用排放出大量的CO_2。季节降水也可能影响碳汇的大小，有研究显示，草地生态系统在湿润的生长季碳汇作用有所增强，而木本植物在湿润的生长季碳汇作用有所减弱。

由于陆地生态系统自身固有的复杂性，使得碳汇的测定和估算结果的精确变差。例如草地对年际间气候变化的敏感性，生物量随之波动，从而影响碳吸收量的准确测定。陆地生态系统的呼吸以及分解作用是最重要的碳释放过程，然而该过程十分复杂，目前无法准确定量。另一方面，由于研究方法的局限性，不同的估算方法包含的过程不同，有些方法很难涵盖全面的碳通量过程。因此，使得不同研究所得出的结果差异很大，难以达成准确一致的结论。

1.3.4 失踪的碳汇与土壤碳库

按照物质守恒定律，在碳的循环过程中，碳源与碳汇应该形成一个等式。然而，问题出现了：无论科学家们怎么计算，碳源排放二氧化碳的量总是大于碳汇吸收的量，且差距逐年拉大，也就是说，有一部分碳汇不知去向了。这一现象，被科学界称为"碳的失汇"。碳的失汇有以下一些原因：

（1）计算不准确而引起部分"CO_2 失汇"。由前文可知，由于研究方法、研究手段、研究范围、研究目的等诸多的不同，使得不同的学者对碳的计算与估计并不相同，研究所得出的结果差异很大。这势必会造成"CO_2 失汇"。

（2）被陆地生态系统所吸收（北美、欧洲）而引起部分"CO_2 失汇"。我们知道大气和海洋中的 CO_2 量可以相对较准确地估算，而陆地生物系统最为复杂、最具不确定性，因为陆地表面除了丰富多样的植被类型外，还存在一个碳储量巨大的土壤碳库。这使得对陆地生态系统吸收碳量的估计相当不准确，从而造成了"CO_2 失汇"。

（3）氮沉降可以增加碳汇，而引起部分"CO_2 失汇"。在氮素受限的生态系统中，从大气沉降中增加的有效氮供应可能会导致生物量生产的增加，其结果是增加了额外的碳固定量。Townsend 等对陆地生态系统由于氮沉降而引起的碳储存增加的时空格局进行了分析和预测。预测结果表明，1990 年由化石燃料燃烧所

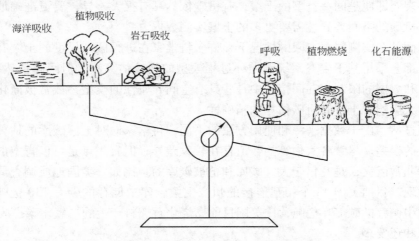

图 1-6 迷失的碳到底去了哪里？

引起的氮沉降产生的全球碳汇为 $(0.44 \sim 0.74) \times 10^{15} g$，1845 年以来累计产生的碳汇为 $(18.5 \sim 27.3) \times 10^{15} g$；而 1990 年全球总的"$CO_2$ 失汇"为 $(1.5 \sim 2.0) \times 10^{15} g$，19 世纪后期以来累计量为 $(50 \sim 125) \times 10^{15} g$。因此，Townsend 等认为，由氮沉降所增加的碳汇占全球碳"CO_2 失汇"的 25% 左右。

用排除法来看，首先排除的是大气和海洋，因为它们相对而言化学组成简单，空间变异性较小，两大碳库的量及海洋碳库与大气碳库的交换量估算起来相对准确。第二个被排除的是岩石圈，因为这个碳库中的碳活动非常缓慢，实际上起着贮存库的作用。显然，问题出现在对陆地生态系统碳库的估算上。

最近十几年来，陆地生态系统已成为科学界研究碳循环的主要热点，特别是对植被碳库研究。由于遥感等方法的广泛应用，目前人们对植被碳库已估算得相对准确，但对于土壤碳库方面的研究相对薄弱，也就是说，寻找"失踪的碳"的关键就在对土壤碳库的研究。

国内外土壤碳储量的估算经历了约 40 年的时间，目前有资料显示，全球土壤有机碳库（1m 厚土层）的估计值约为 1.5 万亿吨，此外还有约 2 万亿吨的无机碳。根据我国第二次土壤普查数据估算，我国土壤有机碳库约为 900 亿吨，无机碳库约为 600 亿吨。然而，不同的科研团队公布的对土壤碳库的估算值差别巨大。比如，同样是对中国有机碳库（1m 厚）的估计，有的科学家估算为 500 亿吨，有的则估算为 1807 亿吨，最高者与最低者竟相差 3 倍以上。

当前土壤有机碳估算的方法主要有直接估算法和间接估算法。直接估算法是依据主要土壤类型或植被类型的空间分布及各土壤类型的平均碳储量来进行估算。这种方法存在的问题是，它只能反映不同土壤类型或生态系统类型之间的土壤有机碳储量的差异，而不能很好地反映同一类型内部的空间差异性。土壤实测的结果表明即便是同一类型的土壤，有机碳依然具有很大差异，要更准确地刻画土壤有机碳的空间差异性需要更多的土壤实测数据。

因而，在实测数据有限的情况下，许多科学家在进行区域尺度的土壤有机碳估算时都会采用基于生态系统碳循环过程模型的间接估算法。但问题依然存在，受知识和数据的限制，在间接法中一些具有空间异质性的模型参数常被简化为常数，大大影响了土壤有机碳估算的精确性。

很显然，由于数据来源和使用方法的不同，科学家们对土壤碳库的估算出现了巨大的误差。尽管各家估算的数值存在较大差异，但有一点是可以肯定的：土壤碳库非常巨大，是几倍于大气碳库和植被碳库的。比如，美国地质调查局的科学家发现，目前美国 48 个相互连接的州，土壤碳库中储存的碳有 730 亿吨，加上森林中储存的碳 170 亿吨，比美国目前燃烧化石燃料产生的二氧化碳排放量 50 年的总和还要多。

在生物地球化学和地球化学作用过程中，地表土壤通过呼吸、河流侵蚀搬运、植物光合作用以及动植物残体凋落等各种途径，使有机碳在土壤-大气、土壤-生物和土壤-河流（海洋）等之间进行着频繁的交换，其出和入的数量是受各种因素干扰制约的。对于某个区域的土壤来说，当释放的碳大于吸收的碳时，它就是碳源；当吸收的碳大于释放的碳时，它就成了碳汇，当然，就像海绵吸水一样，土壤的碳汇是有极限的，这个极限容量决定了该地区土壤的固碳潜力。

文献资料表明，土壤与大气间碳的年交换量高达 600 亿～800 亿吨，是每年石油和煤等化石燃料燃烧释放碳量的 12～16 倍。由于土壤碳库几倍于大气碳库，因而在陆地生态系统碳循环中，土壤碳的微小变化可能引起大气二氧化碳浓度的较大变异。有计算表明，如果全球土壤有机碳在目前的水平上增加 1%，土壤固定的有机碳将增加 150 亿吨左右。

土壤碳库及其变动是影响大气二氧化碳浓度的关键生态过程，因此，土壤碳库的精确估算是研究全球变化、土壤碳循环的重要基础，也是人们采取措施增加土壤碳储存量，减少二氧化碳排放，遏制全球气候变暖的重要基础。

第2章 温室气体的来源

一个世纪以来，人类目睹了全球气候和环境的逐步恶化：气温上升、臭氧层空洞、冰山消融、洪水泛滥。人类是这场浩劫的始作俑者，同时也正默默承受着随之而来的灾难。为了获取更多财富，为了加速工业化进程，人类不惜牺牲环境，污染了我们共同的家园。

根据联合国政府间气候变化专门委员会（IPCC）规定，目前由人类活动引起的大量聚集在大气中的温室气体主要是二氧化碳、甲烷、一氧化氮、六氟化硫和两组工业气体氢氟烃（HFCs）和全氟烃（PFCs）。尽管它们在大气中所占比重非常小（大气中98%是氮气和氧气），但由于越来越多的二氧化碳及其他温室气体被排放进大气，同时越来越少的红外线被反射回外太空，导致地球吸收的热量远高于散热损耗的热量，于是加剧了温室效应，使全球气温不断上升。氟氯化碳（CFCs）和含氢氯氟烃（HCFCs）也是强温室效应气体，过去常被用于冰箱制冷。但这两种气体会极大地破坏臭氧层，在《蒙特利尔议定书》的相关规定下目前已禁止使用。

在最近的一个世纪，全球气温上升了0.74℃。IPCC 2007年第一工作组报告指出，二氧化碳是人为最重要的温室气体；在过去的一个世纪，尤其是近50年，人类活动是导致全球变暖的主要原因。2004年全球温室气体总量接近500亿吨（由全球变暖潜能值以二氧化碳当量测得）。图2-1列出了2008年八国集团国家

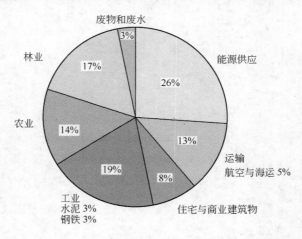

图2-1 温室气体排放来源及比例

（G8）气候小组对温室气体排放来源及比例的示意图。温室气体的来源主要有以下几个方面：

（1）能源——用于发电的燃料如煤、天然气、石油的燃烧；

（2）交通——汽油机、柴油机、喷气机和还有大多数火车上燃烧的化石燃料；

（3）工业——既有燃烧燃料获取热量排放温室气体，也有化学反应产生的温室气体；

（4）农业——来自家畜（打嗝和粪便）和大米培育的甲醛等；

（5）森林——森林面积的减少释放出储藏碳，并破坏了碳汇（但我们也正在增加森林面积）；

（6）废物——来自处理和处置废物废水而产生的甲醛。

2.1 能源来源

能源的生产、消费及其结构与温室气体排放直接相关，影响着温室气体的排放量。目前我国能源结构仍然以化石能源为主，核能源所占比例较小，水电能、生物质能、地热、太阳能和风能等无污染的可再生能源占份额更少，据有关资料显示仅为 0.4%。

与温室气体有关的能源领域活动主要有以下两个方面：一是能源的使用，主要包括化石燃料的燃烧、发电；二是能源加工，主要包括燃料开采、加工、运输以及工业利用过程的泄漏和挥发。其中化石燃料的燃烧主要包括能源工业自用、电力工业、区域供热等及其能源转换工业以及工业生产过程中的能源消耗等。此外，煤炭、石油、天然气等的开采、加工、运输过程中也伴随着大量温室气体的直接排放、泄漏，如煤层甲烷气的直接排放、油田气的直接排放、天然气运输传送过程中的泄漏等。

1990~2004 年，全球能源消耗的年平均增长为 1.4%。1970~2004 年，化石燃料所占份额从 86% 下降到了 81%。2000 年能源消耗排放温室气体（当量 CO_2）大约 25×10^9 吨/年。2004 年，发电和热力供应的排放仅为 12.7×10^9 吨/年（占总排放的 26%），其中包括来自 CH_4（换算成当量 CO_2）的 2.2×10^9 吨/年。

2.1.1 化石燃料开发利用对环境的影响

化石燃料是目前世界上使用的主要能源，有人曾称煤是"工业的粮食"，石油是"工业的血液"，其实不仅工业，其他如农业、国防、交通运输业、建筑业和人们的正常生活都离不开煤、石油和天然气，但化石燃料的开采、加工、运输和燃烧耗用对环境都有较大的影响。

2.1.1.1 煤炭

煤炭的露天开采不仅占用大量的土地，还产生大量的悬浮煤粉尘，污染空气，并且对地表水和地下水也会造成污染。开采煤炭时不可避免地要挖出大量废碎石和矸石，它们占开采量的 10%。矸石中的硫化物如散热不良便会自燃，目前已有 9% 的矸石在自燃，自燃时会释放出 CO_2、SO_2 等有害气体。

煤炭在开采过程中不可避免地要排出瓦斯，瓦斯是成煤过程中形成的天然气体，主要含 CH_4，还含有乙烷、丙烷、丁烷和 SO_2、H_2S、CO、CO_2 气体。为防止瓦斯爆炸，必须在矿井中进行排风，排出大量的甲烷（瓦斯）将直接排入到大气，很少会被利用（我国利用率仅为 7%），现在每生产 1t 煤就要排出 $4m^3$ 的瓦斯，可见对大气污染非常严重。

煤炭的粗加工就是洗煤，洗煤是为了去掉煤中的杂质，如灰分、硫分等，这样不但能减少煤的运输量，提高煤的发热值，还可以减少煤燃烧时产生的污染，但大量洗煤水排入周边环境会对环境造成不良影响。洗煤水含有大量煤泥悬浮物，如不加工处理可淤塞河道，影响生物活动。再者，洗煤过程中除得到洗精煤外，还得到尾煤，尾煤中含有大量有害物质，在应用中要经过特别处理，如未经处理直接燃烧，会产生大量 SO_2。

煤矿可能伴生硫(S)、砷(Se)、铬(Cr)、镉(Cd)、铅(Pb)、汞(Hg)、磷(P)、氟(F)、硒(Se)、铍(Be)、锰(Mn)、镍(Ni)等元素及镭(Ra)、铀(U)、钍(Th)等放射性元素，因此在燃烧使用煤炭时，会产生许多有害物质，它们会直接进入到水和空气当中，对水及空气形成污染。在有些场合会排出污染严重的物质，如炼焦时会排出苯并芘；火电站会释放出放射性物质，其量比核电站还多。

煤炭的气化和液化是综合利用煤炭的重要途径，但技术复杂，在此过程中会产生大量的污染物，如悬浮颗粒物、SO_x、H_2S、CO、NO_x、NH_3、有机烃、废渣等，污染环境。

2.1.1.2　石油

石油是重要的化石能源，但人们一般不直接用石油作燃料，而是利用它的组分沸点不同，用精馏的方法将其不同组分分开，得到石油气、汽油、煤油、柴油、润滑油、石蜡等产品，人们常利用液化石油气、汽油、煤油、柴油等的燃烧，给工厂、农村、汽车、火车、轮船、飞机和家庭生活等提供所需要的动力和能量。

石油在勘探和开采时，需要循环利用大量的泥浆，钻完井后将泥浆废弃在井场，由于泥浆中加有烧碱、铁铬盐和盐酸等物质，因此对周围的水域、农田造成不良影响，破坏生态环境。特别是在原油开采过程中发生井喷事故时，不仅会造成人员伤亡和原油损失，而且会污染大片农田和海域。在钻井和采油过程中产生的洗井水和含油废水，在原油的深加工过程中产生的大量冷却水均为含油废水，这些含油废水会污染土壤、淡水水域以及海洋。

原油在开采过程中会伴有油气，俗称伴生气；石油在加工过程中（冷却催化裂解、分馏等）也可产生废气；储运过程中也可产生气体挥发，这些气体收集起来是财富，但收集成本较高，排入大气则造成空气污染。

原油在深加工（炼油）过程中，会产生酸渣、碱渣、废催化剂、废添加剂和废白土，石油污水处理会产生油泥、浮渣。这些污染物通常采用坑埋、堆放或排入水体的方法进行处理，由于含有油污等污染物，会污染环境，造成水体、土壤的污染。采油时也会造成地面的升降。采用中有时为了安全，用"放天灯"的方法放掉废气，对环境也会形成污染。

储运中的泄漏可能会引起严重的污染，几次有名的海上泄漏事故表明，它不仅严重污染海滩，还危机到海洋生物和海鸟的生存。了解到这些，我们必须意识到：在享受工业革命和科技进步给我带来的便利生活时，地球也在默默承受着随之而来的污染和破坏。

2.1.2 可再生能源开发利用对环境的影响

生物质能、水能、风能、太阳能等都是可再生能源，利用可再生能源发电既不排放污染物和温室气体，又可减少水资源的消耗和生态破坏。如利用工业废水、城市污水、生活污水和畜禽养殖场生产沼气，垃圾发电工程等本身就是清洁生产的重要措施，有利于环境保护和可持续发展。但可再生能源的开发过程对生态环境仍可能产生不利的影响。

2.1.2.1 农村生物质能利用的状况

生物质能是我国广大农村能源的主要来源，以薪柴为主，以秸秆等农作物为辅。由于80%的中国人口生活在农村，长期缺乏能源，因而出现了不合理开发利用生物质能的局面，导致了生态平衡的严重破坏，主要表现在以下几个方面：

（1）森林遭到严重破坏。农牧民为了生活燃料，对树木乱砍滥伐，树被砍光了就割草，草割完了就挖树根，植被就这样被破坏了。目前我国的森林已遭到严重破坏，森林覆盖率仅有13%，按人口计算，我国人均森林蓄积量仅是世界人口平均的1/20。

（2）水土流失。随着森林及植被的破坏，水土流失，土壤肥力下降，我国的水土流失也日益加剧，目前，水土流失每年达到上百亿吨。

（3）自然灾害的频率增加。由于森林覆盖面积逐年缩小对大气的温度和湿度调节功能大为降低。这主要表现在水灾和旱灾的发生频率比百年前增加很多。

2.1.2.2 其他可再生能源对环境的影响

生物质能最好的应用方式是产生沼气。沼气是一种可再生的清洁能源，目前已进入新的发展阶段，将沼气建设与高生态农业相结合，在解决农户用能问题的同时，促进了种植业和养殖业的发展，也保护了生态环境。生物质能除了用于产生沼气外，还可以通过气化、液化、热裂解技术以连续的工艺和工厂化方式将低品位的生物质能转化为高品位的可储存、易运输的固态、气态和液态燃料，也可成为热源及电源等能源产品。因此，世界各国都把它看成清洁能源战略的重要组成部分。

水力发电需要建造水库，水库建成蓄水后，巨大的水体可能引起地表的活动，甚至诱发地震，特别是会淹没部分土地，更有甚者可能改变生物的生存环境，大量的野生动植物被淹没死亡，甚至全部灭绝。对水生动物而言，由于上游生态环境的改变，会使鱼类受到严重影响，导致鱼类灭绝或种群数量减少，同时，由于上游水域面积的扩大，使某些生物的栖息地点增加，为一些地区性疾病的蔓延创造了条件。水库建成后，还会引起流域水文上的改变，如下游水位降低或者来自上游的泥沙减少，另外，修建水库还会引起移民安置、文化古迹遭水淹破坏等一系列社会问题。

风力发电要占用大面积的土地，旋转的风机叶片可能影响鸟类的迁移，风力发电用地在靠近居民区可能产生噪声污染。太阳能的利用除太阳热水器、太阳灶的利用很有效外，太阳能发电技术正在发展过程中，太阳能电池的生产，在制造过程中会产生一些有害物质，但对环境的影响不大。

合理的垃圾处理方式是发电，垃圾发电有两种形式，一种是垃圾焚烧，将焚烧产生的热能回收利用并发电，这是使垃圾减容最彻底的处理方式。但焚烧垃圾产生的气体必须进行处理，否则易造成大气污染。另一种是用垃圾产生沼气，沼气经过净化后再用作燃料来发电，但这种方式对环境也会造成一定的污染。

2.1.3 核燃料开发利用对环境的影响

核燃料指的是铀或钚，铀-235 或钚-239 的核在中子的轰击下发生裂变，同时释放出核能，将水加热成蒸汽，驱动发电机组，得到的电能作为二次能源。核燃料相对于化石燃料的优点是不直接产生 SO_2、NO_x，无空气污染、无漏油等问题，但核燃料的开采、加工、应用和后期处理仍存在着重大的环境问题。

核燃料在进行裂变时会产生一些气体，比如碘-131 和氙-133，这些气体是有放射性的，它们主要会被封在燃料棒中，但是在假定的事故中，会有少量气体被释放到冷却剂中，化学物品控制系统会将放射性气体隔离，这些气体需要被存放很长时间，一般是其半衰期的好几倍，直到它们变得安全为止。如碘-131 和氙-133 的半衰期分别为 8.0 天和 5.2 天，因此它们需要被储藏好几个月的时间。

核能作为一种新型、高效的能源已受到世界各国的关注，但核能在生产过程中会产生具有放射性的核废料，这些核废料会严重影响人的身体健康和污染环境。早期多采取简单的埋藏方法处理核废料，现在多数国家采用工程屏障，以确保废物处置的安全性。例如，位于我国大亚湾核电站附近的华南核废料处理场，就采用了工程屏障。处理场是由多个混凝土处置单元组成，处置单元装满核废料包装后，用水泥沙浆充填空隙，再用钢筋混凝土封填。所有处置单元封盖后，上面再覆盖 5m 的防水材料并设置排水网络，用来防止处置单元内积水。在处置场关闭后，还要对处置场进行全面监督管理，以防发生放射性物质向周围扩散转移。

2.2 交通来源

2.2.1 世界交通业发展概况

运输业是社会经济发展的一个基础性和先导性产业，从未来发展看，运输业的发展前景十分广阔。据德国权威机构研究，未来 10 年内即使在像德国这样经济高度发达的国家，运输业仍将处于蓬勃发展期，是仅次于电子商务、生物化学之后的一个热门产业。特别是道路运输在社会经济发展中仍将扮演着十分重要的角色。

发达国家的现代交通运输业增长大致经历了三个阶段。起步阶段，一种运输方式主导增长阶段；成长阶段，多种运输方式共同增长阶段；成熟阶段，综合运输体系组合增长阶段。这一过程不仅反映出运输结构的变化，也反映出各种运输方式的技术更新、市场地位变化以及相互之间分工协作关系的演变，是一个增长方式逐步转变的过程。

2.2.2 交通领域温室气体排放对全球气候的影响

2.2.2.1 交通领域对全球温室气体排放的贡献率

从世界范围看，交通运输是温室气体排放的主要领域之一，而且发达国家道路运输业排放的二氧化碳所占比重高于世界平均水平。根据 2007 年欧洲运输部长会议《减少运输二氧化碳排放报告》指出，2003 年经济合作组织（OECD）国家来自燃油消费所排放的二氧化碳中，交通运输业（包括营业性运输及私人运输）占 34%，其中公路运输为 23%，水路运输为 2%，航空运输为 6%，其他为 3%；在全世界范围，则交通运输占 28%，其中公路运输为 18%，水路运输为 2%，航空运输为 5%，其他为 3%。

美国运输部发布的《2005 年运输统计报告》表明，2003 年美国运输部门温室气体排放总量为 18.64 亿吨二氧化碳当量，占当年美国全部温室气体排放量的 27%。在所有运输方式温室气体排放量中，道路运输占 82%，其中小汽车占 43%、轻型卡车占 33%、公共汽车占 1%，其余 23% 为除轻型外的各类卡车。

2006 年，日本交通运输部门二氧化碳的排放量约为 2.54 亿吨。其中，道路运输部门（全社会）的排放量为 2.23 亿吨，占交通运输部门总排放量的 8%，占日本 2006 年二氧化碳排放总量（12.75 亿吨）的 18%。

从 1994 年到 2004 年，中国温室气体排放总量的年均增长率约为 4%，其中二氧化碳排放量在温室气体排放总量中所占的比重由 1994 年的 76% 上升到 2004 年的 83%。据国际能源组织统计，2004 年中国石油消费二氧化碳排放总量为 8.156 亿吨，2005 年我国石油消耗量为 3.25 亿吨，比 2004 年增长 2.6%，由此推算 2005 年中国石油消费二氧化碳排放总量为 8.371 亿吨，如果照此推算 2005 年我国营业性道路运输二氧化碳排放量占全部石油消费二氧化碳排放量的 21%，营业性车辆二氧化碳排放量已经超过全社会车辆二氧化碳排放量的世界平均水平 18%。

2.2.2.2　交通领域温室气体排放量增速较快

根据奥斯陆气候和环境国际研究中心在美国《国家科学院学报》月刊上的研究报告，汽车、轮船、飞机和火车使用燃料所释放的气体是目前造成全球变暖的主要原因之一。报告指出，过去 10 年全球二氧化碳排放总量增加了 13%，而源自交通工具的碳排放增长率却达 25%。虽然欧盟大部分工业领域都做到了成功减排，但交通工具的碳排放却在过去 10 年增长了 21%。

就在工业领域纷纷制定自己的减排目标之时，交通污染却变得难以控制。预计至 2050 年，全球交通工具碳排放将比目前增长 30% 至 50%，这将阻碍《京都议定书》目标的实现，并可能对阻止全球变暖工作提出新的要求。

除了交通工具排放的温室气体二氧化碳会导致全球变暖外，尾气中的另外 4 种气体也会对气候体系造成影响，它们是臭氧、氮氧化物、一氧化碳和挥发性有机物。交通工具排放的烟尘、燃料炭末、有机碳和各种硫化物也会对气候产生影响，烟尘还会改变云的分布和特性。交通污染对大气总体影响非常复杂，有些气体会马上对大气产生影响，另一些气体对大气的影响则可能发生在几十年甚至几个世纪以后。

2.2.3　交通工具消耗的能源类型

能源是人类赖以生存和发展的基础。人类活动的各个方面，如工农业生产、交通运输、科技文化建设等，都离不开能源。在经济发达国家，由于私人汽车的普及，其交通运输能耗在整个国家的总能耗中占有较高的比重。国际能源机构的统计数据表明，到 2020 年交通燃油消耗预计占全球石油总消耗的 62% 以上。

大气中 CO_2 和其他温室气体浓度的增加会使地球表面变暖，从而使气候发生强烈的变化，这已成为人类共同关心的问题。在人类活动导致的温室效应和气候增暖因素中，能源的生产和利用占一半以上，因此控制能源的使用被各界认为是减少温室效应的关键。

交通运输行业的能源消费包括两个部分：一是由完成运输活动的各种运输工

具或设施直接消耗的能源；二是由各运输组织或管理部门服务于运输生产活动对能源的消耗。通常所涉及的交通运输行业能源消费等相关概念是指前者，而后者则可归于其他用能部门。

交通运输领域的能源消费主要是各种运输工具或设施通过对能源的消耗，驱动相应的运输工具来完成运输活动，实现人或物有经济目的位移的。不同运输方式的耗能有以下一些类型：

（1）道路机动车：包括通过各种能源驱动的道路机动交通工具，如各种类型的汽车、电车、拖拉机、摩托车、助力车等；使用的能源类型包括汽油、柴油、电力、压缩天然气、液化石油气、燃料电池、甲醇、乙醇等。随着科学技术的发展，采用太阳能等更清洁高效能源驱动的汽车正处在研发阶段，环保型机动车不断得到应用与推广，机动车用能多样化和环保化将是未来机动车能源的发展趋势。目前，在中国汽油和柴油仍然是主要驱动燃料，占道路机动车燃料的绝大部分。一些城市的公共汽车和出租汽车已经开始使用压缩天然气、液化石油气，在吉林省、河南省等地区开始推广使用乙醇汽油（即在汽油中添加一定比例的乙醇，如10%的乙醇）作为机动车燃料。

（2）铁路机车：目前有蒸汽机车、内燃机车和电力机车三种类型，它们分别采用煤炭、燃油（主要是柴油）、电力作为驱动能源，另外磁悬浮列车也采用电力为驱动能源，可归于电力机车类型。目前中国三种耗能类型的铁路机车都存在，但还是以内燃机车和电力机车为主。

（3）民用航空：主要交通工具是各种民用飞行器，并以航空煤油为燃料。

（4）水路运输：包括各种在内河、湖泊、远近洋运输的船舶以及港口装卸作业设施等以不同类型的能源作为动力源，能源类型主要有柴油、重油、汽油、电力等。

（5）管道运输：主要是管道输送动力设施，消耗燃油、电力、原油、天然气等能源。

交通运输业虽然不是国民经济各行业中能源消费最多的行业领域，但却成为能源消费特别是石油消费增长最快的行业领域。在交通运输的能源消耗构成中，道路交通工具所消耗的车用燃油（主要是汽油和柴油）是主体，约占整个交通运输行业能源消费总量的近70%（按当量计）。据测算，全国汽油消费量的90%以上和柴油消费量的50%左右是被各种道路交通工具所消耗，而且随着机动车数量的快速增长，车用燃油消费量将会不断增加。

2.2.4 交通领域温室气体的来源

随着对大气质量和全球变暖关注的增加，减少燃料消耗和相关温室气体等的排放已成为政府、公众、车辆制造商优先考虑的问题。目前，交通是 CO_2 和其他温室气体排放的主要来源之一，同时交通需求也在不断增长。至今为止，最大的交通排放源于小汽车，占欧盟交通总 CO_2 排放的近一半。研究表明，汽车、轮船、飞机和火车使用燃料所释放的温室气体是目前造成全球变暖的主要原因之一。过去 10 年全球二氧化碳排放总量增加了 13%，而源自交通工具的碳排放增长率却达 25%。欧盟大部分工业领域都做到了成功减排，但交通工具碳排放却在过去 10 年增长了 21%。

机动车排放的污染物主要有 CO、HC（碳氢化合物）、NO_x 和碳烟等化合物。这些污染物分为尾气、曲轴箱排放物和燃油蒸发排放物，内燃机废气由排气管排出，占尾气 60% 左右；曲轴箱泄漏气体及气化器中蒸发出的气体，一般各占 20% 左右。经调查统计每千台未受控制车辆每天排出 CO 约 3000kg，HC 为 200 ～ 400kg、NO_x 为 50 ～ 150kg，平均每燃烧 1t 的 90 号汽油，生成的有害物质总量为 40 ～ 70kg。机动车排放源 3 种污染物所占的比例见表 2-1。

表 2-1　机动车排放源 3 种污染物所占的比例　　　　　　　　（%）

污染物	NO_x	CO	HC
排气管	96	98	55
曲轴箱	4	2	25
燃油系统	0	0	20

虽然我国目前的汽车密度远低于世界上一些发达城市，但由于车型、燃料、保养维护及其道路等原因，车辆的排放远高于国外汽车，有些汽车的污染物排放量是正常排放量的 10 倍以上。据统计，我国单车污染物排放是发达国家的几倍甚至十几倍。国产机动车怠速时的 CO 排放量平均为日本 1975 年标准的 2 倍，HC 为 1.7 ～ 3.0 倍。

衡量机动车尾气对城市大气污染贡献大小的重要指标是机动车排放污染的分担率，用城市机动车排放污染物占大气总污染物数量的质量分数来计算，表 2-2 列出了国内部分城市机动车排放污染分担率的比较资料。

表 2-2　部分城市机动车排放污染物分担率　　　　　　　　（%）

污染物	北　京	上　海	济　南	兰　州
CO	80.3	61.8	96	59.7
HC	79.1	56.7	92	81.9
NO_x	54.8	20.9	22	26.9

由表 2-2 可以看出，机动车排放 CO、HC 的分担率都超过 60% 以上，少数城市达到 90% 以上，而且仍有继续增大的趋势。因此，机动车排放污染物已是城市大气环境的主要污染源。

2.2.5 汽车空调制冷剂

汽车的舒适性要求使"空调装置"受到空前的重视,目前大部分汽车空调均采用机械压缩式制冷循环原理。在这个循环过程中,就必须有制冷剂作为工作介质,使之通过自身热力学状态的变化与外界发生能量置换,从而达到制冷的目的,因此制冷剂选用得是否恰当是制冷循环的关键。但氯氟烃的分子中含有氯,具有破坏大气臭氧层的能力,环境因素随时代发展愈来愈受到重视,破坏臭氧层的物质必须禁用。目前,世界上采用的 CFC12 替代方案主要有三种,美国的制冷剂 HFC152a、德国的制冷剂 R2600a、中国的混合制冷剂 HFC152a/HCFC22。

制冷剂按其化学组成分为无机物、卤代烃(氟利昂)、碳氢化合物三类,传统情况下一般主要从热工特性方面来选用制冷剂。根据汽车空调系统的工作温度范围可知,过去采用的制冷剂是 R12(即氟利昂 12)。CFC12 无色、无味、无毒,在空气中含量不超过 30% 的情况下,一般对人体无害。但 CFC12 对臭氧层仍有破坏作用,会产生温室效应,同时对制冷装置本身的材料也会产生腐蚀,在美国、日本等国家已经禁止使用。相比之下,HFC134a(1,1,1,2-四氟乙烷)成了取代汽车空调中 CFC12 较为现实的制冷剂。

2.3 工业来源

人类的工业生产活动导致大气中的温室气体的含量日益升高,打破了温室气体产生与消耗之间的平衡。但是,工业生产活动产生的温室气体具有多样性、海量性等特点,下面针对主要的工业部门生产过程的温室气体的排放进行简单介绍。

2.3.1 钢铁工业温室气体排放情况

钢铁工业的温室气体排放主要来源于炼焦、烧结(球团)、炼铁、炼钢、轧钢等生产过程中排放的废气,其中 CO_2 是主要成分。同石油、天然气相比,单位热量燃煤引起的二氧化碳排放比使用石油、天然气高得多。

"长流程"和"短流程"是目前我国钢铁生产的两种主要工艺,其中"长流程"转炉钢产量占产钢总量的 87%。普遍认为,以铁矿石、煤炭等天然资源为原材料的高炉-转炉长流程生产工艺产生的二氧化碳要比以废钢铁、电力为源头的短流程生产工艺产生的二氧化碳高 4~6 倍。

按长流程组织生产的联合企业,存在大量燃烧、焙烧、熔炼和加热等过程。钢铁企业排放的废气大致可分为三类:第一类是生产工艺过程中化学反应排放的废气,如烧结、炼焦、石灰焙烧、钢铁冶炼和钢材酸洗过程中产生的废气;第二类是燃料在炉、窑中燃烧产生的废气;第三类是原燃料运输、装卸和加工等过程产生的废气。温室气体主要产生于第一、二类废气中（见表2-3）。

表 2-3　钢铁工业的温室气体种类及来源

工 艺 阶 段	温 室 气 体	来 源
烧结及球团生产	CO_2、CO、SO_2、NO_x	燃料在矿粉烧结过程中的燃烧
炼焦生产	CO_2、CH_4、CO、NO_x、SO_2、H_2S	煤的干馏过程及加热燃烧
高炉炼钢	CO_2、CH_4、CO、SO_2、H_2S、NO_x	铁水冶炼过程
转炉及电炉炼钢	CO、CO_2、NO_x	铁水脱碳/冶炼过程
热轧、冷轧	CO_2、NO_x、SO_2	加热和热处理过程中的燃料过程
石灰焙烧	CO_2、NO_x	石灰石焙烧
自备电厂	CO_2、SO_2、NO_x	燃料燃烧

在钢铁生产过程中，碳通常既作为铁矿石的还原剂又作为热源将反应物加热到技术和经济均合理的动力学温度。目前钢铁生产的温室气体主要是以煤（也做还原剂）为主的能源消耗所产生的，在上述多种温室气体中，最终外排量以 CO_2 占绝对多数。

由于我国钢铁工业是以煤为主的能源结构、石灰石的大量应用以及“长流程”占据主导地位，使得我国钢铁产业的二氧化碳排放量仅次于电力、建材（水泥），在国内工业行业的二氧化碳排放中居第 3 位。表 2-4 是国际钢联（IISI）2007 年年会统计的主要钢铁生产国家和地区的钢铁及 CO_2 在全球所占比重。随着中国钢产量屡创新高，从全球钢材主要生产国来说，中国 CO_2 的排放量占到全球的 50% 以上，中国钢铁行业肩上的责任比较沉重。

表 2-4　2007 年主要产钢国家和地区钢、铁产量及钢铁业 CO_2 排放量占全球钢铁业的比例

名　　称	中　国	欧盟 25 国	美　国	日　本	俄罗斯	其　他
钢产量/%	34	16	8	9	6	26
铁产量/%	46	13	6	10	4	21
CO_2 排放量/%	51	12	7	8	5	17

积极推行节能减排技术、不断降低产品成本，一直是我国钢铁产业关注和努力的方向。自 20 世纪 90 年代以来，由于连铸、高炉喷煤、高炉长寿、转炉溅渣护炉、综合节能、棒线材连轧国产化等 6 项关键技术的突破与应用，国内钢铁生产流程得以优化，1990～2000 年中国钢产量增长了将近 1 倍，而能源消耗总量仅增加了约 31%，吨钢能耗大幅度下降，吨钢温室气体等环境负荷逐年降低，但是随着钢产量的大幅度增加，能耗总量却在增加，相应地 CO_2 的排放量也逐年上升（见图 2-2）。

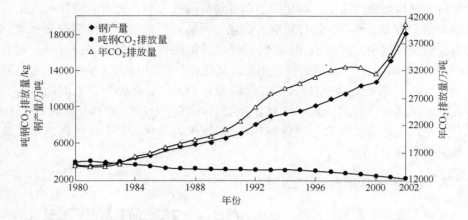

图 2-2　1980～2002 年中国粗钢产量、年 CO_2 排放量和吨钢 CO_2 排放量的变化

2.3.2　水泥工业中温室气体的排放

　　与其他部门相比，水泥工业温室气体排放的一个显著特点是，它不仅通过能源利用来排放二氧化碳，而且还通过其特有的生产工艺排放了大量的二氧化碳。我国的能源结构以煤为主，水泥工业也不例外，煤炭消耗约占水泥生产所消耗能源的 80% 左右。根据热量碳当量法初步估算，生产 1t 水泥熟料，煅烧及粉磨等工艺因消耗燃料而产生的二氧化碳约在 300～450kg 之间。随着水泥工业煤炭消耗量的不断增长，二氧化碳的排放量也在逐年增长。图 2-3 所示为 2000～2005年，我国水泥行业二氧化碳的排放总量及标准煤耗量。由此可见，二氧化碳的排放总量与标准煤的消耗量是成正比的。

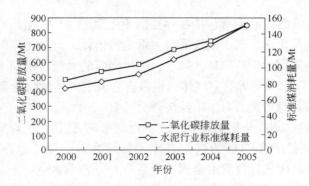

图 2-3　2000～2005 年我国水泥行业二氧化碳排放量与标准煤耗量

　　水泥生产工艺排放的二氧化碳包括：由生产水泥的主要原料石灰石中的碳酸钙分解生成水泥熟料所必需的氧化钙的同时生成的二氧化碳、煅烧水泥熟料和烘

干原料用燃料燃烧产生的二氧化碳。以普通硅酸盐为例，普通硅酸盐水泥是以石灰石和黏土为主要原料，经过粉磨、煅烧，再加入石膏及混合材磨细而生成。石灰石在煅烧过程中，碳酸钙（$CaCO_3$）受热分解而排放二氧化碳；另外石灰石中 1% 左右的 $MgCO_3$ 加热分解也排放少量二氧化碳。我国 1t 普通硅酸盐水泥熟料中平均含 CaO 约 0.65t，相应排放二氧化碳为 0.511t，氧化钙含量不同的熟料可以通过同比例换算。我国目前生产 1t 水泥需消耗熟料 0.75t，也就是说每生产 1t 水泥，其生产工艺就要排放二氧化碳约 $0.511 \times 0.75 \approx 0.383t$，与燃料燃烧排放的二氧化碳量相当。

2.3.3　建材工业中温室气体的排放

建材工业是重要的原材料工业加工部门，主要的产品是水泥、平板玻璃、砖瓦、石灰等。这些产品都需要经过工业窑炉的熔化、燃烧、熔烧等热加工过程生产出来，具有产品产量大、能耗高的特点。建材工业企业的温室气体排放主要有以下两点：一是生产过程中燃料燃烧产生温室气体；二是生产过程中原料进行物理化学反映产生的温室气体。建材工业生产工艺过程中都会排放出较多的温室气体，如 CO_2、NO_x 等，其中水泥生产和平板玻璃生产过程是温室气体排放最多的。水泥生产过程中大量能耗（来自矿物燃料的燃烧）放出大量 CO_2、SO_2、NO_x；而石灰石分解产生的 CO_2，数量更大于燃烧生成的 CO_2。玻璃企业除了排放量大外，SO_2、NO 在化学反应和燃烧过程中均有较多的排出；砖瓦企业、陶瓷企业生产均是焙烧过程，其污染主要取决于燃烧反应，燃料燃烧主要污染是排放 CO_2。

2.3.4　化学工业中温室气体的排放

现代化工行业的产品生产包括各种复杂的化学反应、蒸馏、吸收、过滤、萃取、干燥和筛选等化学工艺，不仅需要大量能源消耗，而且还需要石油、天然气和煤炭等高碳物质作为生产原料，除了会产生局部的大气、水和土壤污染外，还会生产和排出 CO_2、NO_x 等温室气体。很多含有温室气体的化学产品都是与许多行业和人类生活息息相关，对国民经济至关重要。

据统计，我国 2005 年化工行业排放工业废水 34 亿吨，工业废气 15887 亿立方米，产生固体废弃物 9233 万吨。其废水排放量占全国工业废水排放总量的 16%，居第一位；废气排放量占全国工业废气排放总量的 6.5%，居第四位；固体废物排放量占全国工业固体废物排放量的 5%，居第五位。化工行业主要污染物的排放量在全国也占有相当大的比重，2005 年排放 COD（化学需氧量）94.9 万吨、二氧化硫 116.8 万吨、氰化物 5066 吨、氨氮 26 万吨、石油类 2.66 万吨、烟（粉）尘 71.1 万吨，在全国工业行业中名列前茅。而在化工行业巨大的废气排放中，温室气体占了很大的比例。作为温室气体排放主要来源之一的化工行业来说，在低碳经济建设的大潮中，碳减排是未来行业发展的唯一选择。

2.4 农业来源

中国是一个农业大国，拥有约 1.33 百万平方公里的农田。这些田地的种植、翻耕、施肥、灌溉等生产活动不仅改变了地表环境，而且改变了大气、土壤和生物之间的物质循环、能量流动和信息交换的强度，带来了一系列环境问题，如土地沙化退化、水土流失、温室气体排放增强等。近十多年来，人们开始注意到农业生产对温室气体排放的贡献，农业生产已成为加速全球变暖不容忽视的人类活动之一。

农业是一个重要的温室气体来源，该系统中温室气体的产生是一个复杂过程。农业对全球变化的影响主要是通过改变三种温室气体——CO_2、CH_4 和 N_2O 在土壤-大气界面的交换而实现的。土壤中的有机质在气候、植被、土质及人为扰动的条件下，可分解为无机的碳和氮。无机碳在好氧条件下多以 CO_2 形式释放进入大气，在厌氧条件下则可生成 CH_4，因而长期淹水的农田中经发酵作用可产生大量的 CH_4。无机铵态氮可在硝化菌作用下变成硝态氮，而硝态氮在反硝化菌作用下转换成多种状态的氮氧化合物，N_2O 就是其中之一，全球一半以上的 N_2O 来自土壤的硝化和反硝化过程。在气候、植被、土质及农田管理诸条件中，任何一个因子的微小变化，都会改变 CO_2、CH_4 或 N_2O 的产生及排放。

2.4.1 稻田生态系统主要温室气体的排放机理及排放规律研究

中国是重要的水稻生产国，水稻种植面积约占世界稻田总面积的 22%，产量约占世界水稻产量的 38%。从目前开展的观测看，中国稻田不仅是中国最主要的 CH_4 排放源，而且对全球大气的 CH_4 排放也起着重要的作用。据估计，全球水稻 CH_4 年排放量约 $60 \times 10^9 t$，占大气 CH_4 源的 10% ~ 30%。我国水稻田根据生态气候带、地貌特征以及耕作制度大致可分五大区：华南滇南水稻区、华中水稻区、长江中下游水稻区、西南水稻区和北方水稻区。气候土壤状况以及植物生长体系在这五大区有很大的差别。从水稻种植面积省级的统计数据来看，90% 以上的水稻种植在中国南部，只有 7% 左右的水稻种植在北方水稻区。从 1987 年以来我们应用静态箱技术在中国的五大水稻区进行了观测。

我国稻田甲烷排放的观察研究开始于 20 世纪 80 年代末，最初的观察是在浙江杭州和四川乐山的稻田中进行的。目前，我国是世界上甲烷排放观察数据积累较多的几个国家之一。1998 年就有人指出，中国稻田甲烷的排放量约占我国年总排放量的 50%，而自然湿地当时约占 6.3%。从众多的研究结果看，影响稻田甲烷排放量与土壤类型、灌溉方式、施有机肥等农业措施密切相关。水稻产量与甲烷排放量呈正相关，既要保证稻谷增产，又要减少稻田的甲烷排放，是人们十分关注的问题。

我国广大科研人员对稻田生态系统的甲烷排放做了比较全面系统的观测研究，如表 2-5 所示，其主要包括排放机理及规律、区域排放量估算以及排放的影响因素等。水稻田不仅排放大量 CH_4 还排放 N_2O，但 N_2O 的排放与 CH_4 完全不同，田间水分状况和施肥是决定 N_2O 排放的主要因素，到水稻成熟期，温度的影响也比较明显，而且 CH_4 和 N_2O 排放之间存在着互为消长的关系。关于稻田 CO_2 的排放，国内外的研究资料较少。Khalil 等曾测定过水稻田 CO_2 的排放通量，得到其范围为 $70 \sim 630mg/(m^2 \cdot h)$，关于稻田生态系统对 CO_2 的浓度的空间和时间变化规律性还需要进一步深入研究。

表 2-5　我国农田生态系统痕量气体观测情况一览表

地　点	气候带与地貌特征	观　测　内　容
杭州市郊	亚热带平原	双季稻田 CH_4 排放
湖南桃源	中亚热带，丘陵	双季稻田 CH_4 排放与产生机制
江苏常熟	亚热带平原	麦茬稻 CH_4 排放
广州市郊	亚热带及热带平原	双季稻田 CH_4 排放
成都市郊乐山	亚热带高原盆地及丘陵	单季稻田 CH_4 排放
江苏吴县市郊	亚热带平原	麦茬稻 CH_4 排放
		双季稻田 CH_4 排放与产生机制
		稻麦轮作农田生态系统 N_2O 排放及产生机理
		农田生态系统 $CH_4/N_2O/NO$ 排放及产生机理
河北石家庄	暖温带和温带平原	冬小麦 N_2O 排放
沈阳郊区	暖温带和温带平原	农田生态系统 CH_4/N_2O 排放及产生机理

2.4.1.1　稻田甲烷的产生

稻田甲烷的排放是土壤甲烷产生、再氧化及排放传输三个过程相互作用的结果。甲烷的产生是这个体系中的第一步也是极关键的过程，其数量的大小会直接影响排放通量的大小。稻田中甲烷的产生主要是 CO_2/H_2 及乙酸这两种基质在厌氧状态下被产甲烷菌利用还原而生成的。

但是不同稻田土壤对甲烷产生的贡献并不固定，这主要取决于各不同稻田土壤中微生物菌族的差异。通过对意大利稻田及我国湖南地区稻田土壤中甲烷产生率的实地测量，发现甲烷产生主要发生在稻田土壤耕作还原层（$2 \sim 20cm$），但不同的农田作业对此有很大的影响。在意大利稻田中 $7 \sim 17cm$ 土壤层是重要的甲烷产生区域，$13cm$ 处的甲烷产生率最大。由于我国湖南地区独特的有机肥铺施操作，土壤中甲烷的产生在耕作层氧化层以下 3～7cm 就达到最大值。

土壤湿度能影响土壤主要甲烷产生区域的深度，当土壤湿润度低于某一临界值后，主要的甲烷产生区域将向土壤深处移动，甲烷产量也明显减少。种植水稻的稻田土壤中甲烷产生率要比不种水稻农田的产生率大，同块稻田中甲烷产生率也有一定的空间变化。另外水稻植物根部土壤比水稻行间土壤能产生更多的甲烷。

稻田甲烷排放的日变化一般有三种类型：下午最大型、夜间最大型以及下午、夜间双峰型。甲烷的产生率除了上述三种不同的日变化类型之外，还有第四种排放类型即不规则波动型。前三种一般出现在天气较好的时候，排放率最高与最低值之间差距较大。第四种一般出现在阴雨天气，排放率变化幅度较小。在大多数情况下甲烷的产生率下午大于上午，但在一日内没有明显的日变化规律，因此甲烷排放路径的日变化可能是甲烷排放日变化的主要原因。在湖南地区，不同的施肥和水管理对稻田的甲烷产生率差别十分显著。这种差别在甲烷排放率的差异上也能体现出来。

实验室培养发现土壤温度对土壤甲烷产生率的影响很大，温度每上升 10℃，甲烷产生率将增加 3 倍多。温度决定了甲烷排放的变化趋势，而土壤有机质含量决定了甲烷排放的平均量。在整个水稻生长季节中，仅施化肥或不施肥的意大利稻田土壤中甲烷产生率在水稻移栽后逐渐增大，并在 8 月底水稻收割前达到最大。湖南仅施化肥的稻田甲烷产生率的季节变化与意大利稻田相似，而施有机肥的稻田无论早稻还是晚稻，土壤中甲烷产生率在水稻生长初期及末期均出现最大值。在整个水稻生长季节中，土壤中产生的甲烷仅有 28%（意大利）和 16%（我国湖南地区）被排向大气，而其余大部分被氧化在土壤中。此外，稻田土壤甲烷产生率的空间异质性较大。在各种水肥管理、耕作等条件相对一致的同一块稻田中，其甲烷产生率空间变异系数达 11.46%～17.02%，这主要是由于甲烷的前体物（易分解的有机物）、微生物菌群等不均匀分布的结果。

2.4.1.2 稻田甲烷输送

甲烷向大气传输途径的畅通能够使土壤中的甲烷很快排向大气，避免在氧化区域长时间停留，因此甲烷传输效率是影响甲烷排放率的重要因素。土壤中的甲烷通过三个路径向大气排放，即水稻植物体内部的通气组织、冒气泡、水中液相扩散。

在水稻生长的大多数阶段，大部分甲烷是通过水稻植物体排到大气中去的。由于水稻植物体内部通气组织较发达，茂密的水稻根系组织分布在稻田土壤中，能主动汲取溶有甲烷的土壤水，使甲烷进入通气组织。另一方面，水稻植物体也能传输大气中的氧气到根系，以维持根系组织的呼吸，它能很大程度地影响根部区域甲烷的氧化。水稻还能通过根流出物质影响土壤中甲烷的产生率。

在水稻的不同生长阶段，水稻植物体和气泡对甲烷排放的相对重要性是不一样的，甲烷在水中的液相扩散对甲烷排放的贡献极小。在我国及意大利稻田都发现稻田甲烷排放率的日变化很明显，稻田甲烷产生率的日变化无法说明以上规律，因此对甲烷传输的三个过程特别是水稻植物体甲烷传输能力及其在一日间和水稻生长季节中的变化进行研究是十分必要的。

通过对稻田甲烷排放、土壤甲烷产生率以及植物体甲烷传输、气泡、液相扩散这三种排放途径的同时测量后发现：甲烷氧化作用在下午甲烷排放路径通畅时较小；阴雨天气造成甲烷排放率降低会增加甲烷在土壤中的氧化量。早稻甲烷传输效率在 6 月上、中旬较高，晚稻则在水稻生长初期的 7 月下旬最高，这主要是两季水稻的生长季节中气候因子的差异造成的，只有在较短的时间尺度内，当水稻植物体、气候因素维持相对恒定时，甲烷产生率和稻田甲烷的排放才显出正相关。早稻和晚稻中 CH_4 通过水稻体的传输分别占甲烷总体排放的 73.18%（43.07% ~ 97.88%）和 54.98% ~ 99.95%；通过气泡的 CH_4 排放量则分别占总量的 24.14% 和 40.52%；通过液相扩散方式排放的 CH_4 分别只占甲烷排放总量的 2.68% 和 4.50%。

2.4.2　旱田生态系统温室气体的排放

2.4.2.1　N_2O 排放源及其产生

旱田生态系统中，厌氧呼吸过程相对较弱，产甲烷菌不活跃，且旱田土壤对甲烷具有吸收作用，所以旱田生态系统的甲烷排放很少，N_2O 的排放却相当大，因为土壤中的硝化作用和反硝化作用都会产生 N_2O。因此本节将主要讲述 N_2O 的排放，在小节最后对产生的 CO_2 稍作介绍。

A　N_2O 的排放

虽然目前 N_2O 所造成的温室效应程度比 CH_4、CO_2 等轻，但是也不可盲目乐观。由于 N_2O 释出量的变化幅度极大，因此很难确定其在生态系统中的损失，表 2-6 是 2002 年来自 IPCC 的资料，释量的估计虽各有差异，但都可证实 N_2O 主要直接来自同温层衍生，间接来自农业活动。

农业促进 N_2O 增值常有如下途径：作物与土壤微生物过程、来自农田挥发的氨与沥滤出的 NO_3^- 作为释出的 N 转移至可发生 N_2O 的其他生态环境、由土壤管理而促进微生物过程致影响 N_2O 释出以及土地休耕等，其中微生物过程是主要途径。化肥工业与此有关者是氮肥的施用，但氮肥不应与其他农作物孤立起来，应充分估算施肥所致的直接收益。对这种剂量气体的释出，无论采用何种措施减少其释量而对环境的影响，只能降至最低限度，绝无简单的解决办法。

表 2-6　氧化亚氮的平衡表

释源			释量(N₂O-N)/t·a⁻¹
自然释源		海　洋	$1.4 \sim 2.6$
	热带土壤	湿地森林	$2.2 \sim 3.7$
		干燥平原	$0.5 \sim 2.0$
	温带土壤	森　林	$0.05 \sim 2.0$
		草　地	？
	总　计		$4.15 \sim 10.30$（＋？）
人为释源	耕种土地		$0.03 \sim 3.0$
	生物量燃烧		$0.2 \sim 1.0$
	正常燃烧		$0.1 \sim 0.3$
	机动设施运转		$0.2 \sim 0.6$
	己二酸生产		$0.4 \sim 0.6$
	硝酸生产		$0.1 \sim 0.3$
	总　计		$1.03 \sim 5.80$
沉　积	土地吸收		？
	同温层光解作用		$7.0 \sim 13.0$
大气增值			$3.0 \sim 4.5$

B　N₂O 的产生过程

N₂O 在土壤中的生成与自土壤中的释出是影响其发生与消耗中诸多因素间相互作用的综合结果。自土壤中释出 N₂O 的主要原因可归结为脱氮作用与硝化作用，但其相对重要性却随不同情况而异。自土壤中释出 N₂O 的决定因素有三个：反应速度；N₂O 与其他反应物之比（例如，在脱氮作用下的 N₂O/N₂ 之比将视情况而波动较大）；向大气的逃逸倾向。此类因素并非按同一方式改变土壤的状况，故 N₂O 的释出具有环境条件的复杂性。

脱氮作用是 NO_3^- 分步还原至 N₂ 的厌氧过程：

$$NO_3^- \longrightarrow NO_2^- \longrightarrow NO \longrightarrow N_2O \longrightarrow N_2 \tag{2-1}$$

在缺氧下，多数微生物及藻类可将 NO_3^- 当做氧源；取决于环境条件及其机体能力，上述过程可进行至某一步或至完全。若氧量低时，N₂O 亦可为脱氮作用所消耗。另一种还原过程是硝酸盐还原为氨，即将 NO_3^- 还原为铵根，在此类过程中均有 N₂O 释出。化学脱氮作用亦可发生，NO_3^- 与 NO_2^- 可与有机物及（或）无机物（比如亚铁盐、亚铜盐）反应而生成 N₂O 与 N₂。

氮的硝化作用是将铵根氧化为硝酸根，其发生沿下列步骤进行：

$$NH_4^+ \longrightarrow NO_2^- \longrightarrow NO_3^- \tag{2-2}$$

其每一步均为相关的微生物所催化。第一步的特征是生成 N_2O，尤以供氧不足时为最。真菌在酸性土壤中亦可借硝化作用而生成 N_2O，但这是一种与微生物化学稍有不同的反应。在耕地中，硝化作用所需的有氧环境将存在于低至中等水量的土壤整个层面中，甚至在大雨后的表层土中亦存在。

2.4.2.2　N_2O 排放的影响因素

据估计，大气中 90% 的 N_2O 来自土壤，故影响土壤硝化作用和反硝化作用的土壤环境因子都会影响 N_2O 的形成和排放。试验表明，在自然环境因素中，土壤温度、湿度以及空气的影响是主要的；农事活动中施肥（包括施肥量、施肥方式、氮肥的种类和颗粒大小）和灌溉是最主要的影响因素。由于特定地区自然环境状况具有相对稳定性，如温度和降水，因此人类活动就成了影响 N_2O 排放的最主要因子。

A　自然环境因素

土壤含水量与 N_2O 逸出间的关系极为复杂，但 N_2O 的释出常随土壤含水量增高而增大，直至完全为水饱和。因此，稻田地干涸时将有大量 N_2O 释出；若干涸与润湿两者交替出现，则将最宜于 N_2O 的高释出，被水饱和的土壤有利于脱氮作用。这也是 N_2O 排放高峰通常出现在降水后第二天，以后逐渐恢复正常的原因。

土壤中的氧是 N_2O 还原为 N_2 的优良抑制剂，其作用将比 NO_3^- 还原为 N_2O 更为显著。因此，随土壤透气度增加将使脱氮作用降低，亦即 N_2O/N_2 的生成比增加。硝化作用是一需氧过程，若供氧量降低，其作用速率减缓，但与此同时，生成 N_2O 的分率即增加。由此可见，N_2O 是透气下的中间产物。研究显示除大豆外，其他作物和休耕地土壤 N_2O 的排放与温度变化接近正相关，当年平均气温由 7.8℃ 升至 11.8℃ 时，N_2O 释放通量会增长 70%。

土壤 pH 值对 N_2O 的排放影响非常复杂，在不同的土壤上研究者们得到不同的结果。通过对 3 种种植玉米和大豆的美国艾奥瓦土壤的 N_2O 排放状况的研究发现：pH 值为 7~8 的土壤排放的 N_2O 比 pH 值为 6.6 和 5.4 的土壤高 3 倍。另一研究中，在 pH 值为 8.1~8.2 和 6.2~6.8 的土壤中分别加入 NH_4^+ 后好气培养，发现前者的 N_2O 排放比后者高 6~8 倍。当土壤 pH 值为中性时，N_2 是反硝化的主要产物，当 pH 值降低时，则有利于 N_2O 的释放。pH 值在 7~10 范围内，随着 pH 值下降，N_2O 排放呈递增趋势。反硝化作用菌活动范围的 pH 值为 3.5~11.2，最适宜的 pH 值是 6~8，与异养菌相似。N_2O 常为酸性土中反硝化的主要产物，N_2O/N_2 随着土壤 pH 值的降低而升高。而对于硝化作用，pH 值在 3.4~8.6 范围内，N_2O 与土壤的 pH 值呈正相关。当土壤温度、土壤含水量等其他条件不同时，pH 值对 N_2O 排放量的影响也是有很大差异的。据此可推测，水作农田土壤和旱作农田土壤的 pH 值对 N_2O 排放影响可能有不同规律，这还有待于进一步研究。

B　农作物种类及生长活动

目前就旱田生态系统的试验研究主要以玉米、大豆和小麦等旱田作物为研究对象，研究发现不同作物、不同的生长发育阶段以及作物的不同器官 N_2O 的排放量有很大不同，如大豆每克鲜重根、茎、叶每天能够排放 N_2O 分别为 249.92μg、388.66μg 和 103.48μg；每克玉米根、水稻根排放 N_2O 分别为 199.58μg 和 2.98μg，甚至休闲期的土壤仍有较多的 N_2O 排放。据研究，在所有粮食作物中，玉米的 N_2O 排放通量比稻田和麦田大得多，但也有相反的试验结果。

玉米排放 N_2O 主要在其生长季节，特别是玉米生长的抽雄开花和成熟期；收割后残留在土壤中的根分泌物可以继续被土壤中的硝化和反硝化菌利用，故仍有 N_2O 排放。小麦在不同的生育期 N_2O 的排放也有很大不同，并出现多个峰值。冬小麦苗期 N_2O 排放达到年前的高峰，分蘖期后排放量逐渐降低，返青期降到最低值。进入拔节期以后，N_2O 通量出现年后的一次高峰，以后逐渐降低。

C　施肥

国内外众多的试验还证明，农作物 N_2O 排放通量还与氮源有直接的关系，所以氮肥施用量、施肥方式（有机肥与氮肥的混施、施肥深度以及施肥频率）以及氮肥的种类和颗粒大小等因素都会影响 N_2O 排放。有机肥施用量的增加和化肥的表施可以明显地减少 N_2O 的排放，但会增加 CH_4 的排放，所以要进行综合考虑。

通常，N_2O 的释出与肥力在 0.01% ~2.0% 范围有关。除在 1.0% ~1.4% 范围的典型介质中的无水液氨外，无论肥料的类型如何，在中等肥力 0.1% ~0.7% 介质中常均有不利影响。在肥料类型上，N_2O 释放通量按 $NO_3^- > NH_4^+ >$ 尿素 > $(NH_4)_2CO_3 >$ 无水 NH_3 的次序递减，并且长效氮肥能明显减少 N_2O 向大气的排放。在同样的环境条件下，氮肥颗粒粒径与 N_2O 的排放量呈正相关。

D　土壤耕作利用

相对于未开发利用的土壤，农田土壤能产生更多的 N_2O。在农田土壤中，常耕土壤和免耕土壤比较能产生和排放更多的 N_2O，这是因为免耕土壤含有较多的水分和较小的总空隙度。国外的学者研究发现，耕翻会引起土壤 N_2O 剧烈脉冲释放，采用免耕法 N_2O 的排放量将减少 5.2%。

2.4.2.3　旱田生态系统 CO_2 的排放

国内外旱田生态系统对 CO_2 浓度影响的研究都显示，农田 CO_2 浓度有明显的日变化和季节变化。白天，CO_2 的浓度在光合作用旺盛的中午前后达到最低值；夜晚，由于作物呼吸作用释放 CO_2，使 CO_2 的浓度增高。且作物生长最旺盛季节，田间 CO_2 浓度日夜差最大；而在作物生长发育初期和成熟季节，田间 CO_2

浓度日夜差变小。

同时作物种群内还存在着 CO_2 的浓度垂直梯度变化。在夜间、傍晚和清晨，田间由地表向上 CO_2 浓度逐渐降低，形成递减分布型；日间（包括早上及上午）CO_2 浓度最低点出现在作物某高度，由此向上向下明显增大，这是光合作用最强的部位，是 CO_2 的汇。

在对冬小麦的研究中发现，未施肥的麦田 CO_2 排放通量为 100～280mg/(m^2·h)，且施尿素的麦田 CO_2 排放通量 120～400mg/(m^2·h)，明显高于未施肥的麦田。但就农田生态系统本身而言，光合作用所消耗的 CO_2 还是远大于呼吸作用排出的 CO_2，一般不会引起 CO_2 浓度增加。只是农业生产改变土壤呼吸速率，实验证明不同的农艺措施对土壤呼吸有明显影响，深耕深松处理条件下土壤呼吸速率大于少耕深松和深耕不深松处理；增加秸秆还田量对增强土壤呼吸速率有正效应，且与施入土壤的秸秆种类有关。研究还发现毁林开荒在其土地耕种15 年后有机碳将损失 70%。据估计从 1860～1989 年以来，土地使用方式的改变包括以农业目的的森林砍伐，释放了大约 270×10^9t CO_2，所以毁林开荒会不同程度地增加 CO_2 的排放。

2.4.3 农业生产废弃物

在农业生产过程中，农产品及其秸秆被移出农田，其中很大一部分直接用于人类和动物消费并以废弃物的形式返回环境，最终经过物理、化学以及生物化学的变化而形成温室气体并排放到大气中去。试验表明，施用动物粪肥、秸秆等农业废弃物之后，土壤的 N_2O 和 CO_2 排放均会增加，同时还促进土壤氮素的转化。在农村秸秆堆肥过程中，秸秆在无氧的条件下分解产生 CH_4，且分解过程受许多因素影响，例如温度、湿度、pH 值等。在不同条件下，CH_4 的产生率会有很大的变化，所以在不同气候条件下，CH_4 的排放率有很大差别。同时秸秆还田和使用有机肥也会改变土壤的物理和化学特性，影响甲烷菌、硝化和反硝化菌的活性，进而增大了 CH_4 和 N_2O 的排放量。另外，在发展中国家，与农业有关的生物质燃烧占每年生物质燃烧总量的 50%，另 50% 的作物废弃物作为生活用能被燃烧掉。据估计全球每年有 8.7×10^9t 的干物质被燃烧，有 22×10^6t 甲烷和 435×10^3t 的 N_2O 被排放到大气中，但生物燃料燃烧不会增加大气中的 CO_2。

2.4.4 反刍动物甲烷排放

大气中动物甲烷的排放为 8.0×10^7t，反刍动物占的比例较大，约为全球总量的 15%，其中牛每年甲烷产生量为家畜总产量的 73%。据估计现在全球农业排放的 N_2O 中 1/3 是由动物产生的，全球动物废气甲烷释放量为 28.42×10^9t。同时反刍动物自身也会排放 CH_4，研究显示反刍动物的 CH_4 释放量占家畜释放总量的84%，我国在1990年反刍动物 CH_4 排放相当于总碳当量 5.8×10^{12} g。随着肉牛和奶牛产业的发展，大气中的甲烷含量每年以 $1\% \sim 1.3\%$ 的速度递增。中国是反刍动物拥有量最大的国家，动物废气甲烷排放量可达到 6.3×10^6 t，其中反刍动物的排放量占80%以上。

2.4.4.1 瘤胃甲烷生成机制

反刍动物排放甲烷与其特有的消化过程有关。饲料在被动物吞食后首先在瘤胃内进行厌氧发酵，瘤胃内的微生物把碳水化合物和其他植物纤维发酵分解成挥发性脂肪酸（VFA）等代谢产物，同时产生甲烷。其产生途径主要有三种：

（1）在 CO_2-H_2 还原途径，甲烷是在一系列的酶和辅酶的作用下，由氢和甲酸还原生成的，瘤胃中的反刍兽甲烷杆菌主要就是通过此途径产生甲烷的；

（2）由甲酸、乙酸和丁酸等挥发性脂肪酸为来源形成；

（3）由甲醇、乙醇等果胶发酵产物分解而来。反刍动物在能量代谢过程中因产生甲烷而消耗的饲料能量约为 $2\% \sim 12\%$。

2.4.4.2 影响甲烷产生的因素

研究表明，日粮组成、采食水平、环境温度、瘤胃内环境和食糜流动速度都是影响反刍动物甲烷排放量的主要因素，采食量和饲料质量是反刍动物排放甲烷最重要的影响因子。因此，有效地控制和减少反刍动物甲烷的排放量，不仅能提高反刍动物对饲料的利用率和转化率，提高生产率，还有利于减轻甲烷产生的温室效应，达到环境和经济的双重效益。

A 日粮因素

研究表明，在日粮相似的条件下，不同动物的甲烷产生量也相似，因此可以说反刍动物甲烷排放量主要受日粮因素的影响。瘤胃发酵类型的变化造成瘤胃 pH 值和瘤胃微生物区系发生改变，最终使甲烷生成量改变。当动物采食易发酵碳水化合物时，瘤胃丙酸的生成量较高、瘤胃内酸的生成量较高，甲烷产生量降低。这主要是由于采食易发酵碳水化合物后，瘤胃内 pH 值会显著降低，低 pH 值能抑制产甲烷菌的活性。高粗纤维日粮能促进甲烷生成菌的数量，从而提高甲烷的产生量。

另外，甲烷的产生量受牧草的加工以及生长期的影响。成熟期牧草的生长产生的甲烷量较多；干制的牧草比青贮牧草能产生更多的甲烷；粗切的牧草比细碎的牧草能产生的甲烷更多。这其中的原因被认为是动物食糜动力学变化造成的，牧草长时间在瘤胃滞留一般会增加甲烷的产生量。日粮中的蛋白和脂肪因素能有效地调节瘤胃发酵，从而影响甲烷生成量。因此通过对反刍动物日粮的调配可有效调节瘤胃甲烷的产生量。

B 环境温度

反刍动物瘤胃甲烷产量随着环境温度的降低而降低，在寒冷的条件下，绵羊瘤胃甲烷的产量会降低30%。研究认为,这是由于随着温度的降低,瘤胃发酵更趋于丙酸发酵,从而引起甲烷产量的降低;但也有人认为,随着温度的降低甲烷产量降低是由于采食量降低的结果造成的;另外温度的降低也可能会提高动物食糜的后送速度,导致甲烷产量的降低。

C 瘤胃VFA对甲烷产生量的影响

瘤胃内挥发性脂肪酸与甲烷产生量有一定关系。韩继福等研究表明,丙酸产量与甲烷产量呈较高的负相关,乙酸产量和乙酸与丙酸比例同甲烷产生量呈较高的正相关。这在另一方面也反映了不同日粮对甲烷产量的影响。低质粗料由于乙酸含量高,会导致甲烷产生量高;增加日粮精料比例,使瘤胃丙酸含量提高,从而甲烷产生量降低。

D 瘤胃原虫的数量对甲烷生成也有很大的影响

在研究中发现,对动物经过去原虫处理,甲烷生成量将下降20%~45%。此外,动物种类、品种、不同生长发育阶段、营养管理方式、日粮水平和生产性能都会影响 CH_4 释放。

2.4.5 湿地生态系统中碳的动态规律和温室气体排放

湿地是地球独特的、多功能的和高价值的生态系统,具有丰富的生物多样性,不但能够直接或间接地为人类提供多种产品和服务,而且具有均化洪水、降解污染、调节局地气候、控制侵蚀等多种环境功能。湿地在稳定全球气候变化中占有重要地位,其重要性主要表现在:湿地土壤和泥炭是陆地上重要的有机碳库、土壤碳密度高、能够相对长期地储存碳、湿地是多种温室气体的源和汇。受人类活动的影响,全球天然湿地的面积已经大大缩小。越来越多的湿地被排干,土壤中的有机碳分解速率加快,导致温室气体的排放量增加。因此,保护和增强湿地的碳储存功能,对于减少温室气体排放具有十分重要的意义。

图2-4 三江平原的湿地和沼泽

2.4.5.1 湿地生态系统碳的动态规律

A 碳储存

湿地是陆地上巨大的有机碳储库。尽管全球湿地面积仅占陆地面积的 4% ~ 6%，即 $(5.3 \sim 5.7) \times 10^8 hm^2$，碳储量约为 $(300 \sim 600) \times 10^9 t$，占陆地生态系统碳储存总量的 12% ~ 24%。如果这些碳全部释放到大气中，则大气 CO_2 的体积浓度将增加约 200×10^{-4}%，全球平均气温将升高 0.8 ~ 2.5℃。这表明湿地碳储存是全球碳循环的重要组成部分，估算湿地碳储量对于准确把握湿地在全球气候变化中所起的作用至关重要。由于湿地类型多样，各国学者对湿地的定义不同，因而对全球湿地面积及碳储量的估算结果存在很大差异。IPCC（2000）统计结果表明，湿地的单位面积碳储量是热带森林的 3 倍，在陆地上各种生态系统中单位面积碳储量是最高的，陆地生态系统土壤碳储量远大于植被碳储量，湿地生态系统 90% 以上的碳储量储存在土壤中。

中国首批被列入的 7 块国际重要湿地有：黑龙江扎龙自然保护区、青海鸟岛自然保护区、海南东寨港红树林保护区、香港米埔湿地、江西鄱阳湖自然保护区、湖南东洞庭湖自然保护区和吉林向海自然保护区。第二批被列入的 14 个国际重要湿地有：黑龙江洪河自然保护区、黑龙江三江自然保护区、黑龙江兴凯湖自然保护区、内蒙古达赉湖自然保护区、内蒙古鄂尔多斯自然保护区、大连斑海豹保护区、江苏大丰麋鹿自然保护区、江苏盐城沿海滩涂湿地、上海崇明东滩自然保护区、南洞庭湖自然保护区、西洞庭湖自然保护区、广东湛江红树林保护区、广东惠东港口海龟保护区和广西山口红树林保护区。

湿地是陆地生态系统的重要组成部分。与其他陆地生态系统相比，湿地的生物生产量较高，净初级生产量（NPP）平均约为 $1000g/(m^2 \cdot a)$，最高可达 $2000g/(m^2 \cdot a)$ 以上，仅次于热带雨林。天然湿地的生物量和碳密度随纬度的降低而增加，全球天然湿地植被碳储量约为 $(2450 \sim 4430) \times 10^{12} g/a$，人工湿地植被碳储量约为 $650 \times 10^{12} g/a$。据 Crill 等估算，北方泥炭地的植物碳密度为 $307g/m^2$；温带草本沼泽生物量较高，据估计中国三江平原湿地植物碳密度为 $800 \sim 1200g/m^2$。

湿地植物较高的生物生产量和较低的分解率使得湿地土壤能够储存大量的有机碳。影响土壤有机碳储量的因素很多，主要包括植被（有机质输入量、物质组成），气候因子（温度、湿度），土壤性质（结构、黏粒含量、矿化度、酸度等），以及其他因素如施肥、灌溉。影响土壤有机质矿化的速率主要取决于温度和氧气供应（排水状况）、土地利用方式、作物种类、土壤耕作管理等。不同类型的湿地碳累积或分解的速率不同，碳密度相差很大。因此，估算全球湿地土壤碳储量，必须建立在准确掌握湿地的类型、面积和动态变化数据的基础上。湿地土壤碳储量为 $(350 \sim 535) \times 10^9 t$，占全球土壤碳储量的 20% ~ 25%。全球湿地碳储量的绝大多数储存在泥炭地中，而 90% 的泥炭地分布在北半球温带及寒冷地区。北方森林土壤中由于含有大量泥炭，土壤碳储量是植被碳储量的5.4倍。据估算，全球森林泥炭地土壤碳储量约为 $541 \times 10^9 t$，占陆地生态系统土壤碳储量的 34.6%。有约 $455 \times 10^9 t$ 的土壤有机碳储存在北方和次北极的泥炭地，占全球土壤有机碳储量的近 1/3。

湿地土壤的有机碳密度普遍较高。根据全国第二次土壤普查的资料，估算湿地土壤（沼泽土和泥炭土）的平均有机碳密度在 $14.1 \sim 60.0 kg/m^2$ 之间，远高于全国平均水平。在实测数据的基础上，中国三江平原湿地土壤（沼泽土和泥炭土）的碳密度为 $13.9 \sim 47.3 kg/m^2$。

碳储存在土壤、植物和凋落物中的平均存留时间不同。如果气候稳定且无人类干扰，湿地相对于其他生态系统能够更长期地储存碳。

B　碳循环与积累

碳循环是指碳元素在大气-植被-土壤所构成的地球表层系统中进行迁移和转化的生物地球化学过程。湿地生态系统碳循环的基本模式是：大气中的 CO_2 通过光合作用被植物吸收，形成有机物；植物死亡后的残体经腐殖化作用和泥炭化作用形成腐殖质和泥炭；土壤有机质经微生物矿化分解产生 CO_2，在厌氧环境下产生 CH_4 释放到大气中。另外，湿地中的碳也来自周围农田或森林生态系统的沉积物，并部分随水流流出。湿地碳循环是一个复杂的过程（图2-5），碳的储存和排放是生物、土壤、气候和人类活动各系统之间相互作用的结果。

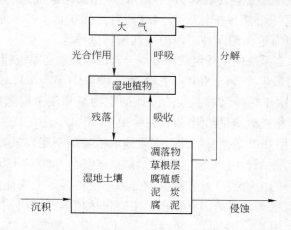

图 2-5　天然湿地碳循环基本模式示意图

植物通过光合作用固定大气中的 CO_2，在厌氧环境下植物残体分解缓慢，形成富含有机质的土壤和泥炭。据估计，北方泥炭地每年可积累碳 $(0.076 \sim 0.096) \times 10^9 t/a$。加拿大、俄罗斯和芬兰等国家对泥炭地碳积累速度的研究表明，北方泥炭地碳积累速度在 $8 \sim 20 g/(m^2 \cdot a)$ 之间，是陆地生态系统中一个重要的碳汇。湿地的碳固存速度非常缓慢，然而湿地被排干后碳分解速度却非常快，以至于几千年储存的碳在几年内被分解并释放到大气中。因此，保护湿地可以有效地防止温室气体的排放。

加拿大橡树岭（Oak Hammock Marsh）碳固存工作组对 Prairle/Parkland 湿地的研究表明，由于湿地碳储量远高于周围的农田，碳固存潜力大，将湿地边缘的农田恢复为湿地能够增加碳储量。另外，对北美 204 块湿地的研究显示，原始状态的湿地是开垦后湿地碳储量的两倍。也就是说，湿地被开垦后将损失 50% 的土壤有机碳。初步研究显示，恢复这些湿地中的有机碳储量所需的时间，浅水沼泽（shallow marsh zone）约为 10 年，湿草甸（wet meadow zone）约为 20 年。

C 碳平衡

湿地在植物吸收 CO_2 的同时，又排放 CH_4 和 CO_2（CH_4 的 GWP 是 CO_2 的 21 倍），CO_2 和 CH_4 排放主要受水分和温度变化的控制。当湿地排水后，CO_2 和 N_2O 排放量大大增加，而 CH_4 的排放量减少。因此，判断湿地是温室气体的源还是汇，取决于 CO_2 的吸收和 CH_4 的排放平衡。

在经常性积水条件下，湿地是 CO_2 的汇。当排水后，土壤中有机物分解速率大于积累速率，则湿地变为 CO_2 的源。加拿大 BOREAS（Boreal Eco-system-Atmosphere Study）对北方湿地（Boreal fenwetland）的研究表明，通常情况下泥炭地是 CO_2 的汇，但在气候变得较温暖干旱时则变成 CO_2 的源。Hans Brix 等对欧洲芦苇（Phragrnites communis）湿地进行了研究，认为由于湿地排放 CH_4，因而在相对较短的时间内（小于60年）可以看做是温室气体的源，但从长期来看（大于100年）由于湿地吸收 CO_2，使碳的积累逐渐大于排放，因而成为温室气体的汇。

天然湿地被排干、开垦、废弃或重建后，温度、水分状况和植被类型发生变化，碳平衡必然随之改变。天然的未受干扰的高位贫营养型泥炭藓沼泽 ΔC 为负值，为净碳汇；但在气候干旱条件下，变为净碳源，CO_2 排放量大大增加，而 CH_4 排放量减少。开采 2 年和 7 年后废弃的泥炭地碳排放量约为天然泥炭地碳排放量的 2.6 倍和 2.8 倍。恢复后的泥炭地碳排放量略高于天然泥炭地约 0.2 倍，但与开采后的泥炭地相比，碳排放量减少约 1.1 倍和 1.3 倍。这说明，湿地的恢复和重建有利于碳积累。

尽管湿地被排干后 CH_4 排放量减少，甚至完全停止。但 CO_2 排放造成的碳损失增加量远超过 CH_4 排放的减少量。芬兰、瑞典和荷兰的科学家联合考察了欧洲泥炭地转变为农田对温室气体排放的影响，发现 CO_2 排放量是未开垦前的 5 ~ 23 倍，CO_2 的排放量远远超过了 CH_4 的减少量。北方泥炭地在未受干扰的情况下为碳汇；农业排水和泥炭燃烧使得大量的 CO_2 排放，从而使湿地成为碳源。

2.4.5.2 湿地生态系统甲烷的产生

湿地是最大的 CH_4 排放源，天然湿地 CH_4 排放量占全球排放总量的 1/5，天然和人工湿地 CH_4 排放量占全球排放总量的 40%。近年来，我国科学家已经开始对湿地生态系统的碳平衡问题，特别是人工湿地（稻田）的 CH_4 排放等方面进行了比较深入的研究。在研究 CH_4 产生、传输和排放机理的基础上，估算全球天然湿地 CH_4 排放量和稻田 CH_4 排放量分别占全球排放总量的 22% 和 11%。我国稻田 CH_4 排放总量占全球稻田 CH_4 排放量的 16% ~ 21%。

　　A　湿地甲烷产生的规律

　　对意大利和我国湖南稻田进行比较，上午 9 时，下午 15 时定时观测的结果比较表明，两地稻田土壤在多数情况下，下午甲烷产生率比上午高，意大利为 17∶11，湖南为 67∶43。但是，进行的四次昼夜二十四小时观测后没有发现任何规律。意大利稻田土壤甲烷产生率随着水稻生长呈明显增长趋势；我国湖南稻田土壤甲烷产生率的变化规律，是在水稻淹水后以及收割前达到极大值，而在生长中期则为极小值。

　　湿地甲烷产生率在土壤层中的垂直分布规律，上官行健等也发现在意大利和湖南稻田中有所不同。意大利稻田产甲烷的主要层段在距离地面深度为 7 ~ 17cm 的土壤层中，该层约占整个土壤层甲烷产生量的 75%，其间 13cm 深度是最重要的甲烷产生层，26cm 处甲烷产生率极小。这是因为土壤表层通过灌溉水中的可溶氧补给，使之处于氧化状态，抑制了产甲烷菌的数量和活性，故其产率低；土壤深层（大于 20cm）有机质和肥力低，微生物活动弱，因而甲烷产率也很低。湖南稻田主要产甲烷层距离地表 3 ~ 15cm，该土层产甲烷量约占整个土壤甲烷产生总量的 90% 以上，其间 3 ~ 7cm 甲烷产率最大。可见两地有很大不同，这与两地土壤类型、耕层特性及耕作方式不同有关。即使同时在同一块田内测定整层土壤甲烷产生总量及其垂直分布，结果表明，对照样品之间也是有差异的。这是因为土壤中甲烷基质、植物或水稻根系微生物菌族等分布不均匀，因而造成甲烷产生率空间分布的不均匀性。

　　B　影响湿地甲烷排放的因素

　　甲烷的产生是甲烷排放的先决条件。湿地土壤的许多物理、化学性质，如温度、氧化还原电位、湿度、pH 值、有机质含量和组成、质地都影响着湿地甲烷的产生。当然人类活动总是最直接、最大量影响着甲烷的排放。在自然因素中，底物、温度、土壤水、pH 值是控制甲烷产生的最重要的因子，它们的协同变化规律可以不同程度地影响其他因子。在甲烷产生的控制因子中，底物是最为重要的，其次是温度和 pH 值。甲烷的产生是多因子协同作用的结果，但是定量化描述甲烷产生的最佳环境尚无定论。

2.4.5.3　湿地保护与温室气体减排

　　湿地与森林、海洋并称全球三大生态系统，它与全球气候变化的关系十分密切。一方面，湿地与水的特殊关系，使得温度及降水的变化对湿地的影响极为显著，降水变化会直接引起湿地水量变化，温度变化也会影响水质，大量湿地生物的生存会因此受到影响，海平面上升则直接威胁着沿海湿地生活在湿地的各种物种，以及整个湿地生态系统的物质循环、能量流动都面临着气候变化带来的冲击。另一方面，湿地生态系统对气候变化也有影响，湿地是各主要温室气体的"源"与"汇"，它同时扮演了储碳器和吸碳机的角色：泥炭湿地虽仅占陆地面积的 3%～4%，但却储存了 5400 亿吨碳，占全球碳储量的 1.5%，以及陆地植被土壤中碳储量的 25%～30%。一旦湿地遭受破坏，湿地中储存的碳便会以 CO_2 和 CH_4 等温室气体的形式进入大气，进一步加快地球升温；而保存完好的湿地每年却在吸收大气中的碳，其单位面积的固碳能力达到 $686t/hm^2$，甚至远远超过热带森林生态系统（$244t/hm^2$），为减缓温室气体增加做出了不可忽视的贡献。湿地的消长可能引起大气中温室气体含量的变化，进而影响全球气候变化的态势与速度。与此同时，当我们面对气候变化所带来的各种冲击时，湿地生态系统也以其调蓄洪水、涵养水源、调节区域温湿度等生态服务功能，为我们构筑了一道防御灾害的屏障。湿地在蓄水、调节河川径流、补给地下水和维持区域水平衡中发挥着重要作用，当气候变化引发洪、旱灾害时，湿地既能够收纳来自降雨、河流过多的水量，从而避免发生洪水灾害，同时保证相对稳定的水源供给。长江中下游的洞庭湖、鄱阳湖、太湖等许多湖泊都发挥着重要的储水功能。此外沿海许多湿地抵御了波浪和海潮的冲击，防止了风浪对海岸的侵蚀。

湿地是陆地生态系统中最重要的碳库之一，保护湿地可以减少温室气体排放，减缓气候变化的速度和强度。

A 湿地资源保护成为温室气体减排增汇途径的国际趋势

《京都议定书》3.4 款提出可以通过增加生态系统碳库来补偿经济发展中的碳排放。由于工业 CO_2 排放还没找到完全有效的替代技术途径，寻求能源碳排放在生态系统中的重新收集与固定成为近几年来国际上共同努力的趋势。2007 年 12 月在印尼巴厘岛召开的全球气候变化大会上 UNFCCC 已经接受将防止森林砍伐和退化作为减排机制（REDD）。国际社会和科学界均认为湿地土壤碳收集和固定是经济和环境双赢的战略或者是在气候控制努力上没有遗憾的技术。同时湿地保护还保证了地球生态系统和生物物种的多样性，保持了生态系统的社会服务功能。保护湿地就如同防止毁林，是保护陆地碳库和高服务价值生态系统的必需；湿地国际（Wetland International）最近一直在加强努力，争取将湿地保护而减排列入缓解气候变化的努力途径和谈判与减排的多边机制。可以预期，保护湿地将可望作为与防止毁林的同等机制而纳入在即将到来的气候公约的谈判中。

据 Wetlands International（2007）资料，全球湿地土壤总面积占陆地面积的约 6%。国际上已经研究明确全球湿地土壤的总碳库为 $550 \times 10^{15} g$，占全球陆地土壤碳库的 1/3，相当于大气碳库和植被碳库的一半。其中，北美湿地储存的 C 为 $220 \times 10^{15} g$，但每年排放 CH_4 相当碳当量为 $9 \times 10^{12} g$，而每年的净碳汇却达 49

$\times 10^{12}$ g。湿地土壤碳库在全球气候变化以及人为利用干扰下变化最剧烈。根据 IPCC 的最新估计，森林和湿地等生态系统的碳释放占全球排放 CO_2 的 20% 多。全球湿地土壤的 CO_2 温室气体排放已经相当于全球总排放的 1/10。据估计，占全球湿地总面积 6% 的东南亚热带森林泥炭湿地土壤碳库为 42×10^{15} g，因退化（包括野火）每年排放 CO_2 达 1.4×10^{12} g，占全球湿地总 CO_2 排放的 8% ~ 10%，成为十分突出的温室气体源。

　　湿地土壤固碳是将湿地高生产力植被生物同化的 CO_2 储存且稳定于土壤，进一步减少陆地生态系统 CO_2 排放的过程。土壤有机碳是土壤质量的关键，又是维持生态系统功能的活性物质。因为植被的每年归还而湿地的水分条件又不利于微生物分解，湿地土壤具有高度的储碳功能。依照生物气候条件，湿地土壤发育或为泥炭土，或为沼泽土，或为草甸土，这些不但是表层有机碳含量高，而且因土层深厚，表现为深层储碳。国内外的研究都表明，湿地土壤有机碳密度可达相应气候地带农业土壤的 3 倍以上，一般在 150t/hm^2 以上，很多沼泽和泥炭湿地的碳密度高达 300t/hm^2 以上，这些碳最终来自湿地植被对大气 CO_2 的固定。因此，生态系统和土壤都表现为大气的碳汇。在一些泥炭沼泽湿地，表层含碳量高达 50% 以上，泥炭层厚度达到 40cm 甚至超过达 1m 以上，称为有机土。即使在长江中下游河流和湖泊湿地发育的草甸土，在深达 50 ~ 100cm 土壤有机碳含量仍可保持在 5g/kg 以上。在转变为包括耕地、草地、果树、蔬菜和桑园等用地时，其有机碳库在人为活动的强烈干扰下表现最剧烈快速的损失。因而，近年来日益认识到湿地保护及其土壤碳库的维持在应对全球气候变化上具有极重要的特殊地位，特别是对于全球气候变化敏感的高纬高寒泥炭湿地和森林破坏严重的热带森林泥炭湿地。最近，甚至对印尼热带森林泥炭沼泽利用作为生物能生产的油棕园土地利用提出了质疑，认为棕榈油虽然是绿色生物能源，但开垦的泥炭湿地短时期内释放了大量的 CO_2 温室气体，超过了生产的生物能的潜在减排效应，是得不偿失的。因此，关注湿地保护，除了关注生物多样性保护外，主要是着眼于湿地土壤巨大的碳库的保护，不至于因为土地利用的改变而强烈释放，而加剧日益增加的地球温室气体的总释放。Ramsar 公约组织与 Wetlands International 已经共同发起了湿地计划，呼吁全球社会致力于保护湿地生态系统，以作为应对气候变化的一种潜在途径。

　　B　我国湿地保护与应对气候变化的国家需求

　　我国湿地资源的估计资料多有出入，经过估算，我国具有湿地土壤总面积达 26 万 ~ 65.8 万平方千米。最近，国家林业局组织的湿地资源调查得出我国各种类型湿地的总面积为 38 万平方千米。表 2-7 是根据这一资料按区域统计的我国湿地（土壤）资源的分布。以往一直认为我国是湿地面积分布广、类型多样是全球重要地位的湿地资源分布地区，而按这一资料，我国湿地总面积仅占全国陆地总面积的 3.8%，比全球 6% 的平均比例明显偏小。从空间分布上，我国北部以沼泽湿地为主，东南部滩涂湿地、河流和湖泊湿地都占有重要份额，而西南部则以高原湖泊、沼泽（主要是四川诺尔盖草地）为主。以总面积计，我国东北、华北和西北以及四川的诺尔盖地区在我国湿地资源保护中占有极重要的地位。这些地区当前都处于全球气候变化影响的敏感地域。

表 2-7 全国湿地资源的区域分布 （$10^3 km^2$）

地理区域	滨海湿地	河流湿地	湖泊湿地	沼泽	库塘	总计
华 北	15.48	22.10	9.91	32.54	4.04	84.07
东 北	7.44	12.94	4.83	37.85	4.32	67.38
华 东	20.94	9.14	14.27	1.15	3.42	48.92
华 南	15.56	15.50	6.73	0.75	6.66	45.20
西 南	0.00	10.04	26.51	28.14	0.82	65.52
西 北	0.00	12.29	21.27	36.57	3.29	73.43
全国总计	59.42	82.02	83.52	137.00	22.56	384.51

注：根据国家林业局（2004）中国湿地资源调查资料统计。

因此，占我国陆地国土约 4% 的湿地生态系统在我国温室气体减排上的地位是亟待明确的。据预测，由于经济的快速发展，我国总 CO_2 排放量急剧增大，在全球总 CO_2 排放处于前列。在当前温室气体减排国际呼声日益高涨的形势下，我国急迫需要探寻未来温室气体减排的途径，特别是陆地生态系统潜在汇的增强上。自 2004 年我国第一部"中国气候变化初始国家信息通报"出版，到 2006 年 12 月我国"气候变化国家评估报告"出台，其中对我国陆地生态系统碳库及其变化的资料十分有限和不确定，湿地土壤碳库与温室气体减排国家资料基本是空白。目前为止，一些模型研究显示我国自然生态系统固碳潜力十分有限。在欧美等国家和湿地国际等组织纷纷已经或正在评估作出国家或全球的湿地碳库和固碳减排潜力（全球湿地碳库 $550 \times 10^{15} g$，北美湿地碳汇 $49 \times 10^{12} g/a$ 等）的背景下，关于我国不同区域、不同类型湿地土壤的碳库分布、固碳与减排潜力以及恢复与保持途径等基础国家资料尚为空白。但直至 2007 年的 UNFCCC 第 13 次缔约方会议上，我国还没能提供人类活动影响下陆地生态系统包括湿地的储碳量及其变化的明确资料。这不但对于我国湿地与气候变化的认识不利，而且不利于我国的温室气体减排途径的选择及政策与管理对策的确立。

C 我国湿地土壤碳库变化与湿地保护

最近 10 年，特别是最近 5 年来，对于我国一些湿地的土壤有机碳含量有较多的研究报道，但其围绕有机碳库的研究还很有限。我国不同类型湿地土壤的有机碳密度介于 $75 \sim 876 t/hm^2$，以诺尔盖湿地最高，其次是三江平原沼泽湿地，以内陆盐沼湿地和沿海滩涂为低。我国南部沿海红树林湿地的碳密度较高，仅次于泥炭沼泽湿地，但面积仅剩 1 万公顷。采用模型计算，全球湿地生态系统平均的碳密度达 $686t/hm^2$，其中土壤碳密度达 $643t/hm^2$，占整个生态系统的 90% 以上。全球湿地 1m 深土壤的有机碳密度介于 $600 \sim 1500t/hm^2$，$0 \sim 30cm$ 表土的平均碳密度达 $375t/hm^2$。从上述数据也可以看出，我国湿地的有机碳储存相对于全球平均值是大幅度偏低的。我国是低土壤碳密度国家，森林土壤碳密度介于 $54 \sim 226t/hm^2$，草地碳密度为 $62 \sim 182t/hm^2$，农田土壤的平均碳密度为 $38.41 \pm 31.15t/hm^2$，稻田平均为 $46.91 \pm 25.73t/hm^2$，旱地为 $35.87 \pm 32.77t/hm^2$。不过，以表土计，除沿海滩涂和内陆盐沼外，湿地土壤碳密度都高于农田土壤。采用平均值或加权平均值概略估算我国湿地土壤的总有机碳库可能在 $(8 \sim 10) \times 10^{15}g$ 间，约占全球湿地总土壤碳库(1m 深)$(225 \sim 377) \times 10^{15}g$ 的 3%，相当于全球湿地$(530 \sim 570Mhm^2)$的 3% 左右。尽管如此，湿地土壤碳库仍可占我国总土壤碳库的约十分之一（我国土壤总有机碳库普遍接近于$(85 \sim 89) \times 10^{15}g$），而我国广大的农业土壤面积至少 130 万平方千米，仅拥有 $15 \times 10^{15}g$ 的有机碳库。因此，湿地土壤较低的国土面积份额保有的较高的土壤碳密度在保护我国陆地碳库，提高生态系统碳汇和减少 CO_2 温室气体排放上应该给予充分的重视。

我国湿地退化特别是土地利用变化对湿地土壤碳库的消减必须在应对气候变化与温室气体减排中予以密切关注和控制。我国的湿地类型多样，利用和受干扰的情况各异，不同于北美高纬泥炭湿地、热带东南亚的森林泥炭湿地等国外主要湿地生态系统的主要问题是全球变化下泥炭的稳定性变化的问题。我国的三江平原湿地、诺尔盖高原湿地等大面积的湿地分别受到气候变化、农业开垦和过度放牧、水体污染与氮磷富营养化等自然和人为因素的胁迫，湿地退化和碳库损失可能十分严重。这种影响因为土壤碳库损失而直接贡献于陆地 CO_2 排放。历史上，我国湿地资源是很丰富的，我国湿地总面积曾达到 65.7 万平方千米，占全球的 11%，一度是世界上最大的湿地分布国家。由于我国人口激增，对食物的需求使得近代湿地资源开垦十分普遍，明清两朝的垦殖和 1950 年以后的大规模湿地农业开发是我国湿地丧失的主要原因。对于我国湿地的大规模农业开垦有过许多研究报道，垦殖率过高可能是我国湿地最重要的生态退化问题。除沿海滩涂湿地外，垦殖率都在 40% ~ 64%。虽然沿海滩涂湿地的平均垦殖率较低，但在华南沿海，沿海湿地的垦殖率仍达 60%。我国近 50 年来湿地围垦面积至少在 6 万平方千米，并主要是东北三江平原湿地的围垦。据估计我国 1950 年以来湖泊湿地围垦面积在 130 万公顷。许多遥感研究证明我国湿地围垦主要发生在 20 世纪 50 ~ 60 年代和 70 ~ 80 年代，例如三江平原的围垦更多地发生在最近 30 年内。不同地区和不同类型的湿地围垦后有机碳的变化不一，三江平原和诺尔盖的沼泽湿地，有机碳降低幅度最大（损失可达原含量的 80% ~ 90%），这种损失为湿地开垦后温室气体排放的提高，使湿地由碳汇成为碳源的观察事实所证实。这些高寒地带的湿地对于环境变化十分敏感。而在长江中下游的湖泊湿地，围垦后的降低幅度在30%以下。特别是处于南方红壤流域的鄱阳湖和洞庭湖湿地，开垦为水田后反而可能有所提高。这也佐证了我们认为南方稻田作为一种我国重要的生产系统具有明显的固碳效应以及氧化铁可能促进水稻土固碳及保护。对不同利用下三江平原湿地土壤碳变化的研究可以发现，湿地开垦作为稻田比旱地有机碳的损失较小。估计近50年来三江平原湿地有机碳的总损失量可达215×10^{12} g。根据上述湿地土壤平均有机碳密度资料和全国耕地土壤有机碳平均密度资料，根据已开垦湿地面积，则概略估计近50年来全国因围垦造成的表土有机碳损失量可能达到1.5×10^{15} g，这相当于2006年我国总CO_2排放，也相当于现有湿地总碳库的$1/7 \sim 1/6$。这是一个在我国温室气体排放中值得重视的问题。

另一方面，湿地退化和环境污染问题也可能促进湿地碳不稳定而加剧了温室气体排放。研究表明，影响沼泽湿地几种温室气体排放的关键因素是积水水位和温度。而当前我国有机碳储存密度大的三江平原、诺尔盖湿地都处于全球变化中的升温地带，而排水又是这些湿地的主要人为干扰因子（表2-8）。同时，水体富氮也大大提高湿地温室气体的产生和排放。我们对皖江流域升金湖草滩湿地的研究表明，当长江处于枯水期，湿地积水位下降，湿地土壤出露后，湿地的CO_2通量可达到水稻土的$5 \sim 10$倍。另外，湿地生态系统生物入侵和植被演替对湿地的碳汇功能也可能有重要影响。例如，沿海红树林湿地面临的一个十分严重的问题是米草入侵下的快速退化。沿海红树林湿地面积由20世纪50年代的5.5万公顷减少到目前的不足1.5万公顷，研究表明，米草入侵30年，红树林土壤碳库损失达$40 \sim 80 t/hm^2$。环境污染、生物入侵、气候变化等条件下湿地的碳循环与碳汇功能的变化都是值得进一步研究的问题。

表2-8　我国某些湿地土壤有机碳储存密度　　　　　　　　　　(t/hm^2)

湿地类型	区　域	全土（100cm）	表土（0~30cm）
沼泽-泥炭湿地	三江平原	104~422	87.6~180.5
		144~490	
湖泊湿地	诺尔盖湿地	876.2±810.2	287.3±186.3
	洞庭湖湿地	127.3±36.1	46.5±19.7
	皖江湖泊湿地	84.2±4.9	51.7±6.5
	红树林湿地（福建）	219.7±32.3	97.1±25.2
沿海滩涂湿地	滩涂湿地（福建）	137.2±46.0	56.8±23.2
	滩涂湿地（江苏）	74.8±26.7	33.4±12.4
内陆盐沼湿地	盐沼湿地（吉林）	64.4±29.1	38.9±17.4

我国湿地土壤资源拥有着较高密度的碳，在过去的土地利用变化和自然与人为的生态条件的干扰下碳库损失可能十分巨大。目前湿地土壤在不到 4% 的面积上保持着占全国 10% 左右的碳库，如果继续损失将对我国的温室气体减排压力是雪上加霜。在当前国际社会推进后京都减排谈判的背景下，这必须予以战略的重视。应该看到，我国湿地土壤碳循环研究还亟待加强。首先，要尽快研究不同类型湿地的土壤碳库和温室气体排放强度，研制一个较精确的湿地土壤碳与温室气体排放清单（总量和区域分布、类型分布）；其二，需要切实加强对湿地退化下土壤碳循环及温室气体排放变化的研究，建设和发展覆盖主要湿地类型的湿地碳循环与温室气体试验研究和观测、监测网络；其三，应从生态系统保护和碳汇保护的双重目标加强湿地的保护，特别是防止湿地的过度开发利用，不但是限制农业围垦，而且是防止工程建设对湿地的破坏和萎缩。

2.5　废物来源

2.5.1　污水处理与温室气体的产生

城市污水主要来自生活源和工业源。在工业源污水处理过程中产生了大部分甲烷，特别是来自食品加工、制浆造纸和化学工业的污水，其中的 COD 浓度通常是生活污水的几倍到几十倍，在处理过程中含碳有机物转化为 CO_2 或 CH_4，含氮物质转化为 NH_4^+、NO_x 或 N_2O。这些气体不可避免地排放到大气中去，使污水处理工程成为了一个持续的温室气体发生器。

2.5.1.1　污水处理过程有机碳的转化

A　污水好氧处理过程中有机碳的转化

污水中的有机污染物，首先被微生物絮凝体吸附，并与微生物细胞表面接触，再在微生物透膜酶的催化作用下，透过细胞壁进入微生物细胞体内，小分子的有机物能够直接透过细胞壁进入微生物体内，而如淀粉、蛋白质等大分子有机物，则必须在细胞外酶——水解酶的作用下，被水解为小分子后再被微生物摄入细胞体内，然后在各种胞内酶（如脱氢酶、氧化酶等）的催化作用下进行代谢反应。微生物分解代谢和合成代谢及其产物形成的示意图见图 2-6。

无论是分解代谢还是合成代谢，都能够去除污水中的有机污染物，但产物却有所不同，分解代谢的产物是 CO_2 和 H_2O，可直接排入环境，而合成代谢的产物则是新生的微生物细胞，并以剩余污泥的方式排出活性污泥处理系统，并且需对其进行妥善处理，否则可能会因为污泥的处理过程产生的温室气体造成二次污染。

B　污水厌氧处理过程中有机碳的转化

一些高水分的有机废物，包括动物和人的排泄物、污水污泥、农作物秸秆、含碳工业废物等，转化成生物能的方式一般为沼气发酵。发酵技术早已被人们应

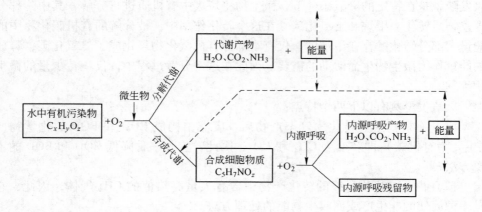

图 2-6　微生物分解代谢及合成代谢的示意图

用，但将其应用于废物的处理上还只是近几十年的事情，尤其是近 10～20 年来，随着人们逐渐加深对厌氧菌的认识，生活和工业污水的厌氧污泥法处理已得到广泛的应用，并开发了多种类型的发酵工艺。

图 2-7 为有机物厌氧发酵过程以及参与厌氧发酵过程中主要菌群的划分。厌

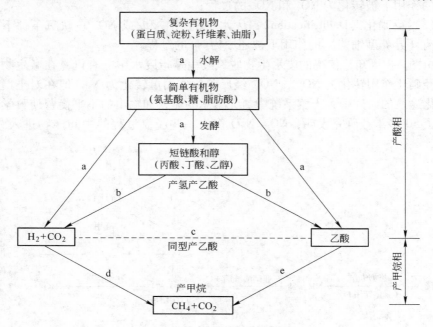

图 2-7　有机物厌氧消化过程

a—水解发酵细菌；b—产氢产乙酸菌；c—同型产乙酸菌；
d—耗氢产甲烷菌；e—耗乙酸产甲烷菌

氧发酵就是在特定的厌氧条件下，微生物将垃圾中有机质进行分解，其中一部分碳素物质转化为甲烷和二氧化碳。在这个转化作用中，被分解的有机碳化物中的能量大部分转化贮存在甲烷中，仅有小部分有机碳化物氧化成了二氧化碳，释放的能量作为微生物生命活动的需要。因此在这一分解过程中，仅积蓄少量的微生物细胞。

厌氧发酵具有以下两个特点：

（1）有机物一旦转化为气态产物后，废液中构成 COD 和 BOD 的化学物质（主要为有机碳）即转变为 CH_4 和 CO_2，因此，它是一种降低 COD 和 BOD 的主要方法；

（2）由于有机物最终的转化产物中含有大量高热值的 CH_4 气体，因此，它是一种简便的能生产或回收生物能的处理方法。

2.5.1.2　污水处理的脱氮过程

污水生物脱氮的基本过程包括以下三个基本步骤：

（1）氨化（Ammonificaton）：废水中的含氮有机物，在生物处理过程中被好氧或厌氧异养型微生物氧化分解为氨氮的过程；

（2）硝化（Nitrification）：废水中的氨氮在好氧自养型微生物（统称为硝化菌）的作用下被转化为 NO_2 和 NO_3 的过程；

（3）反硝化（Denitrification）：废水中的 NO_2 和/或 NO_3 在缺氧条件下在反硝化菌（异养型细菌）的作用下被还原为 N_2 的过程。

由图 2-8 可知，传统的废水生物脱氮过程是指废水中的有机氮在微生物的作用下经硝化作用转化为 NO_3^-，NO_3^- 经反硝化作用可转化为 N_2。但在对土壤中氮肥转化途径的研究中，土壤系统中氮元素总的输入和输出的不平衡曾使科学家们困惑了 50 多年。研究表明，NO、N_2O 作为一些脱氮过程的中间产物进入大气，

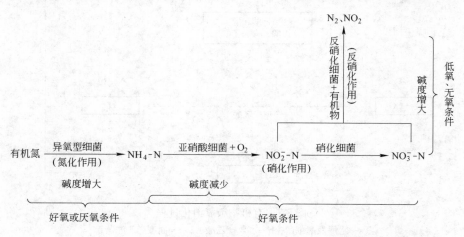

图 2-8　生物脱氮过程示意图

类似的脱氮过程（或称非传统脱氮过程）在废水处理中也有发生。而实际研究进展表明，硝化-反硝化工艺对处理高浓度 NH_3-N 废水并不具备优势。

2.5.2 固体废物处理与温室气体的产生

固体废物是指在生产、生活和其他活动中产生的丧失原有利用价值或者虽未丧失利用价值但被抛弃或者放弃的固态、半固态和置于容器中的气态的物品、物质以及法律、行政法规规定纳入固体废物管理的物品、物质。随着人类认识的逐步提高和科学技术的不断发展，被认识和利用的物质越来越多。昨天的废物有可能成为今天的资源，他处的废物在另外的空间或时间就是资源和财富。一个时空领域的废物在另一个时空领域也许就是宝贵的资源，因此固体废物又被称作在时空上错位的资源。

固体废物处理的目标是无害化、减量化、资源化。固体废物处理过程中产生的温室气体最主要的有 CH_4 和 CO_2 等，它们主要在以下几个处理过程中产生并释放到环境中。

2.5.2.1 垃圾填埋

垃圾填埋场中的有机废物在厌氧状态下被分解，并会产生填埋气体（LFG）。除了少量的其他成分之外，填埋气体主要由数量大致相当的甲烷和二氧化碳组成。沼气是一种使 21 世纪全球变暖趋势的强力温室气体。垃圾填埋场产生的沼气主要成分为 CH_4、CO_2，由于垃圾有机组分复杂，沼气中的其他微量杂质可达 140 多种。

由图 2-9 可知，生活垃圾填埋场的产气过程是从填埋后 3 个月开始，并持续约 20 ~ 25 年。不同阶段的填埋气产量和甲烷浓度也不尽相同，产气高峰期的 5

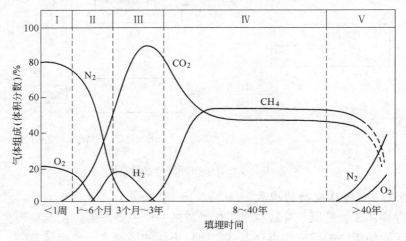

图 2-9 填埋气体组成随填埋时间变化的趋势图

年左右填埋期具有很好的利用价值，而填埋初期和后期的甲烷是无法利用的。填埋场作为一个重要的人为甲烷排放源，与其相关的温室气体减排技术已越来越受到环境工程师的重视。

2.5.2.2　垃圾焚烧

焚烧法是一种高温热处理技术，即以一定量的过剩空气与被处理的有机废物在焚烧炉内进行氧化燃烧反应，废物中的有害有毒物质在 $800 \sim 1200℃$ 的高温下氧化、热解而被破坏，是一种可同时实现废物无害化、减量化和资源化的处理技术。焚烧法不但可以处理固体废物，还可以处理液体废物和气体废物；不但可以处理生活垃圾和一般工业废物，而且还可以处理危险废物。在焚烧处理生活垃圾时，也常常将垃圾焚烧处理前暂时储存过程中产生的渗滤液和臭气引入焚烧炉焚烧处理。垃圾焚烧最大的优点是垃圾减量化，但垃圾焚烧过程中也会产生大量的 CO_2，是一个重要的人为 CO_2 排放源。

2.5.2.3　有机废物堆肥

堆肥化（Composting）是在控制条件下，利用自然界广泛分布的细菌、放线菌、真菌等微生物，促进来源于生物的有机废物发生生物稳定作用，使可被生物降解的有机物转化为稳定的腐殖质的生物化学过程。堆肥过程是在人工控制条件下进行，不同于卫生填埋、废物的自然腐烂与腐化；作为堆肥化的原料是固体废物中可降解的有机成分；堆肥化的实质是生物化学过程，堆肥产品对环境无害，是一种具有一定肥效的土壤改良剂和调节剂。

有机堆肥的代谢过程见图 2-10，代谢过程中排放的主要温室气体为二氧化碳，而厌氧堆肥和活性污泥厌氧发酵是相近的，产生的温室气体主要是甲烷。

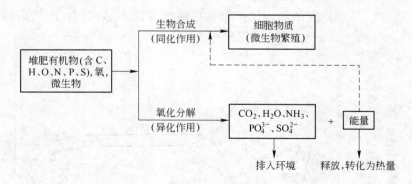

图 2-10　堆肥有机物好氧分解示意图

2.5.2.4　固体废物的堆放

堆存固体废物的厌氧降解也是甲烷排放的一个主要来源。由此而产生的甲烷量取决于固体废物的组成和堆存方式，而且不同的国家之间也有所差别。在发达国家固体废物堆存管理较好，且降解程度较高，排放甲烷较多。在发展中国家，随着其固体废物堆存情况与发达国家差距的日益缩小，将来甲烷排放会呈增加趋势。城市固体废物的组成是随着时间和来源的变化而变化的，其主要的生物降解组分是食品废物、动物废物、花草废物、纸张以及纸板中的纤维素，在堆存时，通过生物和化学的联合作用在隔绝空气的条件下发生降解反应从而产生甲烷。

固体废物堆存分为无控制露天堆放和长期密封在固定的地方两种方式。在发展中国家比较普遍的是无控制露天堆放，全世界目前有半数以上的人口是以这种方式处理其固体废物。这样的堆存一般较薄，且除靠自重外并未经专门压实，通常会和大量的氧接触而发生有氧降解，几乎不会产生甲烷。据估计，目前全球每年因固体废物堆存而排放的甲烷为 32Mt，预计到 2025 年将会增加 62Mt。

2.5.2.5　工业固体废物的处理

工业固体废物是指工业生产、加工过程中产生的废渣、粉尘、碎屑、污泥等废物。目前，我国工业固体废物的综合利用率仅为 55.8%，而从温室气体减排的角度而言，工业固废的处置与利用，对原材料使用和能源节省的贡献远远大于基于温室气体排放控制技术的贡献。也就是说，对于工业固废的处置与利用并不仅以温室气体减排为目标。不过值得一提的是，电子废弃物处理处置过程中氟利昂的回收技术已广受重视并被严格执行，以尽可能减少其对臭氧层的破坏。

第3章 减缓二氧化碳排放的办法

随着人们对温室效应的日益关注以及工业生产导致的二氧化碳不断增长，二氧化碳捕集和回收技术逐步被广泛研究。目前针对二氧化碳气体的分离、回收的主要技术有溶剂吸收法、吸附法、有机膜分离法、催化燃烧法等。每种技术的特点见表3-1。

表3-1 主要的二氧化碳捕获技术

主要技术	工业应用	工作压力	大型化应用的关键问题
化学吸收法	脱除天然气中的 CO_2，脱除烟气中的 CO_2	分压 $3.5 \sim 17.0 kPa$	再生的能耗；其他酸性气体的预处理
物理吸收法	脱除天然气中的 CO_2，脱除烟气中的 CO_2	分压大于 $525 kPa$	再生的优化
变压吸附	产氢工艺中的 CO_2 分离，脱除天然气中的 CO_2，脱除烟气中的 CO_2	高 压	吸附剂容量低，选择性差，受到低温的限制，产生的 CO_2 纯度不高，压力较低
变温吸附	产氢工艺中 CO_2 分离，脱除天然气中的 CO_2	高 压	再生能耗高，工作周期长（调温速度较慢）
无机膜	产氢工艺中 CO_2 分离，脱除天然气中的 CO_2	高 压	比聚合体膜单位体积具有少得多的表面积
聚合体	产氢工艺中 CO_2 分离，脱除天然气中的 CO_2	高 压	CO_2 的选择性，膜降解问题
催化燃烧法	将可燃烧杂质转换成二氧化碳和水，脱除可燃杂质		但能耗和成本较高，化学链燃烧法及电化学法等技术在研究之中

3.1 二氧化碳的捕获和封存技术

3.1.1 CCS 概况

二氧化碳捕获和封存（Carbon Capture and Storage，CCS）是指 CO_2 从相关源分离出来，输送到一个封存地点，并且长期与大气隔绝的一个过程。

3.1.1.1 CCS 的特征

CCS 是稳定大气温室气体浓度的减缓行动组合中的一种选择方案，CCS 具有减小整体减缓成本及其增加温室气体减排灵活性的潜力。CCS 的广泛应用取决于技术成熟性、成本、整体潜力、在发展中国家的技术普及和转让以及应用技术的能力、法规因素、环境问题和公众反应等。CO_2 捕获技术可用于大点源 CO_2 减排，CO_2 可被压缩、输送并封存在地质构造、海洋、碳酸盐矿石中，或是用于工业流程，环境工程与生物工程的结合更扩展了捕获和封存的 CO_2 能源化利用的前景。

CO_2 大点源包括大型化石燃料或生物能源设施、主要 CO_2 排放型工业、天然气生产、合成燃料工厂、垃圾焚烧以及基于化石燃料的制氢工厂等。潜在的技术封存方式有：地质封存（在地质构造中，例如石油和天然气田、不可开采的煤田以及深盐沼池构造）；海洋封存（直接释放到海洋水体中或海底）以及将 CO_2 固化成无机碳酸盐。

3.1.1.2 CCS 可行性分析

通过 CCS 减少向大气的净排放量取决于捕获的 CO_2 比例，取决于由于捕获、运输和封存的额外能源需求使电厂或工业流程的整体效率降低而导致的 CO_2 增产，取决于运输过程中的任何渗漏以及取决于长期封存中 CO_2 的留存比例。现有几种不同类型的 CO_2 捕获系统：燃烧后、燃烧前以及氧燃料燃烧。燃气流中的 CO_2 浓度、燃气流压力以及燃料类型（固体或气体）都是选择捕获系统时要考虑的重要因素。管道是在大约 1000km 左右距离内大量输送 CO_2 的首选途径，对于每年在几百万吨以下的 CO_2 输送或是更远距离的海外运输，使用轮船可能在经济上更有吸引力。在深层、在岸或沿海地质构造封存 CO_2 使用了许多相同的技术，这些技术已经由石油和天然气工业开发出来，并且已经证明对于石油和天然气田以及盐沼池构造而言，在特定条件下是经济可行的，但是就封存于无法开采的煤层中而言，这些技术的可行性尚未经证实。

工业利用捕获的 CO_2 是可能的，将其用作气体、液体或作为生产有价值含碳产品的化学过程中的原料，但是不能期待这种利用为 CO_2 的显著减少做出贡献。2002 年估计 CCS 在产电方面的应用使产电成本增加大约 0.01～0.05 美元/（千瓦·时），具体成本将取决于燃料、特定技术、场地以及国家环境。将 EOR 的利益包含在内，会使 CCS 造成的额外电力生产成本降低大约 0.01～0.02 美元/（千瓦·时）。用于产电的燃料市场价格的上升通常会使 CCS 的成本增加；石油价格对于 CCS 的量化影响尚不确定，然而，来自于提高原油采收率（EOR）的收入通常随石油价格升高而上升。CCS 在小规模的基于生物质的电力生产中的应用会大幅度增加用电成本，在一家较大的具备 CCS 的煤电厂中进行生物质复合燃烧将更有成本效益。与新建一个采用捕获系统的电厂相比，预计用 CO_2 捕获系统改造现有电厂将产生较高的成本并显著降低总体效率。对于一些刚建不久和效率高的现有电厂或者对于电厂已大幅度升级或重建的电厂，改造的成本劣势会减少。在大多数 CCS 系统中，捕获（包括压缩）的成本是最大的成本部分。

　　能源和经济模式指出 CCS 系统对于减缓气候变化的主要贡献将来自于其在电力行业的发展。大多数模拟结果表明当 CO_2 价格开始达到大约 25 ~ 30 美元/吨时，CCS 系统才开始出现显著的规模部署。当大气中温室气体（CO_2）浓度稳定在 $(450 ~ 750) \times 10^{-4}\%$ 前提下，在一个成本最低的减缓方案组合中，CCS 的经济潜力累积总 CO_2 量为 220 ~ 200 千兆吨（60 ~ 600 千兆吨碳），这意味着，在一系列基准情景的平均状态下，CCS 贡献了 2100 年之前世界努力累积减排量的 15% ~ 55%。很有可能地质封存技术潜力足以达到经济减排幅度的高端要求。在大多数情景研究中，CCS 在减缓组合中的作用在本世纪内上升，并且发现将 CCS 纳入某个减缓组合会使稳定 CO_2 浓度的成本降低 30% 或有更大降幅。

3.1.1.3　CCS 技术应用现状与发展前景

　　现已有 5 个较大规模的 CO_2 地质封存项目和至少还有 1 个计划中的项目（见表3-2）。其中，北海油田从 1996 年开始，每年将超过 100 万吨的提纯天然气产生的 CO_2 封存在近海的盐水沙地田中，加拿大的 Weyburn 每年将气化产生的 170 万吨的 CO_2 进行油田驱油，而雪弗龙计划在澳大利亚进行的项目，每年将进行 400 万吨的 CO_2 封存。

表 3-2　现有和近期计划进行的 CCS 项目

项 目 名 称	用 途	CO_2 处理能力/$Mt \cdot a^{-1}$	地质构造
Sleipner，North Sea（Statoil）	封存天然气中分离出的 CO_2	1.0（始于 1996）	近海盐水沙地田
Weyburn，Canada（Encana）	EOR 和分寸煤气化产生的 CO_2	1.7（始于 2000）	陆上碳酸岩中的油田
In Salah，Algeria（BP）	封存天然气中分离出的 CO_2	1.0（始于 2004）	陆上砂岩中的气井
Gorgon，Australia（Chevon Texaco）	封存天然气中分离出的 CO_2	4.0（始于 2006）	岛屿盐水砂岩田
Snohvit，Offshore Norway（Statoil）	封存天然气中分离出的 CO_2	0.7（始于 2006）	近海盐水砂岩田
San Juan Basin，New Mexico（Burlington）	增加煤层气的开发	—	陆上煤床

　　表3-3 列出了当前 CCS 系统各部分技术的成熟性，○表示达到的最高程度阶段，在更高阶段大多也存在一些不太成熟的技术。二氧化碳捕获中新材料的研发

和二氧化碳的能源转化技术作为新的研究热点并未在表中列出，后面的章节将会做详细的介绍。

表 3-3　CCS 技术发展现状

CCS 组分	CCS 技术	研究阶段	示范阶段	在一定条件下经济可行	成熟化市场
捕获	燃烧后			○	
	燃烧后			○	
	氧燃料燃烧		○		
	工业分离(天然气加工, 氨水生产)				○
运输	管道				○
	船运			○	
地质封存	强化采油（EOR）				○
	天然气或石油层			○	
	盐沼池构造				
	提高煤层气开采收率（ECBM）		○		
海洋封存	直接注入（溶解型）	○			
	直接注入（湖泊型）	○			
碳酸盐矿石	天然硅酸盐矿石	○			
	废弃物料		○		
CO_2 的工业利用					○

3.1.2　地质封存

共有三种类型的地质构造可用于 CO_2 的地质封存：石油和天然气储层、深盐沼池构造和不可开采的煤层（参见图3-1）。在每种类型中，CO_2 的地质封存都是将 CO_2 压缩液注入地下岩石构造中。含流体或曾经含流体（如天然气、石油或盐水等）的多孔岩石构造（如枯竭的油气储层）都是潜在的封存 CO_2 地点的选择对象，在沿岸和沿海的沉积盆地（充有沉积物的地壳内的大规模天然凹地）中存在合适的封存构造，假设煤床有充分的渗透性且这些煤炭以后不可能开采，那么该煤床也可用于封存 CO_2。

3.1.2.1　地质封存技术和机制

向深层地质构造注入 CO_2 涉及许多在石油和天然气开采和制造业中研发的相

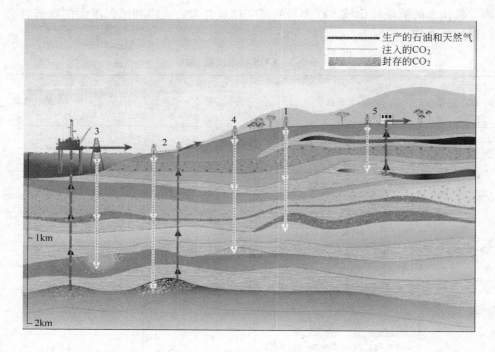

图 3-1　在深层地质构造中封存 CO_2 的方案

1—废弃的油田和气田；2—在改进的石油气体回收系统中使用 CO_2；3—深层盐沼池构造——近海；
4—深层盐沼池构造——在岸；5—在提高煤层气采收率中利用 CO_2

同技术。为地质封存的设计和运行，正进一步发展钻探技术、井下注入技术、计算机模拟封存储层的动力学以及从现有应用中总结出的监测方法，其他的地下注入实践也提供了相关的运行经验。尤其是自 1990 年以来，加拿大和美国开展了兆吨规模的天然气储存、液体废弃物的井下注入和酸性气体（CO_2 和 H_2S 的混合物）的处置。

在碳氢化合物储层或深盐沼池构造中的 CO_2 应封存在 800m 深度以下，此处的周边压力和温度通常使 CO_2 处于液态或超临界值的状态。在这种条件下，CO_2 的密度是水密度的 50% ~ 80%。该密度接近某些原油的密度，产生驱使 CO_2 向上的浮力。因此，选择封存储层具有良好封闭性能的冠岩非常重要，以确保 CO_2 限制在地下。当被注入地下时，CO_2 通过部分置换已经存在的流体（"现场流体"）来挤占并充满岩石中的孔隙。在石油和天然气储层中，用注入的 CO_2 置换现场流体可为封存 CO_2 提供大部分孔隙容积。在盐沼池构造中，潜在的封存容量估值较低，占总岩体的百分之几到 30% 以上。

一旦注入封存构造中，保留在地下的部分将取决于物理和地球化学的俘获机理。储层构造上方的大页岩和黏质岩起到了阻挡 CO_2 向上流动的物理俘获作用，这个不透水层是"冠岩",毛细作用力提供的其他物理俘获作用可将 CO_2 留在储层构造的孔隙中。然而,在许多情况下,储层构造的一侧或多侧保持开口,以便于 CO_2 在冠岩下侧向流动。在这些情况下,为长期封闭 CO_2 采取其他机理则成为重要因素。随着 CO_2 与现场流体和寄岩发生化学反应,就出现所谓的地质化学俘获机理。首先,CO_2 在现场水中溶解,一旦(在几百年乃至几千年内)发生这种情况,充满 CO_2 的水就变得越来越稠密,因此沉落在储层构造中而不会再向地面浮升;其次,溶解的 CO_2 与岩石中的矿物质发生化学反应形成离子类物质,经过数百万年,部分注入的 CO_2 将转化为坚固的碳酸盐矿物质。

然而,当 CO_2 被有较强吸收力的煤层或有机物丰富的页岩吸附,开始置换甲烷类气体,在这种情况下,只要压力和温度保持稳定,那么 CO_2 将长期保持俘获状态。与碳氢化合物储层中 CO_2 的封存地点和盐沼池构造相比,这些过程通常发生在更浅的深度上。

3.1.2.2 地质封存地点的地理分布和容量

全球各区域都存在可能适合封存 CO_2 的沉积盆地,包括沿岸和沿海地区。已有的文献报道大多都没有用概率方法对封存能力进行评估,也没有对不确定性的可靠程度进行量化。总体估值,尤其是这一潜力的上限估值变化不一,存在宽泛的差异,并具有很高的不确定性。对于石油和天然气储层,有较好的估值,这些估值基于用 CO_2 的容量代替碳氢化合物的容量。应该提到,除强化采油之外,这些储层需要等到碳氢化合物采尽后才能用于封存 CO_2,而且由于碳氢化合物生产带来的压力变化和地质力学效应可能会使实际能力降低。

无论如何,看待封存潜力的另一种方式是提出这样一个问题:CO_2 的量是否多到这样的程度,需要在不同的温室气体稳定情景下和在有关部署其他缓解方案的假设下通过采用 CCS 的方式避免出现这一 CO_2 的排量。预计下个世纪的 CCS 经济潜力大约为 $(200 \sim 2000) \times 10^9$ 吨 CO_2。基本上可以肯定全世界的地质封存能力有 200×10^9 吨 CO_2,且至少可能达到大约 2000×10^9 吨 CO_2。

3.1.2.3 地质封存应用前景

目前,几乎没有哪个国家针对沿岸的 CO_2 封存制定了具体的法律和管理框架,相关的立法包括与石油有关立法、饮用水立法和采矿规章。在很多情况下,有些法律可适用于某些(若不是全部)与 CO_2 封存有关的问题。具体而言,长期的责任问题,如:与 CO_2 渗漏到大气有关的全球问题以及局地对环境影响担心的问题尚未得到解决。监督和检验体系及渗漏风险在确定责任方面发挥了重要作用。还有一些问题需要考虑,如制度存在的长期性、对制度认知的现行监督及其可转移性。如气候变化问题一样,封存时间延续许多代人,因此 CCS 的法律框架的长期前景至关重要。

由于目前该问题的相对技术性和"遥远"性,因此评估公众对 CCS 的反应具有挑战性。迄今所开展的有关公众对 CCS 反应的研究非常有限，仅有的研究结果表明公众一般没有充分了解 CCS。如果连同有关减缓气候变化的方案一起提供信息，那么迄今为止所开展的个别研究表明，CCS 被普遍认为没有像其他方案（如提高能源效率和使用非化石能源）那样受到赞同。在某些情况下，这反映出公众的一种态度，即由于其他方式未能减少 CO_2 的排放，或许需要 CCS。有迹象表明，如果结合更理想的措施通过地质封存方案，那么可视为它受到公众的赞同。虽然今后公众的反应有可能发生变化，但迄今所开展的有限研究表明：至少要满足两个条件才能使公众认为 CO_2 捕获和封存以及其他了解程度更好的方案是一种可信的技术：

（1）必须把人为引起的全球气候变化作为一个相对严重的问题看待；

（2）必须接受需要大量减少 CO_2 排放，以减少全球气候变化的威胁。

在一系列基准情景状态下，CO_2 地质封存贡献了 2100 年以前世界努力累积减排量的 15%～55%。这一推算给出的还是相对保守的数字，因为深部含咸水地层的地质封存可能还有大得多的潜力，但对其容量的认知由于缺乏信息及不一致的方法，还不如对油气储层容量的认知充分。正因为有这样巨大的潜力，世界上正在整合现今所有相关知识，对 CO_2 地质封存可能造成的环境影响、渗漏风险做出评估，并希望通过某些法律框架来推进 CO_2 地质封存的尽早实施，或至少是将其纳入某个减缓组合，以降低、稳定 CO_2 浓度的成本。

地质封存的技术和设备被广泛用于石油和天然气工业，因此对于技术潜力较低的封存能力而言该方案的成本估算具有相对较高的可信度。然而，由于诸如沿岸与沿海、储层深度和封存构造（如渗透度和构造厚度）的地质特点等特定地点因素，所以各成本存在显著的差异和变化性。CO_2 的捕获和地质封存可用于 CO_2 大点源的减排，因此该技术对温室气体减排的贡献是不言而喻的，虽然目前 CCS 项目仍以石油和天然气工业为主导，但我们有理由相信随着对环境问题认识的进一步提高，以温室气体减排为主导的 CCS 项目会越来越多。

就我国而言，初步估算中国地下贮存总容量为 14548×10^8 吨，其中，24 个主要沉积盆地深部咸水层可埋存 CO_2 约 14350×10^8 吨，46 个含油气盆地可埋存 CO_2 约 78×10^8 吨，68 个主要煤层区可埋存 CO_2 约 120×10^8 吨。按照 2002 年中国 CO_2 总排放量为 $33 \times 10^8 \sim 40 \times 10^8$ 吨来估算，地下空间可容纳的 CO_2 总容量可供中国使用 3000 年以上，因此，我国 CO_2 地质埋藏潜力也是十分巨大的，尤其是由危险固体废物产生的，难以资源化的 CO_2 来说，这无疑是一个很好的归宿。

3.1.3 海洋封存

将捕获的 CO_2 直接注入深海（深度在 1000m 以上），大部分 CO_2 在这里将与大气隔离若干世纪。该方案的实施办法是：通过管道或船舶将 CO_2 运输到海洋封存地点，从那里再把 CO_2 注入海洋的水柱体或海底，被溶解和消散的 CO_2 随后会成为全球碳循环的一部分。图 3-2 说明了可以采用的一些主要方法。海洋封存尚未采用，也未开展小规模试点示范，现仍然处在研究阶段，然而，却不乏一些小规模的外场试验以及已有的 25 年有关 CO_2 海洋封存的理论、实验室和模拟研究。

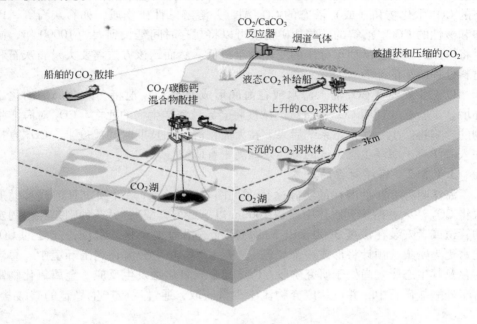

图 3-2 海洋封存的方法

3.1.3.1 海洋封存机理和技术

海洋占地表的 70% 以上，海洋的平均深度为 3800m。由于 CO_2 可在水中溶解，所以大气与水体在海洋表面不断进行 CO_2 的自然交换，直到达到平衡为止。若 CO_2 的大气浓度增加，海洋则逐渐吸收额外的 CO_2。照此方式，在过去 200 年期间，人为排放到大气中的 CO_2 总共有 1300×10^9 吨，海洋在此吸收了其中的大约 500×10^9 吨 CO_2。由于工业化相关的人类活动导致大气中 CO_2 浓度的增加，目前海洋正以大约 7×10^9 吨/年（2×10^9 吨碳/年）的速度吸收 CO_2。

目前大多数 CO_2 都存留在海洋上层，由于水中 CO_2 呈酸性，因此导致海洋表面的 pH 值下降了大约 0.1。然而迄今为止，深海中的 pH 值基本没有变化。模式的预测结果表明：未来的上百年时间内，海洋将最终把释放到大气中的大部分 CO_2 吸收，因为 CO_2 在海洋表面溶解并随后与深海的水混合。对可封存在海洋中的人为排放的 CO_2 量没有实际的物理限制。然而，在一千年的时间尺度内，封存量将取决于海洋与大气的平衡状况。大气中 CO_2 浓度（体积）稳定在（350～

1000）×10⁻⁴％之间意味着：如果没有注入 CO_2 的意识，那么（2000～12000）× 10^9 吨的 CO_2 最终还将留在海洋中。因此，该量的范围就是海洋通过主动注入方式封存 CO_2 量的上限。封存能力还将受环境因素的影响，如 pH 最大允许变化值。对海洋观测与模式的分析表明，被注入的 CO_2 将与大气隔绝至少几百年，注入越深，保留的部分就越久远。有关增加被封存部分的想法包括：在海底形成固态的 CO_2 水化物和（或）液态的 CO_2 湖，并溶解碱性矿物质，如石灰石等，以中和酸性的 CO_2。溶解的碳酸盐矿物质可以将封存时间延长到大约 10000 年，同时将海洋的 pH 值和 CO_2 分压的变化降至最低。然而，该方法需要大量石灰石和材料处理所需的能源。

以工业规模将 CO_2 注入海水或在海底形成液态 CO_2 池将会改变局部的化学环境。试验已经证明 CO_2 的持续高浓度将会导致海洋生物的死亡。CO_2 对海洋生物的影响将产生一些生态系统后果。在大面积海域和长期时间尺度上，CO_2 直接注入海洋对于海洋生态系统的慢性影响尚未有研究。

3.1.3.2　海洋封存的成本

海洋封存有两种潜在的实施途径（见图3-3）：一种是经固定管道或移动船只将 CO_2 注入并溶解到水体中（以 1000m 以下最为典型）；另一种则是经由固定的管道或者安装在深度 3000m 以下的海床上的沿海平台将其沉淀，此处的 CO_2 比水更为密集，预计将形成一个"湖"，从而延缓 CO_2 分解在周围环境中。海洋封存及其生态影响尚处于研究阶段。CO_2 与金属氧化物发生反应，金属氧化物富含于硅酸盐矿石中，并可从废弃物流中少量获取，通过反应产生稳定的碳酸盐。

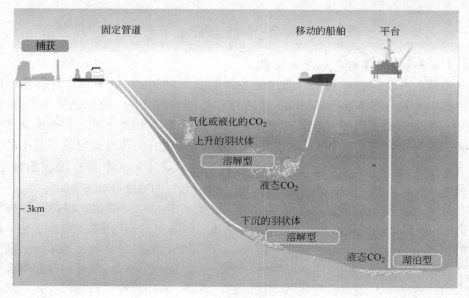

图 3-3　海洋封存实施途径概览

这项技术现正处于研究阶段，但在利用废弃物流中的某些应用已经处于示范阶段。

虽然没有海洋封存方面的经验，但已尝试估算 CO_2 释放到海底或深海的 CO_2 封存项目的成本。海洋封存的成本不包括捕获 CO_2 并将其运输（如通过管道）到海岸线所需的成本；然而，海洋封存成本包括沿海管道或船舶的成本以及任何额外能源成本。短距离固定管道方案会便宜一些，对于长距离，最具有吸引力的做法是使用移动船舶或用船舶运输到海洋平台上，然后再注入。

3.1.3.3 海洋封存的研究进展

科学家设想利用开采过的空油井和空气田以及地下的含水层等处，让这些地方岩石的微孔来吸收二氧化碳。科学家同时计算出，理想的深度应该在 1200～1500m 之间，这样由于压力的原因会使二氧化碳被液化，减少储存空间。虽然科学家们提出的"俘获"法独辟蹊径且富有创意，但因为排入海洋中的二氧化碳可能会上升到海表，然后重新变成气泡进入大气，这一美好愿望很可能随之彻底化为泡影，甚至造成更加严重的后果，因为根据物理学原理，当二氧化碳附在卷流中从海底不断上升，最后突然从液态变成气态，就会在转化的瞬间突然爆炸，因而对各种生物带来潜在的危险。

此前，科学家特别针对这一方法进行了一场小规模的海洋实验，利用潜水艇观察海洋中二氧化碳小液滴最终如何变化，但这一实验成本实在太高，需要的时间也实在太长。新的理论模式可以用来探测不同温度、压强情况下，排入海洋中的二氧化碳最后要面临怎样的命运。新模式表明，液体二氧化碳至少要注入海面下 800m，这一数值也有可能需要达到 3000m 左右的深度，才能保证二氧化碳真的无法逃逸出来。

海洋中的二氧化碳气体喷发确实是个严重的问题，因为这势必引起致命的气-水爆发事件。据了解，1986 年非洲喀麦隆 Nyos 湖发生的二氧化碳爆发事件，导致周围 1700 多人和大量动物死亡。此前两年，该国 Monoun 湖一次规模更小的二氧化碳爆发也曾导致 37 人死亡。这些人和动物的死亡，并不是由气体爆炸直接引起的，而是死于二氧化碳导致的窒息。因为二氧化碳的密度比大气重，因此它在空气中下沉，然后沿着河谷不断流动，使沿途的人和动物窒息而死。

现在液态二氧化碳"海洋注入攻略"面临最大的挑战在于，怎样才能找到阻止二氧化碳小液滴上升至水下 300m 处（具体深度取决于海洋温度和压强）重新变成气体。其中一个解决方法就是尽可能将二氧化碳液滴变得更小。

水下 800m 深处的二氧化碳小液滴仍有可能上升，但如果小液滴足够小，它们会在到达液-气转变深度之前就完全溶解，这样我们就万事大吉了。但是，如果一直不停地向海洋中排入液态二氧化碳，充满二氧化碳小液滴的海水平均密度将小于周围海域，从而导致迅速上升的卷流。因此，更安全的注入计划是将液态二氧化碳注入3000m以下的深海中，那里二氧化碳液体的密度超过海水，将在不断下沉中全部溶解。根据新理论模式的计算，得到与之前的实验非常接近的结果。在实验中，科学家遥控潜水器，对单个二氧化碳液滴进行追踪拍摄。不过，在不同深度、不同温度下对每种环境条件都进行这样的实验几乎是不可能的。这正是科学家们为什么需要一种理论，用来计算不同条件下将出现的情况。将液态二氧化碳注入海洋，有可能对环境造成影响，因此人类在决定利用这一方法降低大气中的二氧化碳排放量之前，必须首先解决这一问题。

3.1.3.4　海洋封存的应用前景

2008年7月，挪威水研究所与美国、日本、加拿大和澳大利亚等国的研究单位合作，尝试将5t液态二氧化碳注入挪威附近海域800m深处进行封存。德国之声电台的报道，挪威国家石油公司则计划通过一根4km长的管道，将2800t的二氧化碳"注射"入800~1000m深处的海底砂石岩层中。那里的岩石细孔中充满了咸水，二氧化碳可以溶解在其中。根据该公司的测算，那里可以储藏6000亿吨的二氧化碳。同时在北冰洋的巴伦支海，人们也在计划一个类似的项目。

图3-4　挪威斯瓦尔巴特群岛（二氧化碳的试验倾倒场）

但与此同时，绿色和平组织成员曾在"彩虹卫士"号船上与挪威环境部长、科学家、环保人士共同探讨过阻止该计划实施的问题。人们计划向海中倾倒液态二氧化碳，旨在检查能否以这种方式消融二氧化碳以遏制气候变暖趋势的可行性。这项计划得到了美国、挪威、加拿大、澳大利亚、日本等国的资助。人们原来准备在当年夏季开始实施计划，但由于挪威环境部考虑到该计划有可能造成环境、政治和法律上的不良影响，该计划暂时被搁置起来。绿色和平组织认为，二氧化碳排入海中后会与海水结合形成碳酸，这将对鱼类和其他海洋生物造成损害。由于公众的强烈反对，同样的一个二氧化碳排海计划已在美国的夏威夷海域流产。因此，技术的成熟性和可靠性是二氧化碳排海计划实现温室气体减排的关键！

3.2　二氧化碳的能源转化技术

科学家早就知道，循环利用二氧化碳从理论上讲是可以的，但大多认为要做到技术上和经济上实用可行是不太可能的，所以这方面的研究热情一直不高。该研究的原动力主要就是缘于全球对减少温室气体排放的迫切需求，该研究方向不仅能够减少二氧化碳的排放，同时还可以保证继续使用我们熟悉和喜欢的燃料。从这个角度来看，将二氧化碳作为循环使用的燃料，显然要比埋藏它更具吸引力。

3.2.1　利用太阳能实现二氧化碳的循环使用

二氧化碳和水是汽油燃烧后的主要产物，使用太阳能能不能将燃烧过程逆转？这听起来好像是天方夜谭，不过，科学家正在将它变为现实。要变有害的 CO_2 为有用的能源，第一步的难处在于：找到一种价格上和能源上同时有效率的办法。最简单的途径就是在 2400℃ 左右加热 CO_2，在这个温度，CO_2 会自动地裂解为 CO 和氧气。不过，困难的就是寻找到能够做到这一点的能源。很显然，太阳光是最合适做这种能源的候选者。

在美国新墨西哥州的帕瓦奇，有一家叫做劳斯阿拉莫斯可再生能源（LARE）的公司，该公司已经建成了一个以 CO_2 提供能源的小型原型反应器。在这个反应器中，CO_2 被投放到一个密闭在反应室中，反应室被固定在聚集太阳光的一个镜面碟片的焦点上，聚集的太阳光通过反应室的小窗到达安装在反应室内部一个用来收集热量的陶瓷棒上。随着进入气体接触到温度升高为 2400℃ 左右的陶瓷棒，二氧化碳分解为一氧化碳和氧气。

美国新墨西哥州阿布奎基的桑迪亚国家实验室的内森·西格说：这种方法的缺点是操作温度太高。高温会导致很严重的热损失，因此会减低效率。虽然太阳能是免费的，但建造这些产生和耐受高温的设备是很昂贵的。所以，要想让整个生产过程更经济，就需要效率更高的操作。美国核安全管理局所属桑迪亚国家实验室科学家正在建造一个模型，尝试用聚焦的太阳能将二氧化碳变成一氧化碳，从而实现为二氧化碳进行化学方式的"充电"。一氧化碳可以用来制造氢气，也可作为合成甲醇、汽油、柴油、喷气发动机燃料等液体燃料的基础原料。该实验室的研究人员把通过这种方式得到的液体燃料称为"液体太阳燃料"；正在建造的这个模型装置称为反转环接收器、反应器和同流换热器（CR5），通过两个截然不同的步骤，它可以使二氧化碳的一个碳—氧键断裂，生成一氧化碳和氧气。

这是利用阳光把二氧化碳转变为燃料的整个探索计划中最重要的一部分。这个系统的操作温度没有那么高，这个系统有聚集太阳光的聚能器碟，不过，高温是在一组 14 个钴铁氧陶瓷环的一端产生的。这种陶瓷在加热时，会从其分子晶格中释放出氧，但不会破坏晶格的完整性。阳光通过一个窗子聚焦在反应室较热的一侧，将环加热到 1500℃，导致陶瓷的晶格释放出氧原子。随着环的旋转，热的部分渐渐转到反应室的后面，这里温度降到 1100℃ 左右，在这个温度下，当室内充满 CO_2 时，失去氧的陶瓷就会和 CO_2 分子发生反应，为的是将其分子晶格中丢失的氧原子再夺回来，这样一来，CO 分子就产生了。随着环的继续旋转，再氧化的部分又回到了反应室较热的一端，于是，循环再次开始。

CR5 的发明者里奇·戴弗说，设计这套装置的最初想法是把水分解成氢气和氧气，氢气可作为未来氢经济的燃料。后来，研究团队提出可用 CR5 将二氧化碳分解，就像分解水那样。在过去几年中，他们的概念已获得证明，而且正在完成一个利用聚焦的太阳能为二氧化碳进行"充电"的模型装置，由此产生的一氧化碳、氢气和氧气最终将在后续系统中被用来合成液体燃料。

桑迪亚实验室燃料和能源转换部经理艾伦·斯特科尔介绍说，科学家只是在理论上承认循环利用二氧化碳是可行的。但桑迪亚实验室的研究团队不仅认为它可行，而且已经设计出完全符合他们期望的模型，并通过一个巧妙可行的两步过程成功地将二氧化碳分解。斯特科尔承认，此项发明的动力之一缘于全球对减少温室气体排放的迫切需求。虽然这项发明成果可能还需要 15～20 年才会有商业化产品进入市场，但它的前景非常光明。因为它不仅能够减少二氧化碳的排放，同时还让我们得以保留现有的选择，继续保留现有能源结构。

这项发明的激动人心之处在于，它将使化石燃料最少可以被使用两次，这意味着排放到大气中的二氧化碳将减少，从地下开采石油的速度也会减缓。比如，煤炭在清洁的火力发电厂燃烧后，释放出的二氧化碳将被捕获，然后在 CR5 中被还原成一氧化碳。作为初始原料，一氧化碳可以用来制造汽油、喷气燃料、甲醇及其他类型的液体燃料。

一氧化碳制得的合成燃料可以通过输油管道或运输卡车输送到加油站，就像现在从石油炼制出的汽油一样，而且它完全适合现有的汽油和石油基础设施。还有一点也很重要，那就是装有普通的汽油或柴油发动机的车辆使用液体燃料也可以正常工作。

该发明的合作者吉姆·米勒说，他们计划的第一步是先从发电厂、垃圾焚烧厂等比较集中的源头来捕获二氧化碳，但该发明的最终目标是从空气中把二氧化碳提取出来。将来一个包含从大气中捕获二氧化碳装置的系统最终会产生碳中性的液体燃料。

米勒说，这项研究的总体目标是利用这个模型来证明 CR5 概念的可行性，同时测定如何把小规模试验获得的结果扩展到实际装置。他认为,和将来逐步发展出的设施相比,现在的设计是很保守的。模型在 2009 年早些时候完成,他们计划首先进行把水分解成氢气和氧气的试验,然后再试验将二氧化碳分解成一氧化碳和氧气。

3.2.2 绿色催化实现二氧化碳的循环使用

3.2.2.1 绿色自由

美国洛斯阿拉莫斯(Los Alamos)国家实验室的科学家杰弗里·马丁和威廉·库比茨提出一项名为"绿色自由"的概念,即去除空气中的二氧化碳,并把它转化为汽油。

目前,大气中二氧化碳含量高达 27500 亿吨,每年在碳循环中的二氧化碳约 6600 亿吨,但每年因人类活动和森林退化额外产生 257 亿吨二氧化碳,这些未平衡的二氧化碳约占碳循环的 3.9%,导致大气中二氧化碳的浓度从工业化前的 $270 \times 10^{-4}\%$ 到目前的 $380 \times 10^{-4}\%$,并作为主要温室气体引发了日益变化无常的气候问题,因此二氧化碳已经成为世界范围最受关注的环境问题。尽管目前已经提出了许多解决方案,但同时考虑碳平衡和能量平衡的方案却很少见到。

2007 年 11 月,美国洛斯阿拉莫斯国家实验室的杰弗里·马丁(F. Jeffrey Martin)和威廉·库比茨(William L. Kubic)提出了一个轰动全世界的"绿色自由"(Green Freedom)概念,即"生产碳平衡的合成燃料和化学品的概念"。该概念分成 3 个步骤,首先利用浓碳酸钾溶液吸收空气中的二氧化碳;第二步,采用电解法把二氧化碳从溶液中提取出来,同时将水分解成氢气和氧气;第三步,将氢气和二氧化碳转化为合成燃料或有机化学品。按照马丁的观点:"这个构想中的每个环节都是现成的,有的已在运作,或是有近似的技术。"马丁教授随后于 2008 年 2 月在美国佛罗里达的当今替代能源会议(Alternative Energy NOW)作了详细的阐述。新华社也在 2008 年 3 月 11 日以《美国科学家提出将二氧化碳变为汽油方案》为题作了报道,由于二氧化碳温室气体的特殊影响,马丁的工作引起了广泛关注。

尽管马丁教授对"绿色自由"概念的可行性充满信心,并认为"绿色自由"概念是目前唯一能解决所有问题的办法。但我们应该看到,整个绿色概念系统不仅存在投资巨大和运行成本高的困难,而且浓碳酸钾溶液捕集二氧化碳和电解提取二氧化碳的两个单元还停留在理论阶段,具体运行情况还没有进行核实。尽管理论分析可行,但仍需要实际运行数据,尤其是连续运转寿命还存在不确定性。此外,由于要求碳平衡的能源供应体系,目前的辅助制氢系统和辅助能源系统主要考虑核能,风能和太阳能则因成本太高而没有考虑。当然,若解决了二氧化碳捕集和电解提取技术难题,剩下的就是各单元的联动和能量平衡问题。因为合成气转化单元是成熟的,如从一氧化碳、二氧化碳和氢气合成甲醇的技术是成熟的,从甲醇到合成气(MTG)过程已经有 Exxon Mobile 的专利技术,日产 14500 桶汽油的装置从 1985 年到 1997 年运转了 12 年。当然,未来也可采用费-托合成(Fischer-Tropsch)方法制备汽油、柴油。

3.2.2.2　二氧化碳转化汽油

近几年来,世界各国科学家一直在努力探索二氧化碳转化为汽油的问题。早在 2002 年,日本德岛工业技术中心研究员就报道了二氧化碳变汽油的工作,采用铁粉做催化剂,利用盐酸作为氢源,与二氧化碳在 100MPa 和 300℃下反应,获得了一定数量的甲烷、乙烷、丙烷和丁烷,进一步改进催化体系则有望得到含碳量更高的烷烃-汽油。这样的温度和压力条件只需使用一家发电站用不完的热量即可以提供。因此若能进一步改进催化体系,用这种方法来制造汽油有可能是可行的。2007 年,美国加利福尼亚大学(UCSD)的 Clifford Kubiak 教授提出了一个原理装置,该装置首先将太阳光能转换为电能,随后在一种能将电能转换为化学能的大分子镍催化剂作用下,将二氧化碳转化成一氧化碳和氧气,进而用于合成甲醇、汽油。尽管目前太阳能转化装置还只能提供一半的能量,另一半能量需要额外提供,但是若能将太阳能转化效率提高一倍,则可以实现能量自给,这样剩下的问题就是如何将各个单元优化,以实现最终目标。

与 Nakamichi Yamasaki 和 Clifford Kubiak 的工作相比,"绿色自由"概念突出了各单元的碳平衡和能量平衡,提出了各单元联动运行的概念,使二氧化碳变汽油的工作进一步被大众所关注。从能量平衡分析,马丁教授的"绿色自由"概念包含两个过程,即吸热的合成气产生过程和放热的合成气转化过程。前者包括从大气中分离二氧化碳并产生副产物氢气,以及电解水或分解水制氢的过程,由于主要是吸热反应,需要碳平衡的能量补充,此外,所产生的高压蒸汽可用于下一步的合成气转化过程。合成气转化过程可以依赖于目前成熟的技术实施,属于强放热过程,两个过程的能量具有互补性,两个过程结合后,有望大幅提高整个过程的能量效率、降低投资。马丁教授对"绿色自由"在工业规模上的技术经济可行性进行了理论测算。按照马丁教授的数据,采用浓碳酸钾水溶液吸收大气中的二氧化碳,可使二氧化碳的吸收效率从现有变压吸附方法的 73% 提高到 95%。与此同时,采用电解法回收溶液中的二氧化碳,克服了传统的加热回收法的高能耗问题,能耗降低了 96%,且额外产生的副产物氢可使制氢单元的负荷减少 33%,进一步将制氢单元、二氧化碳捕集单元与现有的 18000 桶/天的合成气厂和 5000 吨/天的甲醇厂实施联动,可以降低综合能耗。从经济上测算,一个 18400 桶汽油/天的工厂需要投资 50 亿美元,同时一个 5000 吨甲醇/天的工厂需要投资 46 亿美元,加上核电厂的投资(约占整个投资的 50%),最终所生产的汽油价格应在 1.20 美元/升,甲醇价格在 0.43 美元/升。当然,如果与现有的核电厂联动，同时采用蒸汽电解制氢和提取二氧化碳的技术，则投资成本和能耗会进一步降低，汽油价格降至 0.90 美元/加仑，甲醇需要 0.30 美元/加仑。因此其成本与目前市场上的其他替代能源是可比的。

3.2.2.3 二氧化碳转为木炭

美国康奈尔大学谷物与种植业系科研人员约翰尼斯·莱曼在英国《自然》杂志上发表论文指出，将植物在光合作用过程吸收的碳，经过无氧热分解处理转化为木炭，就可以大大降低大气中二氧化碳的含量，进而解决因温室气体引起的全球气候变暖问题。

众所周知，大量种植树木、恢复植被可以降低大气中二氧化碳的含量，这是因为树木和植被在光合作用过程中需要吸收大量的二氧化碳。与此同时，碳在植物叶子和土壤有机物中的含量不断提高，一旦树木和植被到达成熟期后，由于植物本身，特别是植物残余物质（分解产生的细菌和微生物等还原性生物）的"呼吸"，树木和植被吸收的部分二氧化碳会被再次释放到大气中，光合作用过程中二氧化碳的吸收和排放就趋于平衡。

因此，为了阻止二氧化碳被再次释放回大气，必须使植物产生的有机碳不能再被还原性生物利用。比如，将伐倒的木材深埋在地下，还原性生物就得不到活动所需的氧气。最简单的方法是：将产生的植物有机物在无氧环境下进行热分解，转化成木炭。虽然木炭中碳的含量是生物质中的 1 倍，但细菌和微生物无法使用它。而木炭埋藏在土壤中能够保存百年以上，甚至上千年。因为人们早已知道，自然木炭的形成需要这样长的时间。如此这般，植物在光合作用过程吸收的部分二氧化碳就会永久地被固定在地下。

基于上述原理，莱曼教授提出了自己的技术方案。他指出，通常情况下，在生态系统的碳循环过程中，植物经过光合作用吸收的碳，一部分消耗于植物本身的"呼吸"；另外一部分以植物残余有机物的形式沉积到土壤表面，并在这里被细菌和微生物分解。这样，植物和还原性生物可因"呼吸"而将二氧化碳重新排放到大气中。

当然，还可以在上述过程中将植物残余物质收集起来，对其加工处理后提取生物燃料。这种方法在经济上可行，但对于碳的处理来说，无疑是没有效果，因为生物燃料的使用过程，又将释放二氧化碳。

因此，莱曼教授认为，最彻底、最有效的方法是将植物残余物质在无氧环境下进行热分解转化成木炭，再埋藏在土壤中。而对在热分解过程中产生的二氧化碳，可以利用碳捕捉技术进行处理。捕捉到的碳可以用于制造生物燃料；埋藏在土壤中的木炭，可以与农家肥、有机化肥混合，改善土壤结构和肥沃程度，提高土壤的生产力。通过上述两个过程，植物通过光合作用吸收的碳将最终得到有效处理。

根据莱曼教授的计算，将二氧化碳转化成木炭的技术在三种情况下可以广泛运用，使用任何一种方法可以使美国每年减少10%的二氧化碳排放量。第一，对工业采伐森林中形成的废料进行热分解，大约每公顷森林可以产生3.5t生物质；第二，对废弃耕地上快速生长的植物进行热分解，每年每公顷可产生20t生物质；第三，对农作物秸秆进行热处理，每公顷土地可产生5.5t生物质。所有三种情况下形成的木炭不能燃烧，而是被埋藏到地下。

莱曼教授还算了一笔经济账。他指出，要将二氧化碳转化为木炭的技术推广与实践，首先必须考虑经济上是否有利可图。他预测，未来10年内，处理二氧化碳的价格将会提高到每吨25~85美元，当价格达到37美元后，这种技术在经济上才具有吸引力。

3.2.3　生物技术实现二氧化碳的循环使用

2008年，绘制世界首例个人基因图谱的美国著名科学家克雷格·温特表示，他正在制造一种神奇生命，能将影响气候变暖的二氧化碳变成燃料。温特是在美国加利福尼亚西部城市蒙特里举行的精英技术、娱乐与设计大会上，透露他的这一将能改变世界的"第四代燃料"计划的。他在大会上说："我们定下了适当的目标，让二氧化碳成为主要的能源，取代整个石化产业。我们认为我们会在大约18个月内制造出第四代燃料，将二氧化碳变成燃料"。

温特认为简单的生物能够通过基因改良来生产疫苗或辛烷似的燃料。目前来看，生物燃料胜过石油，是第三代燃料。下一步是制造吃二氧化碳排放燃料的生命，如排放甲烷废气。"我们有2千万基因可用于未来生命设计，我们因想象力不丰富而创新不大。"目前温特的研究小组正在利用人造染色体来改造现有的生物，这些现有的生物本身能产生辛烷，但生产的量还不够燃料供应所需。温特说："如果它们能产生我们所需规模的燃料，这将是一个甲烷行星。因此这种规模大小非常关键，这就是为何我们得对它们进行基因改造的原因。"他认为，生产辛烷的生物的遗传结构可以进行改造，以加大它们吃二氧化碳并排放辛烷的能力。为安全起见，科学家将"自毁基因"加入到他们的生命制造中，如果这些人造生命一旦离开实验室，"自毁基因"就能启动将它们自杀身亡。温特表示他还在制造能生产疫苗的生物，如流感和其他疫苗。他说："我们将会看到混合生物及其能力出现指数级的变化。我们不去设计人，我们的目标只是确保它们能足够长寿以完成其使命。"

目前，许多国家都在研究用不同方法采集空气中的二氧化碳，以制止全球变暖趋势。其中一种颇有应用前景的方式是大面积培植可大量吸入二氧化碳的藻类，这种藻类在生长过程中需要吸入二氧化碳，生长成熟后可以用作生物燃料的原材料。这种处理二氧化碳的方式的优势非常明显：一是可以避免工业产生的大量二氧化碳进入大气；二是可以生产可再生能源，减少对化石燃料的需求。

3.2.3.1 藻类农场

在北美，目前有不少公司都在探索开发藻类生物反应器系统，这种系统可以与煤、天然气发电厂或大型工业设施相结合。开发的思路是将这些大型工业设施排放的二氧化碳气体引导至一个人工的"藻类农场"，农场里的藻类植物靠吸取二氧化碳生存，待其长大成熟后用作工业原料。其核心装置是一些装满水的塑料容器，水中有大量绿色微藻。来自发电厂的废气输入容器，藻类吸取废气中的二氧化碳，利用阳光和水进行光合作用生成糖类，这些糖类随后经新陈代谢转变为蛋白质和脂肪。随着藻类的繁殖，容器里的油脂越来越多。将这些油脂提取出来，利用一些现有技术，就可制成生物柴油和乙醇。长大、成熟的藻类含油量丰富，可以用来生产生物柴油、酒精、动物饲料以及各种塑料。据估计，占地面积1 平方公里的"藻类农场"每年可处理 5 万吨二氧化碳。与其他生产生物燃料的方法相比，"藻类农场"所用的资源较少，它不需要占用可耕地来种植农作物，也不必使用淡水。

但是，该技术的发展现在也面临很大困难。2007 年 6 月，藻类生物燃料技术开发的先行者、美国马萨诸塞州的绿色燃料公司在亚利桑那州建立的技术示范项目就遭遇挫折。由于他们种植的藻类生长得太快，在收获完毕之前，藻类已开始死亡。此外，公司项目的成本是当初预算的两倍，因此这家公司被迫关闭了这个技术示范项目。

许多专家认为，加拿大气候太冷，要保持藻类农场常年运行非常困难，不适合开展类似项目的研究。尽管如此，加拿大政府还是决定投资开始自己的微型藻类系统的研发，目标是研究出一种可处理 1 亿吨工业排放二氧化碳的系统。该项目由位于加拿大艾伯塔省、曼尼托巴省、魁北克省的联邦研究机构和私营公司联合实施。据当地媒体报道，本项目的目标是在 3 年内研制出可以推而广之的具有商业价值的藻类生物反应器，以满足加拿大市场的需求。

位于渥太华的门诺瓦能源公司是该项目的成员公司，该公司以其太阳能产品著称，所研制的太阳热电系统广泛应用于学校、工厂和大楼。另一家成员公司是三叉戟探测公司，该公司是一家天然气开采公司，正在寻求减少其二氧化碳排放的有效方式。这家公司明白，加拿大政府对二氧化碳排放实施罚款只是时间问题，所以它一直在寻求有效的解决办法。该公司与门诺瓦公司进行技术合作，其公司的研究人员表示，碳回收技术既是一项创新性技术，又是一项拥有很大经济回报潜力的技术。而门诺瓦公司擅长的热与光的技术，在使用藻类回收二氧化碳的技术中又是很关键的技术。

·门诺瓦公司开发的功率晶石系统，一方面使用太阳光集中器，将阳光聚焦到光电太阳能电池板上生产电力；另一方面，充满流体的管道又能捕获太阳的辐射热量。这套系统甚至还可以更进一步，将捕捉到的光能通过光缆输送到需要的地方。拥有这样的技术，就意味着可以将藻类农场以如下方式设计：将热和光集中到一个相对小的区域，使藻类可以高密度地生长，而无需占据大片土地。戈尔文表示，初步估计，公司可以在 $70m^2$ 的面积上每年将 $100\sim150t$ 的温室气体变为生物质，然后将其加工成生物燃料。

通过这项保持常温技术，即使在零下 30 摄氏度的冬天，也可以保持藻类在适宜的温度中生长。这意味着该公司可以全年进行藻类培植，解决了一些专家早前的疑问。更重要的是，所有使用高密度生长及收集技术的藻类系统都可以发电，而且能够输送到常规电力网。由此可以看出，该技术与其他技术相比，在经济上表现出很大的吸引力。因为采用这种技术的公司既可以通过发电、生产制造生物燃料的原材料获得收益，还可以通过出售碳排放指标获得收益。该藻类系统可以将石油处理过程中产生的碳排放减半，这对于石油工业无疑是一个好消息。

3.2.3.2　模拟光合作用

2008 年 4 月，美国科学家们在光合作用研究方面取得重大突破。在不久的将来，科学家或许可以制造人工合成装置，以吸收大气中过多二氧化碳并释放出氧气，同时还能产生出人们所需要的能量，在实现环保的同时还能解决能源供应问题。此外，科学家还首次探明了色素复合蛋白体在植物光合作用的过程中所起到的关键作用，可以说这一系列生物能源方面的最新发现，是生物学研究领域里具有里程碑意义的又一重大突破。

来自美国加利福尼亚大学伯克利分校的科学家们对光合作用进行了深入的研究。在这次的研究过程中，科学家们以先进的激光技术为基础，利用最先进的"两维电子光谱"，首次成功模拟了光合作用的全部过程，观察到了植物体内光合作用所产生的能量传导过程，也解开了植物是如何利用光来产生能量的秘密。由于这些能量在色素蛋白复合体控制下的传导过程中十分复杂，从而这一次的科学研究的成功也显得极为不易。

这项研究工作的负责人，格雷厄姆·弗莱明（Graham Fleming）教授表示，"我们对于这个能量转化系统的研究，着实花费了很大的精力。由于电子的能量并不固定在某一分子上，而是不断流动的，所以这对于我们的研究来说的确是一个挑战。"利用这个最先进的两维电子光谱，科学家们清晰地观察到能量在色素蛋白复合体内的传导过程。一名工作人员表示，"生物体内的电子粒在受到外界刺激后的运动方向，我们可以清楚地看到，这在以往是不能想象的。"

弗莱明教授表示，蛋白复合体中的色素分子，有着某种相对确定的运动方向。它们在接收到阳光后，偏振运动沿着分子轴进行。我们在搞清楚这一系列的光合作用过程、揭开了这过程中所有前因后果的神秘面纱后，我们就完全可以仿照这一过程甚至继续将这一过程，利用这一偏振原理，将光合作用过程导入我们所需要的方向上面去。

科学家表示，在所有的光合作用过程中，生物体内能量的转化主要通过电子结合来进行，而能量在分子间的转移方向受到色素蛋白复合体电能的控制。谈到这项研究的前景时，弗莱明教授表示，对生物体内光合作用的研究，首先能转化大气中过多的二氧化碳，将其直接转化为氧气；其次，这将有助于我们设计出人造自然光捕捉系统，设计出人造光源能量转换装置，解决能源匮乏。毫不夸张地说，这项研究为我们开启了一扇通往光明的大门。

3.3 基于清洁生产的二氧化碳减排

3.3.1 主要工业部门的节能措施

3.3.1.1 我国钢铁工业温室气体减排措施

我国钢铁工业温室气体的减排依赖于现代冶金技术的进一步开发应用和进一步降低能源消耗，短期内考虑改变以煤为主的能源结构是不现实的。H_2 虽然是一种清洁还原剂，理论上可以大规模使用，但由于成本等原因在近期难以实现工业化应用。

针对我国钢铁生产发展的特点，加强国家宏观调控作用，加快采用高新技术的改造和不断优化生产流程，提高能源利用效率和加大二次能源的回收利用，是我国钢铁工业温室气体减排的主要途径。此外，还应积极着手开展废气中 CO_2 的处置和回收利用技术；不断提高钢铁材料的性能品质，使材料在使用过程中实现节能和温室气体的减排；积极申报 CDM 项目；参与国际碳排放交易。

A 加强国家宏观调控

宏观调控是以市场为导向，依照产业政策和发展规划，主要运用经济和法律的手段及必要的行政手段进行调控，调控的目标是促进钢铁行业的平稳持续健康发展。进入 21 世纪，特别是 2003 年以来，我国钢铁行业出现发展过热的现象。对于钢铁行业的盲目发展现象如不加以引导和调控，将会导致一些品种产量严重过剩和市场过度竞争，造成社会资源极大浪费，并易引发有关经济和社会问题。为了避免上述问题的发生，国家陆续出台了一些宏观调控措施。

2005 年 7 月份《钢铁产业发展政策》的出台使国家宏观调控政策得到了更好的贯彻和执行，也使宏观调控的具体措施更有依据。《钢铁产业发展政策》是依据有关法律法规和钢铁行业面临的国内外形势而制定的，是继《汽车产业发展政策》之后，第二个由国家发改委起草、国务院审议通过的国家级产业发展政策，对未来 5～10 年中国钢铁产业的发展将起到重大影响。

《钢铁产业发展政策》主要基于对各方面因素的综合考虑：

（1）随着我国工业化进程的不断深入，钢铁作为基础性行业越来越显示其重要性，有必要从政策上对其健康发展进行规范和指导。

（2）近几年钢铁行业乱建新项目、乱建厂，造成产能大于需求，技术水平低、成本高、污染严重，并且还导致资源紧张（包括铁矿石、焦炭、电力、运输等），因此，有必要制定政策对其规范和指导。

（3）我国钢铁行业发展过程中的另一个表现是行业发展不稳定，忽冷忽热，为了保证钢铁行业健康稳定发展，有必要从政策上对其规范和指导。

（4）制定政策的目的还是为了提高我国钢铁行业国际竞争力。《钢铁产业发展政策》分别就政策目标、产业发展规划、产业布局调整、产业技术政策、企业组织结构调整、投资管理、原材料政策钢材节约使用及其他相关问题进行了阐述。

《钢铁产业发展政策》的发布和实施，对于加大钢铁行业结构调整力度，抑制钢铁生产能力盲目扩张，加快推进经济结构调整和增长方式转变，努力实现由能源、资源消耗型向节约型转变，由数量扩张型向质量效益型转变，实现钢铁行业节能和温室气体减排，全面提升钢铁行业的国际竞争力，实现我国由钢铁大国向钢铁强国的转变，具有重要意义。目前，我国钢铁行业正迎来一次全新的变革，全行业正在逐步走上优化结构、转变增长方式的科学发展道路。

B　企业积极推行节能减排技术

现代冶金技术的迅速发展，使得钢铁生产流程不断优化，为节能减排奠定了基础。我国钢铁工业整体工艺技术水平较低，能源消耗高，比发达国家能耗高15%～20%。因此，我国钢铁企业的节能还有相当大的潜力。

企业应在技术改造、组织生产和节能等方面重点加强以下工作：

（1）采用干法熄焦，它不仅可以节水和避免湿法熄焦造成的环境污染，而且可以改善焦炭质量，为进一步降低高炉能耗创造条件。

（2）在烧结工序采用精料技术。

（3）采用高炉炉顶煤气余压发电技术（TRT 技术）。

（4）高炉采用无料钟炉顶及新型布料器。

（5）在轧钢工序采用连铸连轧。

（6）采用热-电-制氧-煤气联供技术，做到企业热能利用优化。

（7）采用二次能源回收技术，例如对烧结废气的余热及烧结矿显热进行回收；利用热风炉烟气余热预热助燃空气和燃烧煤气，同时在预热空气的管路上增加加热器，燃烧一部分高炉煤气以提高预热空气温度，从而提高热风温度降低燃料消耗等。

（8）采用蓄热式燃烧技术。

（9）建设发电厂，利用剩余煤气发电，减少煤气放散等。

C　CO_2 的回收利用

除了减少使用化石燃料或使用低碳的化石燃料替代高碳化石燃料，以及节约能源、提高能源利用效率之外，近年来人们日益认识到分离、回收、利用或处置 CO_2 也是实现减排的一个重要的途径。

目前，大量减少化石燃料特别是煤炭的使用面临各种复杂问题和困难，对于工艺及技术先进的钢铁企业，因能耗很低，通过节能降低 CO_2 排放量的潜力也非常有限，但分离、回收、利用或处置 CO_2 可在不减少化石燃料利用的条件下实现减排。利用 CO_2 既可减轻对气候变化的影响，又能为人类生产出所需产品，有着很大的环境、经济和社会效益。

分离回收后的 CO_2 可广泛用于：制冷剂固态 CO_2（干冰）、食品保鲜和储存、饮料添加剂、灭火剂、在低温热源发电站中做工作介质、原皮保藏剂、气雾剂、驱虫剂、驱雾剂、中和含碱污水、油漆溶剂、水处理的离子交换再生剂、用 CO_2 作碳源合成新的有机化合物、原料纸张的添加剂和颜料、用 CO_2 生产无机产品等等。此外，还可以将 CO_2 贮存起来，主要方法有：化学法将 CO_2 转化为化合物、物理法将 CO_2 压入地下贮存室或海底。

在发展中国家，目前几乎所有的 CO_2 都用在矿泉水和软饮料生产中。在发达国家，CO_2 被广泛应用于多个领域，北美 CO_2 应用的市场划分为食品冷冻和制冷40%、饮料碳化20%、化学产品生产10%、冶金10%、其他20%。在西欧45%用于矿泉水和软饮料生产、食品加工占18%、焊接占8%。日本的液体 CO_2 和干冰的消费结构与美国、西欧不同，主要用于焊接占44%，干冰用于冷冻剂、保鲜剂各占20%，其余60%的干冰用于医疗、药物和消防等。目前的人均 CO_2 年消耗量为：北美18kg，西欧3.6kg。

D　钢铁工业废气中 CO_2 的回收利用——石灰窑废气回收液态 CO_2

上钢五厂和宝钢分别于1994年和1997年对本厂的石灰窑设置了 CO_2 回收装置。宝钢采用变压吸附法回收纯度99.99%的液态 CO_2 10000t/a。以下简要介绍上钢五厂采用"BV"法回收 CO_2 的情况（见图3-5），主要过程为：以从石灰窑窑顶排放出来的含有约35%左右 CO_2 的窑气为原料，经除尘和洗涤后，将废气中的 CO_2 分离出来，并压缩成液体装瓶，得到高纯度的食品级的 CO_2 气体，并根据市场需求生产食品用液态 CO_2，也可应用在铸造焊接、烟草处理以及消防等方面。

该工艺主要技术指标包括：石灰窑窑顶废气收集率大于90%、生产能力为

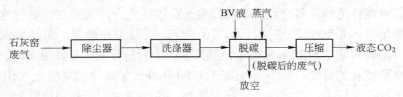

图3-5　"BV"法回收液态 CO_2 工艺流程简图

5000t/a 液态 CO_2、回收液态 CO_2 符合国家食品级标准（GB 10621—1989）；主要消耗：BV 液 960kg/a、蒸汽消耗 16000t/a、电消耗 600000kW·h/a、水消耗 75000m^3/a。

3.3.1.2　水泥工业的碳减排技术措施

水泥工业的二氧化碳减排是我国履行《京都议定书》的切实措施，是水泥工业发展循环经济，提高能源利用率，实现可持续发展的重要体现，也是中国水泥工业实现技术水平全面提升的重要契机。水泥工艺排放的根本措施在于改善水泥的结构和开发新品种的水泥，如采用可替代原料，大力推广新型干法水泥生产工艺，掺入混合材料等。除了政策层面之外，水泥工业的二氧化碳减排还涉及水泥生产工艺的多个技术层面，包括节电、降低热耗的综合节能技术和原材料替代、燃料替代等减排措施。

A　超细磨技术，开发活性细掺料

氧化钙在 1t 水泥熟料中的含量达 620kg，要提高水泥产量，则必须提高熟料的产量。利用工业废渣与天然矿物替代部分熟料生产混合水泥在我国有较长的历史，但由于掺料细度不够，严重影响到了水泥质量，且造成了很大的浪费。采用超细粉磨技术，磨制出矿渣、粉煤灰、沸石岩、硅灰以及石灰石等活性细掺料，以替代大量的熟料，就可实现在现有熟料产量的基础上大大提高水泥产量的目标。活性细掺料的加入，不仅不会降低水泥的强度，而且能改善水泥和混凝土的某些性能，同时对发展预拌混凝土有利。如日本秩父小野田研究所采用磨细矿渣代替 50% 熟料，水泥强度提高了 14%～41%；采用磨细矿渣与石灰石粉复掺，代替 70% 的熟料，水泥强度不会下降。原上海建材学院用磨细宝钢矿渣代替 50% 以上的熟料，能生产出 525 号水泥。

B　发展复合水泥

GB 12958—1991 国家标准规定，凡由硅酸盐水泥熟料、两种或两种以上规定的混合材、适量石膏磨细制成的水硬性胶凝材料，均称为复合硅酸盐水泥（简称复合水泥）。混合材的重量百分比应大于 15%，不超过 50%。复合水泥是一种发展很快的新型通用水泥，它适合我国国情，无论立窑、回转窑，也不管规模大小，干法或湿法工艺均可生产，因此在我国具有很强的生命力。

C　大力发展绿色高性能混凝土

用绿色高性能的混凝土代替常规混凝土是水泥生产的大趋势。我国水泥总量中，每年出口不到 1000 万吨，其余均用于生产混凝土和砂浆。虽然水泥只占混凝土所有原材料质量的 10%～20%，但其生产中所消耗的能量是最多的，几乎占混凝土全部能耗的 50%～60%。美国于 1990 年推出了高性能混凝土（HPC），即在混凝土制作过程中，除水泥、水利集料外，还必须加入活性细掺料和高效外加剂。由于 HPC 具有良好的耐久性、工作性、各种力学性能、适用性和经济性，赢得广泛的关注，我国从 1992 年也开始应用 HPC。1994 年，吴中伟院士提出了绿色高性能混凝土（GHPC）的概念，GHPC 具有以下特点：

（1）大量节省水泥熟料，在 GHPC 中凝胶材料的主要成分不是熟料水泥而是磨细水淬矿渣和分级优质粉煤灰、硅灰等，或它们的复合，因此原料及能源消耗及二氧化碳的排放量大大减少。

（2）大量使用工业废渣为主的细掺料、复合细掺料和复合外加剂代替部分熟料，以减少污染，国外已成功地利用磨细矿渣和优质粉煤灰替代 50% 以上熟料制作 HPC。

（3）发挥 HPC 的优势，通过提高强度、减小结构截面面积或结构体体积，来减少混凝土的用量，从而节省水泥生产量。

（4）提高水泥标号，增加高标号水泥的比例，高标号水泥有利于生产高标号的混凝土，而混凝土和钢筋用量的减少，使得能耗也相应降低。所以，关闭熟料标号低的水泥厂，尽量增加高标号熟料的产量意义十分重大。

3.3.1.3　二次能源的回收利用

与其他领域相比，水泥行业的二次能源回收技术和应用由于处于领先地位，而被赋予良好的前景与发展潜力，主要体现在两个方面，一是利用窑系统的中低温废气余热来发电；二是利用可燃废料替代煤来煅烧熟料。二次能源回收技术在回收、利用废气余热和废料的同时又保护了环境，是一项良好的实现可持续发展的技术。

A　废气预热发电技术

现代水泥行业的中、低温发电技术起始于 20 世纪 70 年代末的瑞士、美国和日本。经过二十多年的发展，日本和美国在这项技术上占世界领先地位，日本现在已经有半数以上的水泥厂采用了多种形式的余热发电技术。韩国、泰国以及我国台湾对这项技术也十分关注，采用者日渐增多。中低温纯余热发电与中空窑余热发电不同，有其特殊性：

（1）中低温纯余热发电技术仅用在带预热器的窑上且完全利用其余热发电。

（2）可利用的废气余热源在一个以上。

（3）废气余热的品位比较低，废气温度一般在 200～400℃ 之间。

（4）余热发电配置的热力系统相对较复杂，热力系统的压力等级相对较低。

（5）单位发电量的设备体积和重量相对较大。

中低温纯余热发电系统的余热回收一般分为两个部分，一是窑尾预热器出口的废气余热；二是窑头冷却机出口的废气余热。水泥窑中低温余热发电的能源回收水平一般为 35kW·h/t 熟料左右，领先水平时达到 40kW·h/t 熟料。单纯以余热利用为目的的预热器及预分解窑低温余热发电在 20 世纪 80 年代初有了较大的发展。一般来说，余热量取决于生产规模和生产工艺，其水泥窑废气温度为

350℃左右、熟料热耗为 2900～3300kJ/kg，所配套的纯低温余热发电系统的发电能力为每吨熟料 30～40kW·h，这对水泥企业资源综合利用、提高经济效益有重大意义。在发达国家，特别是能源短缺地区，纯低温余热发电已被广泛应用。

我国水泥行业自发电占其总耗电量的比例呈增长之势。我国的水泥窑余热发电大致经历了中空窑高温余热发电、预热器及预分解窑带补燃锅炉中低温余热发电、预热器及预分解窑低温余热发电三个发展阶段。20 世纪 20～30 年代由于电力紧张，我国建设了一批干法中空窑余热发电水泥厂，其水泥窑废气温度为800～900℃、熟料热耗为 6700～8400kJ/kg，所配套的高温余热发电系统的发电能力为每吨熟料 100～130kW·h。由于电力短缺，中空窑余热发电在我国有了较大的发展。80 年代末至 90 年代初，在解决了余热锅炉所存在的许多重大技术问题和难题后，每吨熟料余热发电量可以实现大于 170kW·h，运行成本为 0.08～0.12 元/（kW·h），这标志着我国中空窑余热发电技术达到了一个崭新的水平，也为原有中空余热发电窑的技术改造打下了良好的基础。

90 年代初，预分解窑带补燃锅炉余热发电技术开始在我国应用。带补燃锅炉的余热发电系统其实就是一座火电厂。当水泥生产企业要求发电能力大且使用煤矸石、垃圾等劣质燃料时，可采用带补燃锅炉的余热发电热力循环系统。带补燃锅炉的余热发电系统利用低温废气通过锅炉生产高压饱和蒸汽及高温高压热水，蒸汽通入补燃锅炉汽包、而高温热水作为补燃锅炉给水。此系统符合通过理论分析所确定的余热发电热力循环系统的原则，其 180～350℃的低温废气余热利用方式与纯中低温余热发电热力循环系统相同。由于该系统带有补燃锅炉，其发电装机容量是变化的，确定发电装机容量可以有两种方式：一种是经济型，即发电装机容量按水泥厂全厂总用电功率的 80%～90% 确定，由于发电能力大，按此方式确定的装机容量对于水泥生产厂来讲，电站生产运行的经济性即水泥生产厂的获利是好的，但节能效果则不是很好；第二种是节能型方式，即发电装机容量按技术上可能实现的最小补燃量来确定，按此方式确定的装机容量其节能效果是好的，但对水泥厂来讲由于发电能力受到限制，电站生产运行的经济性较差。由于带补燃锅炉的余热发电运行操作比火电厂复杂、不易控制，而且设备庞大、投资费用高，推广受到了一定的限制。虽然利用了水泥熟料生产余热，节约了能源，但是增设补燃锅炉而多发出的电能部分，与大容量的高温高压蒸汽发电相比，其单位电能煤耗要高 40% 以上，从经济上来说是不合理的。

1996 年 5 月，山东鲁南水泥厂承担的国家"八五"重点科技攻关项目——鲁南水泥厂中低温余热电厂整体启动，一次成功，运行正常。该电厂设计年发电8400×10⁴kW·h，可满足该厂用电量的 43%，每年可创经济效益 1000 多万元。该电厂是我国建材工业第一个余热利用成功的科技攻关项目。根据《带补燃锅炉的水泥窑低温余热发电技术》的研究、开发、推广经验，结合日本 KHI 公司

1995 年为中国一条 4000t/d 水泥窑提供的 6480kW 纯低温余热电站的建设，国内分别于 1997 年、2001 年在一条 2000t/d 水泥线、一条 1500t/d 水泥线上利用中国国产的设备和技术建设投产了装机容量各为 3000kW、2500kW 的纯低温余热电站；2001～2005 年，我国水泥行业利用国产的设备和技术在数十条 1200t/d 级、2500t/d 级、5000t/d 级新型干法窑上配套建设了装机容量分别为 2.0MW、3.0MW、6.0MW 的纯低温余热电站，形成了中国第一代水泥窑纯低温余热发电技术，综合技术指标可以达到每吨熟料的余热发电量为 28～33kW·h。通过对上述数十条纯低温余热电站建设、运行经验的总结，自 2003 年起，中国研究、开发出了第二代水泥窑纯低温余热发电技术。至 2007 年 2 月，利用第二代水泥窑纯低温余热发电技术在中国国内的 1 条 1500t/d、1 条 1800t/d 及 1 条 2000t/d、1 条 3200t/d、4 条 2500t/d、6 条 5000t/d 共 14 条新型干法水泥生产线上设计、建设、投产了 11 台纯低温余热电站，其装机容量分别为 1 台 3MW、1 台 3.3MW、2 台 7.5MW、3 台 4.5MW、2 台 9MW、2 台 18MW，其每吨熟料余热发电量均为 38～42kW·h。

  B 可燃废料二次能源的回收

  目前水泥行业可以回收利用的可燃废料和含可燃质的原料统称二次燃料。根据英国与美国近年来水泥行业利用可燃废料的经验表明，在相同单位热耗的情况下，每生产 1t 熟料燃烧所产生的温室气体二氧化碳的量，一般只有烧煤时的一半左右。可燃废原料包括油页岩、灰质页岩和各种含碳的炉渣炉灰等，它们主要用作水泥的黏土质原料或校正原料，其热值较低。目前采用的成熟方法是先在循环流化床将其中的可燃质从原料中分离出来，制成气体燃料送到分解炉内燃烧，黏土质原料则进入预热器或分解炉，与其他原料一起烧成熟料。可燃废料二次能源回收主要有三种方式：

  （1）在分解炉内燃烧；

  （2）在循环流化床中制成气体燃料再送往分解炉；

  （3）在窑头燃烧。

  国际水泥工业利用可燃废料回收能源，已取得了初步的成功。水泥窑可将废料中大部分重金属固定于熟料中，避免再次污染扩散。长期的研究表明，回收利用二次燃料的水泥厂，其周围环境可达到零污染水平，所生产的水泥及制品对环境无负面影响。目前，欧美水泥工业对二次燃料的回收利用正日益受到重视并日益被推广。美国、加拿大对二次燃料的利用占其各自水泥生产总热耗约为 5%，英、德、法诸国为 6%～8%，瑞典、挪威约 12%，瑞士则高达 20%。瑞士霍德巴克水泥公司的瑞肯厂是一家利用二次燃料替代部分煤的水泥厂，是世界上第一家获 ISO14001 认证的水泥厂。

  几乎所有可燃废料都可以用作水泥窑的替代燃料，其种类繁多，数量及适用情况各异。目前，国际水泥工业循环利用可燃废料最多的是废旧轮胎。水泥工业将其用作替代燃料的约占其总量的16%。废轮胎的热值较高，一般为31350kJ/kg，其中硫含量为0.9% ~ 1.5%，锌含量为1.2% ~ 1.6%。它们通常不会影响熟料的质量和废气排放指标，其中的橡胶、炭、纤维都将在窑内烧成灰分；钢丝则作为铁质成分与灰分一起熔合于熟料矿物中。现在世界各国大致有近80家水泥厂利用废轮胎为替代燃料，多数是在窑尾上升烟道中烧整个轮胎的，少数是将废轮胎切成小块或短条状，送入分解炉或窑头燃烧的。

可利用的废油主要是使用过的各种润滑油、矿物油、液压油、机油、洗涤用柴油或汽油、各种含油残渣等，主要来自机械工业、运输业及各类工厂，其易燃或有腐蚀性，属危险性废料。废油大都是低挥发性，呈液态或泥浆状，其中含有少量细小泥渣，大都可用油泵和罐车进行储运，便于喷入分解炉或窑头燃烧。对废油的一般要求是热值大于12540kJ/kg。

可利用的木炭渣、化纤、棉织物、医疗废物等主要来自化工、医药和纺织等部门，其数量在全部可燃废料中的比例并不大，但可能含各种病菌较多，往往都须做焚烧处理。一般送入水泥窑之前都由废料回收公司进行预处理，如消毒杀菌、封装打包等等。

纸板、塑料、木屑、稻壳、玉米秆等这些废料热值较低、容重较小、体积较大，须采用专门的称量喂料装置将其送入水泥窑内燃烧。废油漆、涂料、石蜡、树脂等是一些易燃的废料，主要来自涂料、颜料等工业，呈液态、浆状或固体，经过适当处理后可以送入窑头或分解炉内燃烧。石油渣、煤矸石、油页岩、城市下水污泥等这些废料的共同特点是，它们所含的可燃质烧尽后，其灰分的成分与黏土相近似，因而还可以用作水泥原料。它们的热值相差较悬殊，如石油渣可达25080kJ/kg，其碳含量很高，挥发物却很低（6% ~ 8%以下）；煤矸石和油页岩的热值一般介于10450 ~ 12540kJ/kg之间，如果将它们混于生料中一并喂入窑系统，其中的可燃质可能会在一级预热器中开始燃烧，引起预热器的堵塞。城市下水污泥含水率一般高达90%，经机械脱水后，使水分降到60%，再经低温烘干，使其中的沼气逸出用于发电，烘干后的污泥可由窑尾喂入作黏土质原料。

城市垃圾中的废家具、家电、旧衣物、废纸、塑料制品等属可燃废料，经加工后可用作水泥厂的替代燃料。

3.3.1.4　化工行业的温室气体减排措施

A　二氧化碳回收精制技术

在化工领域，CO_2 除了是一种排放污染物以外，也是一种相当宝贵的资源。虽然目前全球 CO_2 利用量不到1亿吨，但变废为宝的 CO_2 利用新途径正在受到人们越来越多的关注。目前，全球回收的 CO_2 约40%用于生产化学品，35%用于油田三次采油，10%用于制冷，5%用于碳酸饮料，其他应用占10%。

大连理工大学开发的"吸附精馏法回收精制二氧化碳工业化技术"用于将化工企业生产过程中排放的二氧化碳气回收提纯,目前已在国内多家企业成功应用。该工艺的关键技术已经达到国际先进水平,其中,开发的烯烃吸附剂和工艺优化技术为国际首创。

吸附精馏法回收精制二氧化碳新技术,是指研制特殊配方的固体复合吸附剂,有针对性地把工业废气二氧化碳中硫化物、氮氧化物、含氧有机物、各类轻烃、苯系物、碳化物和水分等重组分杂质分步吸附去除,然后再利用热泵精馏技术,把氢气、甲烷、氮气、氧气等轻组分杂质分离除尽,使二氧化碳纯度达到99.996%以上,作为产品使用。该技术与其他方法相比,具有工艺流程简单、投资少、操作方便、条件缓和、生产成本低等优点。采用这种方法得到的液体二氧化碳产品纯度不但达到国家食品级二氧化碳标准,而且超过了美国可口可乐和英国 BOC 公司的企业标准。

据了解,该工艺采用了多项创新技术,针对二氧化碳中的不同杂质,开发出不同配方的吸附剂,分别用于脱除二氧化碳混合气中的各种重组分。该吸附剂具有吸附量大、选择性强、产品纯度高等优势。该技术工业应用方便,可以在一套吸附床中装填几种不同的吸附剂以吸附几种不同的杂质,并直接使用精馏塔顶排出的轻组分气体作为吸附剂再生气,避免了使用高温蒸汽或高纯氮气等外加气体的麻烦,大幅度降低了生产成本。

据专家介绍,该技术可广泛应用于回收化肥厂、炼油厂、乙二醇、矿石分解窑等多种生产过程中排放的二氧化碳,产品被广泛应用在化学合成工业、生物制药、超临界萃取、可降解泡沫塑料、机械保护焊接、啤酒饮料灌装、石油开采、消防灭火等领域。目前,该技术已在辽阳金兴化工厂、海城镁砂公司、锦州石化公司、天津吉华化工公司等企业广泛应用,截至 2005 年底已经累计创造产值11977 万元。

B 新型节能设备

热管换热器中应用最多的是热管空气预热器。采用热管换热器预热锅炉给水或生活用水的热管省煤器也已经比较普遍,此外,用热管元件做成废热锅炉回收工业排气余热也很常见。表 3-4 列出了部分热管空气预热器的性能。

表 3-4 热管空气预热器性能

安装地点	热管尺寸/mm	热管数	回收热量/kW	单管功率/kW	热负荷/kW·m⁻²
我国兰州炼油厂	$\phi 25 \times 1500$	220	320	1.46	32
我国抚顺石油二厂	$\phi 25 \times 2000$	140	200	1.44	18
日 本	$\phi 25 \times 1000$	196	220	1.115	45
美 国	$\phi 51 \times 4570$	144	940	6.52	28

热管省煤器的结构如图 3-6 所示，将直径 51mm、长 1m 的热管倾斜 30°插入给水联箱壁上，装入垂直的方形烟道中。锅炉给水串联经过几个联箱后进入锅炉。烟气由烟道下部进入，与热管蒸发段换热，冷却后由上部经烟囱排出。热管受热后，管内工质蒸发进入联箱中的冷凝段，冷凝放热加热管外的锅炉给水，受冷凝结后再返回蒸发段。由 300 根热管组成的上述装置可以回收热量约 230kW，投运后约 60 天即可收回成本。

热泵也是一种能使热量从低温物体转移到高温物体的能量利用装置。适当应用热泵，可以把那些不能直接利用的低温热能变为有用的热能，从而提高能量利用率，节省

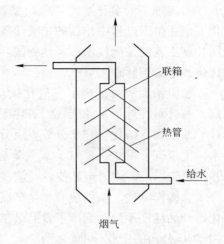

图 3-6　热管省煤器结构图

燃料。吸收式热泵以消耗热能为补偿，实现从低温热源向高温热源的泵热过程，它包括冷凝器、节流阀和蒸发器。高压制冷剂蒸汽在冷凝器中冷凝，放出热量，经过节流阀变为低温低压的液体，然后在蒸发器中蒸发，吸取低温热源的热量。吸收式热泵系统如图 3-7 所示。

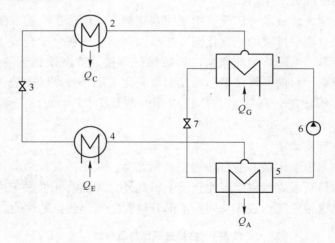

图 3-7　吸收式热泵闭式系统

1—发生器；2—冷凝器；3—节流阀；4—蒸发器；5—吸收器；6—溶液泵；7—溶液回路节流阀

一个实际的吸收式热泵，不仅含有发生器、吸收器、冷凝器、蒸发器、溶液泵和节流阀等基本设备和构件，而且还可能有精馏器、回流冷凝器、过冷器和换热器等设备。

3.3.2　燃烧技术与节能

3.3.2.1　燃料

燃料是指在燃烧过程中能提供大量热量以满足工业生产和人民生活需要的物质，它是汽车、火车、锅炉、高炉、工业仪器的能源物质，一般可分为固体燃料、液体燃料和气体燃料三类。燃料的性质和成分直接关系到使用设备的构造、效率和运行方式。为更好使用这些能量的载体，达到有效利用目的，需很好了解其物理和化学特性。

A　固体燃料

通常把各种煤、木柴、可燃页岩、焦炭、木炭、稻糠、甘蔗渣、煤矸石等称为固体燃料，工业用固体燃料以煤为主。分析固体燃料常用工业分析和元素分析两种方法，工业分析要求确定燃料中所含水分 W、灰分 A、挥发分 V 和固定碳等成分在燃料中所占的比重；元素分析要解决固体燃料中的碳 C、氢 H、氧 O、硫 S 等元素及水分 W 和灰分 A 在燃料中所占重量的百分值。这些元素中 S 指可燃烧的有机硫和黄铁矿硫，不包括硫酸盐硫，因为后者不能燃烧，作为杂质而计入灰分 A 中；碳是固体燃料中的主要燃烧物，一般占燃料成分的 15% ~ 90%，它决定着固体燃料发热量，但纯碳不易着火燃烧，必须在高温条件下才能燃烧，因此含碳量多的燃料，虽然含热值高但着火燃烧较困难；氢是燃料中发热量最高的元素，是燃料中仅次于碳的主要燃烧物，它易着火，燃烧速度快并形成较长的火焰，但固体燃料中氢的含量不多，一般为 3% ~ 6%，很少超过 10% 者，且随炭化程度的加深而逐渐减少；硫在燃料中常以三种形式存在，有机硫、黄铁矿硫和硫酸盐硫，硫是一种有害元素，烟气中的 SO_2 及少量 SO_3 会使烟气中的水蒸气露点大大升高，SO_2 和 SO_3 在 1110℃ 以下与水蒸气作用形成亚硫酸及硫酸，对换热器及锅炉的低温受热金属表面有腐蚀作用，烟气中的硫化物还要污染环境，损害人体健康及影响农作物生长。我国动力用煤的含硫量大部分小于 1.5%，但有些无烟煤和劣质煤的含硫量在 3% ~ 5% 之间，个别者可高达 10% 左右。对于含硫量高过 2% 的燃料，使用时应予以足够重视。

B　液体燃料

液体燃料可分为天然存在的和经转化而成的两类。天然液体燃料即石油，从油井开采出来的石油是黑褐色黏稠液体，称为原油。原油的组成成分很复杂，主要是各种烃类的混合物，我国原油以烷烃为主。经人工转化而成的液态燃料中，主要是根据各种烃的沸点不同，把原油经加热分馏成汽油、柴油、重油等多种产品。此外还有煤焦化和气化得到的焦油以及木材干馏得到的酒精等。

工业生产中常用的液体燃料为重油，重油的发热值一般在 40000 ~ 41250kJ/kg，其主要成分为不同族的液体碳氢化合物和溶在其中的固体碳氢化合物组成

（包括烷烃、环烷烃、芳香烃等），此外还有少量的硫化物、氧化物、氮化物以及水和机械杂质等。重油的着火温度为 $360\sim400℃$ ，重油的黏度用恩氏黏度计表示，是将 200mm 温度为 $t℃$ 的试样油从恩氏黏度计小孔流出的时间和同体积的 $20℃$ 的蒸馏水流出时间之比，称为该油在 $t℃$ 时的恩氏黏度。油温在 $50℃$ 以下时，湿度对黏度的影响很大，油温超过 $100℃$ 时则影响很小。随着油温升高，油蒸气浓度增加，此时明火接近油面时，则发生一闪即灭瞬间闪光，这时的油温称为闪点。为防止发生火灾，在开口容器加热油时，油温应比闪点至少低 $10℃$ 。

C　气体燃料

气体燃料有天然煤气、经过加工转化的焦炉煤气、高炉煤气、发生炉煤气等。气体燃料是由各种简单的气体组成的混合物，其中大部分是可燃气体如 CO 、 C_2H_4 、 H_2 和其他碳氢化合物，此外还有 N_2 、 CO_2 、 O_2 、 H_2O 、 H_2S 等不可燃的气体。

3.3.2.2　燃烧过程和燃烧方式

A　煤燃烧过程

煤首先被加热干燥，使水分汽化逸出。含水越多，吸收汽化热越多，干燥的时间越长。煤质干燥后继续析出可燃性气体（挥发分），剩余的煤形成焦渣。挥发分着火燃烧，同时加热焦渣，烟煤等挥发分多的煤容易着火。挥发分燃烧的后期，焦渣着火并炽烈燃烧。煤燃烧所需时间主要取决于焦渣燃烧时间长短。焦渣燃尽后形成灰渣。

B　煤的燃烧方式

工业锅炉对煤的燃烧一般有火床燃烧、火室燃烧（煤粉燃烧）和流化床燃烧（沸腾燃烧）等方式，火床和火室燃烧是使用在固定炉排或机械化链条炉排锅炉，而后者适用于石煤和矸石等劣质煤的燃烧。

C　油的燃烧

油发热量比煤高很多，易于着火，容易充分燃烧，且装置简单，不需要除尘，燃烧效率高，便于自动控制，受到普遍欢迎。但油又是多种化工原料，地下贮量又少，我国的能源方针是尽量以煤代油。

为迅速燃烧，工业上采用将油雾化成极微小的油滴（平均直径不超过 0.15mm），在燃烧室中点火燃烧。雾化工作有机械雾化、蒸气雾化、低压空气雾化和转杯雾化等多种方式。雾化后的油滴与空气充分混合是完全燃烧必要条件，如果油滴太大或配风不合适，油风混合不好，油滴不能充分燃烧，将产生炭黑，形成浓重的黑烟，既降低热效率又污染环境，造成能源的浪费。

D　气体燃料的燃烧

气体燃料的燃烧有预混燃烧和扩散燃烧两种方式。前者适用于发热值低的高炉煤气等含有大量惰性气体的燃料，先将燃料和空气预先混合均匀，在燃烧器的前室中点燃，混合气流一边燃烧一边进入炉膛，称作预混燃烧。对于高发热值气体燃料，可将燃料和空气分别送入炉内，依靠扩散作用使二者充分混合后燃烧，构成扩散燃烧。良好配风以使可燃气体与空气良好，混合仍是充分燃烧的关键。

3.3.2.3 燃烧的经济性与节能措施

A 劣质燃料的有效利用

劣质煤是指发热值较低而灰分又多的煤种，其热值只有好煤的10%~40%。煤矸石发热值约为6276kJ/kg，石煤发热值比煤矸石还低，一般发热值为4180~6276kJ/kg。从热能角度考虑利用价值不高，但能适材适所综合利用，经沸腾炉燃烧后可作为造砖、铺路、作水泥、作土壤改良剂、肥料等使用，或直接提取有用的矿物质，如五氧化二矾等，则会给社会创造大量财富，使能源得到充分利用。国内、外在劣质燃料的综合有效利用方面有很多成熟经验值得参考，限于篇幅不作阐述。

B 富氧空气燃烧

燃烧过程离不开氧气，氧气的供给情况决定了燃烧过程完成得是否充分。海拔不高的地球表面，空气的成分是变化不大的，一般认为氧气占21%，氮气占79%。因此，在燃烧过程中，不仅氧，同时有更大量的氮等气体也参与了燃烧。为此，有近80%的各类气体在燃烧过程中温度升高后被排放掉，带走了热量，造成能源的无谓消耗。

在燃烧过程中，在高温条件下生成如氮氧化物、CO、CO_2等有害物质，污染环境。工业锅炉每烧1t煤就可产生9kg氮氧化物，燃烧每升汽油可生成21.1g氮氧化物。而氮氧化物已被证明对人的黏膜、神经和造血系统有损害。

可见，由于空气中氧的含量偏低，对节约能源和环境保护都带来一系列严重问题，人们需求廉价的含氧高的空气。当前借助于"富氧膜"已可得到含氧量30%~90%的富氧空气。

富氧膜是一种高分子材料制成的外径很小的薄膜，其主要特点是：各种不同气体透过速度不同，而氧透过此膜的速度要比氮快2~5倍，这样就可在单位时间内膜内得到更多的氧，而氮的含量就减少了。

富氧膜的研制和使用，受到世界很多国家的重视。美国通用公司研究出一种富氧膜，用43%的聚碳酸酯，57%的聚有机硅氧烷制成嵌段共聚物膜P-11，经过一级分离可得到含氧20%~40%的富氧空气。美国另一研究小组研制出用液体膜可得到90%的富氧气体。

富氧空气的产生，对环保、节能和医疗都具有重要意义。例如在普通空气中燃烧1kg重油需14m^3空气，如果使用含氧气30%的富氧空气则只需要9.78m^3，所产生的氮也减少40%左右，这大大提高锅炉效率并减轻了污染。为此，日本政府已决定在各种工业锅炉、取暖锅炉和船舶动力装置中广泛使用富氧空气。

富氧空气燃烧的节能效果与氧在空气中的浓度以及排烟温度有关（图 3-8）。
氧浓度在 60% 以下时，节能效果随氧浓度增加迅速增长，超此限时变化缓慢；
排气温度高时意味原来能量利用不佳，节能潜力较大，故利用富氧燃烧时节能效
果显著。如果利用余热回收装置使排烟温度降低后，再采用富氧燃烧，其节能效
果也将减弱。

　　富氧燃烧对环境保护意义重大，但是否受企业欢迎，主要由技术经济指标决
定。如果富氧空气的成本低于所节约能源的价格，则易于推广；否则，意义不大。
图 3-9 给出氧含量 30% 的富氧空气单价与燃料价格比值和经济效益关系曲线。

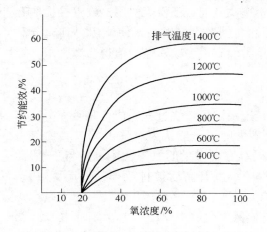

图 3-8　不同温度下富氧浓度与
　　　　节能效果关系

图 3-9　富氧空气与燃料价格比值和
　　　　经济效益关系

　　由图 3-9 可见，价格比越低效益越好。在排烟温度为 400℃，价格比为 2 时，
毫无经济效益，相当于直接使用空气，而其降低污染的社会效益仍存在；如果排
烟温度为 800℃，同样价格比，则可节约燃料费用 7% 左右。

　　随着科学技术不断进步，制取富氧空气的成本将不断下降，富氧燃烧技术将
会在节能工作和环保工作中起到重要作用。

　　C　水煤浆代油料燃烧

　　北京某造纸厂试验成功以水煤浆代替中温沥青油作锅炉燃料，每年节约燃料
费用百余万元。水煤浆由 70% 优质煤粉、30% 水和适量添加剂混合而成。1.8t
水煤浆可取代 1t 沥青油，成本可降低 50 元左右。且便于运输、减少对环境污染、
占用场地少且实现了以煤代油的政策要求。

　　D　磁化节能技术

　　磁化节能技术在国内、外已有很多成功经验和定型产品问世，对推进节能工
作起到显著作用。磁化节能装置安装简单，不需要操作和经常维护，对原生产工

艺流程和设备不需更换，也不消耗额外能源，也无须投放任何化学药品，对环境无污染，且投资少见效快收益高。磁化装置可以除垢防垢，提高锅炉效率，节约能源并延长设备使用寿命。国产 QCH 超强磁力磁化器在各种锅炉、水套炉、冷却器等处使用后除垢防垢效果显著。

各种磁化消烟节油器在油炉、内燃机车、各种柴油机和汽车上使用皆起到消除黑烟、降低油耗作用。据国内某企业在 165 台汽油车和数台柴油车上安装了感化消烟节油器，经过一年多时间的运行，汽油车百公里油耗量下降 4.2%，柴油车百公里油耗量下降 9.9%，且排出的 CO 和烟尘量显著降低，黑烟消失。

燃油磁化后，使燃油分子的聚集度降低，造成了燃油流体粒子的细化，因而雾化程度好，火焰温度高，燃烧完全。对汽油、煤油、重油等不同燃油来说，磁化效果对重油、柴油等高馏分的燃油更明显，也就是说，分子量越大的燃油磁化率越高，节能效果也更显著。

根据实验结果，发现消烟节能效果与设备的新旧程度有关，旧的比新的效果好，带负荷比空载效果好，重负荷比轻负荷效果好。磁化节能技术具有高功效、低造价的明显优势，很快就得到推广使用。在节能工作中发挥了巨大威力。

E 燃料添加剂节能

燃料添加剂种类很多，如炉渣改良剂、腐蚀抑制剂和烟雾抑制剂、防尘剂和节油添加剂等。常见的燃料添加剂有汽油节能添加剂，由雾化剂、助燃剂、催化剂、活性剂、抗氧剂和稳定剂等多种原料构成，可完全溶于汽油。此添加剂无副作用，不增加汽油毒性，并具有抗蚀、抗氧化、防积炭、延长发动机寿命、提高动力性能等优点。

3.3.3 锅炉节能

锅炉是能源转换设备，它将煤、油、气等一次能源转换成蒸汽、热水等载热体的二次能源。当载热体被用于向机械能转换时（加蒸汽机、透平机等），它被称作"工质"，如载热体只用于采暖或供热，则称为"热媒"。

我国工业锅炉消耗的煤炭占据 1/3 之多，很多工业锅炉的热效率低于国家标准的要求，仅此一项每年多消耗能源 2000 多万吨标煤并每年排尘量达 1000 万吨，占全国总排尘量一半以上。可见，抓好工业锅炉节能，对国民经济和环境保护有重要意义。

我国锅炉以中小型居多，蒸发量在 2t/h 以上只占 40%，蒸发量不足 1t/h 者占 30%，平均蒸发量为 2t/h 稍多一点，而平均效率（指设计效率或鉴定效率）只有 60% 左右，平均运行效率当然更低于此数。

我国锅炉运行机械化程度低，过去只有蒸发量在 2t/h 以上者采用机械化燃烧方式。近年虽然规定 1t/h 锅炉就可采用机械化方式，但现在还有部分锅炉是人工投煤，这对锅炉经济运行、保护环境、改善工作条件，都是不利的。

我国当前还有相当一部分锅炉（主要是小型的）未采取有效的除尘措施，或所采用者实效不佳，使工业锅炉排放的烟尘和有害气体成为我国目前的主要大气污染源。造成工业锅炉现状的原因是多方面的，并非单纯由于锅炉本身不足，原因如下所述：

（1）大批劣质锅炉向乡镇企业转移。为节约能源，国家明令淘汰早期生产的低效率锅炉，而代之以新型高效率产品。近些年乡镇企业蓬勃兴起，限于货源又贪图便宜，造成低效率劣质锅炉大批向乡镇企业转移。乡镇企业往往技术能力薄弱，管理不善，维护检修力量不足，加剧了这些煤老虎造成的浪费。

（2）燃料质量差。由于我国大力推行以煤代油的政策，目前燃油、燃气工业锅炉为数不多，而早期设计烧煤的工业锅炉都是按一定煤种设计的，但大多数锅炉在运行时，无论煤质好坏都烧，由于燃用煤种与锅炉燃烧设备不相匹配，当然会降低锅炉的运行效率。

近年来，国内锅炉制造部门已能生产出多种适应各类中、低质燃料的新型锅炉，使锅炉产品的更新换代取得了很大成绩。但是早已经投入使用的工业锅炉，无法不断改炉以适应变化不停的煤种，理应采用"以煤种适应炉种"的方针，向工业锅炉供应品种合格的燃料。

各种燃烧设备对于煤质要求严格，特别是火床燃烧，对煤的灰分、水分、粒度、灰熔点、黏结性等都有一定要求。工业发达国家对锅炉用煤的煤质有比较严格的规定，并且工业锅炉用煤的煤质要求高于电站锅炉用煤。而我国却反其道而行之，把质量较次的煤供应工业锅炉，这就难怪其效率不高了。

（3）用热负荷效率低。锅炉只是能源转换设备，它通过输热管网向用热负荷供热。负荷用热多，或管网保温不良都增加锅炉用煤量。表面上锅炉多用了煤，实质是负荷多消耗了热。当前很多用热设备效率比锅炉低得多，缺乏余热回收综合利用、梯级利用装置，使锅炉不能充分利用，运行效率降低。

（4）运行工况不佳。由于操作人员素质不高或检测手段欠完备等原因，使锅炉不能完全按设计要求条件运行，也导致运行效率远低于设计效率。

（5）使用管理不善。对用户而言，使用管理（包括维护检修）是影响锅炉效率的主要因素。当供热负荷，设备系统，燃料品种等条件已确定的情况下，如何依靠科学管理来使锅炉处于最佳运行状态，尽量使平均运行效率接近设计效率、鉴定效率，是用户首要任务。而大多数用户在此方面不无差距。

3.3.3.1 燃煤锅炉经济运行

锅炉经济运行目的是要降低煤耗、节约能源并使锅炉综合运行费用尽量降低。影响锅炉经济运行的因素是多方面的，既有技术问题也有管理问题。我国目前工业锅炉平均运行效率比发达国家一般低10%，节能的潜力巨大。

A 推行集中供热，发展热电联产

由于历史的原因，我国运行的锅炉以小容量者居多。而同型锅炉中，容量小者热效率往往偏低。应尽可能将有条件地区改为集中用大锅炉供热，则既能大量节约燃料又易于实现机械化和自动化运行；同时工作人员减少，能大幅度降低运行管理费用；此外，锅炉房集中，房屋利用率最高；烟囱加高有利于减轻对环境污染（大型锅炉更便于加装除尘设备）。

如果锅炉常年稳定供热，最好考虑热电联产。联产后，既可保持正常供热，又使热源得到充分利用。利用供热锅炉采用热电结合的方式发展电力生产，具有上马快、投资少、效率高等优点。一般 6000kW 以下小型自备热电站在 1～2 年就可建成。由于发电、供热共用一套锅炉房，在计算发电的净投资时，可只计算汽轮发电机机组和电器控制设备，以及发电锅炉比供热锅炉增加的投资。因此，发电装置每千瓦的投资大为降低。扣除正常供热费用，计算发电能耗和成本时，也较单纯发电的大型发电机能耗和成本低得多。可见，热电联产对锅炉经济运行具有重要意义。

B 充分燃烧，提高效率

要想提高工业锅炉的热能利用率，主要是提高锅炉的热效率。燃料在炉内的燃烧工况，对锅炉热效率的影响极大，如果燃烧不充分，会使气体不完全燃烧热损失和固体未完全燃烧热损失同时加大，使锅炉热效率降低。

要使燃料充分燃烧，必须同时满足下述三个必要条件：

（1）足够的空气，并能同燃料充分接触；

（2）炉膛有足够的高温使燃料着火；

（3）燃料在炉内停留时间能使燃料完全燃尽。

基于上述条件，应采取以下措施以促进燃烧，提高效率。

（1）合理送风，随时调节。根据不同锅炉类型和燃烧过程的特点，合理的送风量对于促进燃料充分燃烧是很重要的。如在链条炉中，燃料在炉排上随之不停地向前运动，依次发生着火、燃烧、燃尽各阶段。各个阶段在炉排上分区进行，所以沿炉排长度方向所需的空气量也各不相同，在靠近煤斗炉排头部的预热区和接近灰坑的燃尽阶段，空气需要量小。在炉排中部的燃烧阶段，空气需要量大。根据这一特点，必须采用分段送风以满足燃烧的需要。目前国内生产的工业锅炉虽然都考虑这一特性，采用了分段风室，并装有调节风门，但很多单位在实际运行中没有按照燃烧特性进行风量调节，从而使燃烧所需风虽未得到很好配合，以致使未完全燃烧热损失增加，热效率下降。理应根据燃烧需要空气量及时进行调节，以期充分燃烧。

（2）采用二次通风，强化燃烧。二次通风可使炉膛空间中可燃物（挥发分和被下部风室吹起的燃料）与空气较好地混合，同时也增加了在炉腔内的停留时间，使其有较充分的时间燃烧，使得不完全燃烧热损失降低。另外由于二次通风造成的气流旋涡的分离作用，使煤粉和灰粒被甩回炉内，减少了飞灰退出量，使烟气含尘浓度降低，减轻对环境的污染。

一般二次风量占总风量的 5% ~ 12%，要求风速为 40 ~ 70m/s，以保证有足够的穿透烟气的能力和深度。据统计，工业锅炉正确使用二次风可将锅炉热效率提高 3% ~ 5%。容量越大的锅炉，使用二次风后节能效果越明显。2t/h 以上的机械化锅炉可用连续的二次风，通常以前后墙布置效果为佳。

（3）优化控制过量空气系数。过量空气系数 α 对锅炉燃烧和热效率影响很大。α 过低，使不完全燃烧热损失增大；α 过高，使烟气量和排烟热损失加大，并使炉膛温度降低，燃烧条件恶化，从而使不完全燃烧热损失加大。过量空气系数 α 有一最佳值可使上述各损失最小，通过试验可以测得。

目前在工业锅炉实际运行中，大都存在 α 过大现象，这是由于操作人员缺乏燃烧知识，经常使锅炉送、引风门处于全开状态，加大炉膛漏风及缺少检测 α 手段等原因造成的。

过量空气系数的测试，可将奥氏烟气分析器装于炉膛别口处进行取样分析，以测定 α 值；也可装设氧化锆氧量计，连续自动地检测烟气中二氧化碳或氧含量，以便及时对送风量作必要的调节。

（4）实现自动控制改善燃烧条件。锅炉运行期中，为适应负荷变化，常需对运行参数作必要的调整。如在链条锅炉中常需改变煤层厚度、分段送风量、二次风量、炉排速度等运行条件。锅炉燃烧的优劣与运行操作人员技术水平有很大关系。为避免由于操作不当对热效率的影响，以能根据负荷变化进行实时准确调整最为理想。只有采用自动控制方式，方能实现这一目的。

燃烧自动控制一般以蒸汽压力为调整参数，根据蒸汽压力的高低来调节炉排速度及送风和引风量。实现燃烧自动控制能根据负荷变化及时进行必要的工况调整，从而使锅炉时时保持良好运行条件，并保持有较佳的热效率。

C 加强运行管理

锅炉的运行管理完善与否，对它的热效率影响很大。

（1）燃料供应要满足要求。目前，我国普遍存在锅炉用煤与设计煤种差别较大现象，直接影响锅炉效率。以链条炉而论，当粒度 6mm 以下的细煤超过 20% 时，鼓风穿不透煤层，燃烧不完全，造成燃烧工况恶化；当粒度超过 40mm 时，燃料在炉内又烧不透，造成固体不完全燃烧，热损失加大。由燃料供应部门统一供应粒度 6 ~ 15mm 的动力配煤是对锅炉经济运行的必要条件。此外，煤的含水量过大，不但能降低炉膛温度，减少有效热的利用，而且还会造成排烟热损失的增加。据有关资料分析，燃料含水量每增加 1%，热效率便要降低 0.1%，当含水量增大到 30% 时，锅炉热效率下降 3%。

（2）控制给水水质，防止锅炉结垢。一般自来水中含有大量的溶解气体和硬度盐类，如果锅炉给水未加软化处理或处理不善，会使锅炉受热面的金属内壁造成腐蚀和结垢现象。结垢使热阻增大，影响传热，降低锅炉热效率，增加煤耗。

水垢的导热系数约为钢板导热系数的 $1/30 \sim 1/50$。经测定，锅炉受热面上结 1mm 厚水垢，锅炉燃料消耗要增加 $2\% \sim 3\%$。可见，由于锅炉结垢给国家能源造成的浪费是惊人的。过厚的水垢将使与火焰接触的锅炉钢板温度升高，降低设计应力，容易造成锅炉爆炸事故；再则水垢使工质（或热媒）流动截面减小，易造成水循环故障。水垢也促使排污热损失增加。

综上所述，普及锅炉给水处理，推广先进的给水处理技术，对锅炉给水要进行严格的化验，是保证锅炉经济和安全运行必不可少的必要工序。

当前，蒸汽锅炉大多采用钠离子软水设备，这种水处理方式，只能防垢，不能防蚀，投资又大，管理又繁。对于压力小于 150Pa 的锅炉可采用复方硅酸盐被膜水处理剂，或其第二代产品"含磷复方硅酸盐被膜水处理剂"进行水处理。

（3）清除积灰，提高锅炉效率。锅炉受热面的积灰会影响传热。灰垢的导热系数约为水垢导热系数的 $1/15$，是钢板导热系数的 $1/750 \sim 1/450$，可见积灰的热阻是很大的。据估算，锅炉受热面上积灰厚为 1mm 时，热效率就要降低 $4\% \sim 5\%$。可见，及时而高效地清除锅炉受热面上的积灰，对提高锅炉效率、节约能源大有好处。当前工业锅炉清除积灰的方法，有使用蒸汽吹灰器或空气吹灰器的机械法，还有使用清灰剂的化学法，其清灰效果比机械法好。

（4）防止锅炉超载，保持稳定运行。锅炉按额定工况运行时，其效率最高，运行最经济，超载或低负荷运行都是不经济的。超载时，燃煤量必然加大，所以煤层加厚（以链条炉、排销炉为例），炉排运转速度加快，这使得固体不完全燃烧热损失加大。由于燃煤量增大，使炉内以及排烟温度相应增大，这使排烟热损失随之增大。

锅炉负荷低于额定功率时，燃煤量减少，炉内温度降低，使燃烧工况变坏，不完全燃烧热损失加大。当锅炉负荷只有 50% 时，因炉内温度降低幅度过大，已难以维持锅炉稳定燃烧。可见，超负荷或低负荷运行，都不符合经济运行要求。据有关部门统计，2t/h 锅炉，超载 15% 运行时，其效率将下降 3% 左右。每年按 8000h 运行，每台锅炉全年将浪费 1120t 标煤。

（5）加强保温，防止漏风、泄水、冒汽。锅炉炉墙和热力管网的温度总是比环境温度要高，所以部分热量就要通过辐射和对流的方式散发到周围空气中去，造成锅炉的散热损失，同时也使炉膛温度降低，影响燃烧，使不完全燃烧热损失增大，从而使锅炉热效率降低。工业锅炉的散热损失约为 $1\% \sim 3.5\%$，应在此部分挖掘潜力，采用先进的保温材料，尽量减少散热损失。

锅炉房内热力管道及法兰、阀门填料处，漏水、冒汽现象普遍存在，使有效利用热量减少，软水补充量增加，降低了锅炉热效率。

中小型工业锅炉，特别是旧式锅炉的炉膛和尾部漏风现象很普遍。漏风既使烟气量增加，排烟热损失加大，又加重引风机负荷，电耗增加。炉膛漏风使炉膛温度降低，对燃烧不利。因此，对"跑、冒、滴、漏"现象必须尽快修复，以维持经济运行。

（6）提高入炉空气温度。设置空气预热器可以提高入炉空气温度，有利于缩短煤的干燥时间，促进挥发分尽快挥发燃烧，强化传热，并可提高炉膛温度，加强辐射传热，这对于劣质煤的燃烧尤为有利。通常入炉空气温度增加100℃，理论燃烧温度可增高30～40℃，可节约燃料3%～4%。

3.3.3.2　锅炉节能的新设备、新工艺

随着科学技术不断发展和节能工作的深入展开，越来越多的新设备、新工艺在工业锅炉节能工作中得到广泛运用。很好利用这些技术成果，将使锅炉节能工作收到显著效果。

A　换热器

换热器是可用于余热回收的装置，可在节能方面发挥巨大作用。按其结构可分为：管壳式换热器、板式换热器和热管换热器等；按其工作方式可分为气-气式换热器、气-液式换热器、液-液式换热器和液-气式换热器等。板式和热管换热器的功能更优于其他结构方式，特别是热管换热器虽然我国起步较晚，开始是由节能方面的应用着手研制，发展途径与国外有所不同，但是，由于很好地解决了长期以来国外认为"碳钢与水互不相容"的论点，采取措施，用价廉的碳钢代替昂贵不锈钢，使我国的热管技术得到迅速发展。近些年来，我国不仅在不相容机理的研究方面取得进展，而且在解决不相容的办法、应用的经验、氢气的产生位置以及解决办法方面均达到实用与可推广的程度，从而领先于世界。

热管技术的应用非常广泛，在热能输送、地热利用、热加工工艺、交通运输、低温工程、医药卫生、计量控制、核子反应和太阳能利用等方面，热管技术都大有用武之地。

目前多种工业炉窑的炉墙都采用热管冷却，既不生水垢，又可把温升提高到80～90℃，且节能效果显著。

当前热水锅炉受流量分布、自然循环和热膨胀疲劳等条件限制，向大容量发展还遇到功能价格比过高或效果不理想等问题。如果应用热管技术就可避免上述难点可大幅度降低造价。

热管技术的推广应用，将使今后很多热工设备的设计生产发生新的变革。例如火电厂的冷却塔或晾水池很可能被热管无塔方式代替；某些炉窑的冷却装置很

可能改用热管装置，从而使得体积和效率都有所改善。

B　蒸汽蓄热器

蒸汽蓄热器是与蒸汽锅炉配套的节能装置。在国外应用较早，近些年来我国开始研制并推广使用，已取得明显的节能效果。

某些企业的热负荷日波动较大，给锅炉的经济运行造成不利影响。弥补此不利因素使锅炉在最佳工况下运行，较好的办法就是采用蒸汽蓄热器。

蒸汽蓄热器是在锅炉用气负荷减少时，将多余蒸汽自动存入蓄热器中，使蒸汽在一定压力下变为高压饱和水。当蒸汽负荷增大，锅炉蒸发量供不应求时，降低了蓄热器的压力，高压饱和水即分离为蒸汽和低压饱和水，产生的蒸汽和锅炉蒸汽一并供负荷使用，起到调峰作用。

据资料介绍，在 10t/h 锻炉上配备蒸汽蓄热器，可供最大负荷为 15～20t/h 的不均衡负荷使用。由于设置了蓄热器，使锅炉能够经常处于最佳工况下运行，消除了负荷波动对锅炉燃烧和热效率的影响，可比设置前节能 5%～15%。此外，由于锅炉燃烧稳定，可使供汽质量提高，使用寿命延长，烟尘污染减少。

C　冷凝水回收装置

工业锅炉回收冷凝水，可以降低煤耗，减少软化水和水处理费。但是采用大气开放式凝结水回收法，将使半数左右的凝结水热量在大气中损失。同时为了供锅炉给水还要用其他冷却水降温，这又产生排放冷却水的热损失。

为了减少热量损失，有必要采用密闭系统来尽量回收接近工作蒸汽压力下的饱和水温度的凝结水，这就有效地利用了蒸汽的热量，使锅炉燃料消耗量大幅度降低。此外，密闭系统还可降低疏水阀排放噪声，使锅炉水处理量大为减少，降低锅炉排污量；由于给水温度提高，还可提高锅炉蒸发量。

D　真空除氧器

锅炉给水中，溶解氧的存在对锅炉钢板有腐蚀作用，严重地影响锅炉使用寿命，因此，对锅炉给水应预先进行除氧处理。长期以来大中型锅炉普遍采用热力除氧器，它要求将除氧水加热到 104～105℃，方能有效地把水中的氧析出来，使锅炉消耗大量热能；同时也使这些锅炉后部配置的省煤器（即换热器）传热温差减少，降低其效率，使排烟热损失增加，从而降低了锅炉的热效率。

采用真空除氧器可以弥补这一缺点，它利用低温水在相应的真空状态下达到沸腾，从而使水中的溶解氧及其他有害气体随之析出。析出的程度与真空度有关，借助于真空泵使除氧器内的真空度维持 8kPa，水温 60℃ 时即可达到除氧目的，而能耗大为减少，因而提高了锅炉运行效率。根据使用部门统计，真空除氧器可比热力除氧器节能 50% 以上。

E 新型节能保温材料

近些年来某些单位研制的"新型轻质微珠保温材料"及其制品,以及"硅酸铝陶瓷纤维"及其制品等耐火保温材料,具有重量轻、耐高温、导热系数小、热容小、保温绝缘性好、耐酸、耐碱、化学性能稳定等优点。用于工业锅炉及窑炉,或管道保温,皆取得良好保温节能效果。

F 添加剂和磁化节能技术

各种助燃、防垢、防蚀等添加剂和磁化消烟节能、磁化防垢除垢等工艺措施,对工业锅炉都能起到一定节能作用,而且成本低、收效快、简单易行。

第4章 减缓甲烷排放的办法

大气中的甲烷是仅次于 CO_2 的重要温室气体，其温室效应贡献率达 26%。CH_4 主要来源于厌氧环境的生物过程，在缺氧环境中由产甲烷细菌或生物体腐败产生，为生物源；非生物过程产生 CH_4 的源称为非生物源，主要包括化石燃料的生产和使用过程的泄漏。大气中 CH_4 源按照是否为人类所直接参与而分为自然源和人为源，前者主要包括湿地、白蚁、海洋等释放，一般占总 CH_4 源的 30% ~ 50%；后者主要包括能源利用、垃圾填埋、反刍动物、稻田和生物体燃烧等释放，大约占总 CH_4 源的 50% ~70%。全球每年甲烷的排放量达到 $5.35 \times 10^8 t$，其中人为源甲烷排放量为 $3.75 \times 10^8 t$。据估计，到 2030 年甲烷的贡献将达到 50%，成为头号温室气体。图 4-1 展示了大气中甲烷的来源。

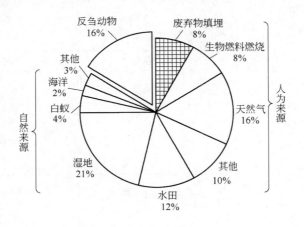

图 4-1　大气中甲烷来源

4.1　和温室气体有关的微生物

4.1.1　产甲烷的微生物

产甲烷菌是一种古细菌，属于水生古细菌门（*Euryarchaeota*）。产甲烷菌严格厌氧，属于自养型或混合营养型，生长缓慢，在人工培养条件下需经过十几天甚至几十天才能长出菌落。它们均不产生芽孢，细胞壁由假肽聚糖组成，而有些是由肽聚糖、假肽聚糖以外的蛋白质、糖蛋白或杂多糖组成，拥有特殊的辅酶

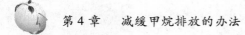

（如辅酶 M）和脂类。产甲烷菌革兰氏染色各不一致，因都产甲烷而明显地区别于其他微生物。

4.1.1.1 产甲烷细菌的形态与分类

迄今为止，已经分离鉴别出的产甲烷细菌有 70 种左右，根据它们的形态和代谢特征划分为 3 目、7 科、19 属，具体分类参见表 4-1。此外，还有一些不属于这 3 个目的产甲烷细菌。产甲烷杆菌的细胞呈细长弯曲的杆状、链状或丝状，两端钝圆，细胞尺寸为 0.4 ~ 0.8mm、3 ~ 15mm；甲烷短杆菌的细胞呈短杆或球杆状，两端锥形，细胞大小为 0.7 ~ 1.7mm；甲烷球菌的细胞为不规则球形，直径在 1.0 ~ 2.0mm 之间；甲烷螺菌细胞呈对称弯杆状，常结合在一起成为长度达几十到几百微米的波浪丝状；甲烷八叠球菌的菌体呈球状，而且常常有很多菌体不规则地聚集在一起，形成直径可达几百微米的球体；甲烷丝菌细胞呈杆状，两端扁平，能形成很长的丝状体。

表 4-1 产甲烷菌的分类

甲烷杆菌目	甲烷杆菌科	甲烷杆菌属
		甲烷短杆菌
		甲烷球状菌属
	高温甲烷杆菌科	高温甲烷菌属
甲烷球菌目	甲烷球菌科	甲烷球菌属
甲烷微菌目	甲烷微菌科	甲烷微菌属
		甲烷螺菌属
		产甲烷菌属
		甲烷叶状菌属
		甲烷袋形菌属
	甲烷八叠球菌科	甲烷八叠球菌属
		甲烷叶菌属
		甲烷丝菌属
		甲烷拟球菌属
		甲烷毛状菌属
		甲烷嗜盐菌属
	甲烷片菌科	甲烷片菌属
		甲烷盐菌属
	甲烷微粒菌科	甲烷微粒菌

4.1.1.2 产甲烷菌的生理特征

产甲烷菌能利用的碳源和能源非常有限，常见的底物有 H_2/CO_2、甲酸、甲醇、甲胺和乙酸等。有些产甲烷菌能利用 CO 作为碳源，但生长很差，有些能利用异丙醇和 CO_2，也有一些菌能以甲硫醇或二甲基硫化物为底物合成甲烷。多数产甲烷菌能利用氢，但也有例外，例如嗜乙酸型的索氏甲烷丝菌、甲烷八叠球菌 TM-1 菌株和嗜乙酸甲烷八叠球菌等都不能利用氢；另外，专性甲基营养型的蒂氏甲烷叶状菌、嗜甲基甲烷拟球菌和甲烷嗜盐菌等只能利用甲醇、甲胺和二甲基硫化物等含甲基的底物，也不能利用氢；若系统中硫酸盐的浓度过高，即使本来能利用氢的产甲烷菌也会丧失其消耗氢的能力。

产甲烷菌都能利用氨作为氮源，但利用有机氮源的能力很弱，即使系统中存在氨基酸和多肽等，细菌的生长仍离不开氨。低浓度的硫酸盐具有刺激某些产甲烷菌生长的作用，但它们不能利用硫酸盐作为硫源，大多数产甲烷菌只能利用硫化物，少数能够利用半胱氨酸和蛋氨酸等含硫氨基酸中的硫作为硫源。

金属离子 Ni、Co 和 Fe 对产甲烷菌的生长和代谢具有重要意义，Ni 离子是氢酶和辅酶 F420 的重要成分，Co 离子在咕啉合成中是必需的，Fe 离子的需求量也很大。

4.1.1.3 甲烷菌中与产甲烷有关的特殊辅酶

甲烷的产生需要一些特殊的辅酶参与酶催化反应，这些辅酶是：辅酶 F420、辅酶 M、辅酶 THSPt、甲烷蝶呤（Methanopterin，MPF）及二氧化碳还原因子（CDR）等。

辅酶 F420 是一种低分子量的荧光物质，当它被氧化时，在紫外线的激发下会产生荧光，在 420nm 处有最大吸收峰，被还原后就失去了产生荧光的能力。产甲烷菌在 420nm 紫外线的激发下产生蓝绿色荧光就是因为细胞内含有辅酶 F420 和甲烷蝶呤及其衍生物的缘故，辅酶 F420 的功能与铁氧还原蛋白类似。辅酶 M 是已知所有辅酶中分子量最小、高渗透性和高含硫量的一类辅酶，耐酸和高温，它的作用是参与甲基转移反应。甲烷蝶呤的功能与叶酸类似，参与碳化合物的还原反应，这是一种会发出蓝色荧光的化合物，有多种衍生物。二氧化碳还原因子 CDR 又称为甲烷呋喃（Methanofuran，MFR），它参与产甲烷和产乙酸的反应，起着甲基载体的作用。

4.1.1.4 产甲烷菌的代谢途径

在产甲烷细菌中已经比较清楚的代谢途径是由 H_2 和 CO_2 合成甲烷的途径、甲醇转化为甲烷的途径和乙酸分解途径，如图 4-2 所示。

A H_2 和 CO_2 合成甲烷的途径

由 H_2 和 CO_2 合成甲烷的途径是根据对嗜热自养甲烷杆菌的研究提出来的。CO_2 在 HCO-MFR 脱氢酶催化下获得两个电子首先与 MFR 反应形成甲酰基甲烷呋喃（HCO-MFR），随后甲酰基转移到四氢甲烷蝶呤，形成 HCO-H_4MPT，第三步是水解反应，产物是 5,10-(＝CH—)-H_4MPT，进一步在脱氢酶的催化下生成

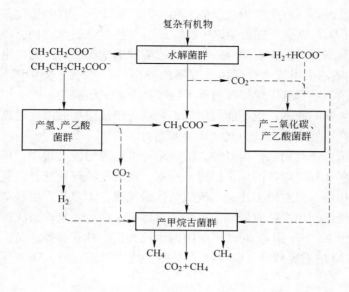

图 4-2　产甲烷菌的代谢途径

$CH_2 = H_4 MPT$，在还原酶的作用下得到 CH_3-$H_4 MPT$。在辅酶 M 的参与下，甲基被转移到辅酶 M，形成 CH_3-S-CoM，最后还原酶将甲基还原得到甲烷，辅酶 M 也得到再生。总反应式是：

$$4H_2 + HCO^{3-} + H^+ \longrightarrow CH_4 + 3H_2O$$

B　甲醇转化为甲烷的途径（巴氏甲烷八叠球菌）

甲烷在 MT1 酶的催化下形成 Co-甲基钴胺（CH_3-[Co]-MT1），再在 MT2 酶（HS-CoM 甲基转移酶）催化下将甲基转移到辅酶 M，CH_3-S-CoM 进一步在还原酶的催化下释放出甲烷。当系统中存在氧化剂时，酶联的咕啉中的钴离子被氧化为 2 价，形成没有活性的[Co Ⅱ]-MT1，在还原态辅酶 F 的作用下将其重新还原为[Co Ⅰ]-MT1。如果系统中存在 CO，也可以直接将[Co Ⅱ]-MT1 还原，CO 则被氧化为 CO_2。甲醇转化为甲烷的总反应是：

$$4CH_3OH \longrightarrow 3CH_4 + CO_2 + 2H_2O$$

C　乙酸分解途径

乙酸中的甲基可以直接还原为甲烷，这是在甲烷菌中乙酸转化为甲烷的主要途径。在甲烷菌中也存在乙酸先氧化生成 CO_2 和 H_2，然后再还原成甲烷的过程。两步反应式分别如下：

$$CH_3COOH + 2H_2O \longrightarrow 2CO_2 + H_2$$

$$CO_2 + 4H_2 \longrightarrow CH_4 + 2H_2O$$

总反应式为：

$$14CH_3COOH \longrightarrow 14CH_4 + 14CO_2$$

4.1.2　可以氧化甲烷的微生物

4.1.2.1　甲烷氧化菌的研究与应用

甲烷氧化菌是一种特殊的、以甲烷为唯一碳源和能源的甲基营养型微生物，分布范围很广，在酸、碱、盐、高温、低温、贫瘠等很多环境下都发现甲烷氧化菌存在。甲烷氧化菌不但在全球甲烷消耗中起着重要的作用，而且它在水陆生态环境中的碳、氧、氮循环中也起着重要作用。甲烷氧化菌在生物工程领域生产单细胞蛋白和新功能酶方面也体现出极大的潜力。其特殊的代谢过程和代谢产物对全球环境具有重大影响，已经引起广泛的关注。

A　甲烷氧化菌的分类和生理特征

甲烷氧化菌是甲基氧化菌的一个分支，其独特之处在于其能利用甲烷作为唯一的碳源和能源。几乎所有的甲烷氧化菌都是专性甲烷氧化菌，属于革兰阴性菌，严格寡营养型。甲烷氧化菌的定义特征是含有甲烷单氧酶（MMO）催化甲烷氧化为甲醇。MMO 能断裂非常稳定的 C—H 键，将氧分子中的一个氧原子插入 C—H 中，另一个氧原子则生成水。甲烷氧化菌氧化甲烷生成 CO_2，并在此过程中获得生长所需的能量。第一步由 MMO 将甲烷活化生成甲醇，甲醇进一步氧化为甲醛，甲醛再同化为细胞生物量或通过甲酸氧化为 CO_2，然后经过甲醇脱氢酶、甲醛脱氢酶和甲酸脱氢酶一系列的脱氢反应生成 CO_2 重新回到大气的碳库中，即甲醇→甲醛→甲酸盐→CO_2。

甲烷氧化菌最早于 1906 年首次被分离出来。1970 年 Whitenbury 和他的同事分离和鉴定了 100 多种利用产甲烷细菌，奠定了现代甲烷氧化菌分类的基础。根据形态差异、休眠阶段类型、胞质内膜精细结构和一些生理特征的不同，甲烷氧化菌分为甲基单胞菌属（*Methylomonas*）、甲基细菌属（*Methylobacter*）、甲基球菌属（*Methylococcus*）、甲基孢囊菌属（*Methylocytis*）、甲基弯曲菌属（*Methylosinus*）、甲基微菌属（*Methylomicrobium*）*Methylocaldum*、*Methylosphaera*。

根据形态、GC%、代谢途径、膜结构、主要磷脂酸成分等系列特征，可将甲烷氧化菌分为Ⅰ型和Ⅱ型（见表 4-2 所示）两种，其分属于变形杆菌纲（*proteobacteria*）的 γ 亚纲和 α 亚纲。Ⅰ型甲烷氧化菌包括 *Methylomonas*、*Methyldobacte*、*Methylococcus*、*Methylomicrobium*、*Methylococcadum*、*Methylosphaera* 等 6 属，它们利用 5-磷酸核酮糖途径（RuMP Pathway）同化甲醛，主要含 16-C 脂肪酸，胞内膜成束分布。而 *Methylosinus* 和 *Methylocystis* 则属于人们所熟知的Ⅱ型甲烷氧化菌。Ⅱ型菌同化甲醛的途径是丝氨酸途径（Serine pathway），其占优势脂肪酸为 18-C 脂肪酸，胞内膜分布于细胞壁的周围。另外，科学家将一类类似于

Methylococcus capsulatus 的甲烷氧化菌归为 X 型。和 I 型一样，X 型甲烷氧化菌利用 RuMP 途径同化甲醛。X 型和 I 型不同之处在于 X 型含有低水平的丝氨酸途径酶，他们的生长温度比 I 型和 II 型高，其 DNA 的 GC% 比大多数的 I 型高。I/X 型属于甲基球菌科（*Methylococcaceae*）而 II 型属于甲基孢囊菌科（*Methylocystaceae*），另外 II 型菌和 X 型菌能固氮而大多数 I 型菌不能。

表 4-2　I 型、II 型和 X 型甲烷氧化菌特征

特 征	I 型甲烷氧化菌	II 型甲烷氧化菌	X 型甲烷氧化菌
细胞形态	短杆菌，单细胞，有时球状或椭球状	月牙形杆状，梨形，有时成簇出现	球状，经常成对出现
45℃生长状况	不生长	不生长	生 长
DNAG/C 含量	49~60	62~67	59~65
细胞膜结构： 泡状圆盘带 细胞周围成对膜 固氮能力	是 不是 没有	不是 是 有	是 不是 有
形成的休眠状态： 芽 孢 包 囊	没 有 有些种有	有些种有 有些种有	没 有 有些种有
RuMP 途径	有	没 有	有
丝氨酸途径	没 有	没 有	有时有
1,5-2 磷酸核酮糖羧化酶	没 有	没 有	有
主要 PLFA 类型	14.0, 16:1ω7c	18:1ω18c	16:0, 16:1ω7c
原生细胞类型	γ	α	γ
代表属	*Methylomonas* *Methylobacter*	*Methlosinus* *Methylocystis*	*Methylococeus*

　　甲烷氧化菌的特征酶是催化第一步反应的甲烷单氧酶（mathanemonooxygenase，MMO），有两种不同的类型：颗粒状或膜结合甲烷单氧酶（particulate methane monooxygenase，pMMO）和可溶性甲烷单氧酶（soluble methane monooxygenase，sMMO）。虽然它们在细胞内具有相似的功能，但这两种酶的基因和结构都不相同。sMMO 存在细胞浆中，是一种三组分的复合酶体系，sMMO 酶复合体 3 个部分分别为蛋白 A、蛋白 B 和蛋白 C。蛋白 A 是一个羟化酶 MMOH，含 3 对亚基形成 $\alpha_2\beta_2\gamma_2$ 构型，α 亚基上的双铁中心是甲烷氧化作用的活性位点；蛋白 B（MMOB）协助电子转运与蛋白 A 和蛋白 C 的相互作用；蛋白 C 是 sMMO 的还原酶 MMOR，催化还原力从 NADH 到羟化酶的传送。只有少数甲烷氧化菌属（某

些Ⅱ型菌、X型菌 *Methylococcus capsulatus* 和几种Ⅰ型菌如 *Methylomonas* 和 *Methylomicrobium*）能产生sMMO基因，当铜离子浓度低于 1μmol/L 时，sMMO 基因表达并产生活性。图 4-3 为 sMMO 的活性位点示意图。

1995 年，Zahn 从 *Methylococcusca psulatus* 中分离纯化到活性的 pMMO 酶复合体，包含 3 条肽链。图 4-4 是 pMMO 的立体结构示意图，基本上所有的甲烷营养菌中都含有 pMMO，一般存在于细胞膜上，

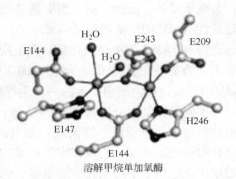

图 4-3 sMMO 的活性位点示意图

相对分子质量为 94kDa，含有 12 ~ 15 个铜原子，分布在不同的活性位点上，其中一个铜原子簇作为甲烷羟基化的活性位点，而另一个铜原子簇则作为电子载体。pMMO 只有在铜离子浓度超过 0.85 ~ 1μmol/g 细胞（干重）时才表现活性。铜离子的含量对 pMMO/sMMO 的平衡具有重要意义，无论培养基是否含有铜离子，增加铜离子浓度可导致 pMMO 活性增加；增加铜离子浓度还可以导致合成更多的胞内膜、与 pMMO 相关的膜蛋白的出现、生长量的增加和 sMMO 活性的减少。sMMO 比 pMMO 和其他的氧化酶具有更广泛的底物专一性。pMMO 除了氧化甲烷外，只能氧化一系列短链化合物；而 sMMO 能氧化非常多的烷、烯、芳香族化合物。而且 sMMO 降解部分化合物的能力比 pMMO 强，如 sMMO 氧化三氯乙烯（TCE）的速率是 pMMO 的 250 倍。sMMO 的这一特性在清除有机污染物方面具有很大的应用潜力。然而除了能在缺乏铜离子的环境下生长外，含有 sMMO 的甲烷氧化菌似乎并没有明显的进化优势。因为 sMMO 催化的反应需要 NADH + H$^+$

(a)   (b)

图 4-4 pMMO 的立体结构示意图

作为电子受体，pMMO 则利用更高电位的电子受体，而在甲烷作为底物的条件下还原性 NAD^+ 的供给经常是生长限制因子。有证据表明，含有 pMMO 的甲烷氧化菌比含有 sMMO 的甲烷氧化菌具有更高的生长速率和对甲烷更大的亲和力，因此有人认为某些甲烷氧化菌合成 sMMO 只是作为在许多环境条件下铜离子限制 pMMO 的活性而由细菌产生的一种生存机制。

不同的抑制剂分别抑制 sMMO 和 pMMO 的活性：许多化合物（包括金属与硫的螯合物和电子传递抑制剂）都可抑制 pMMO 的活性；而 sMMO 则只对炔类化合物和喹啉敏感。乙炔作为自杀底物能抑制两种氧化酶的活性，这种特性使得乙炔广泛应用于甲烷氧化菌的生态学研究中。

甲烷氧化途径的第二个酶是甲醇脱氢酶（methanolde hydrogenase，MDH）。所有革兰阴性甲基氧化菌都有编码甲醇脱氢酶大亚基的 naxF 基因，其序列高度保守。因此 MDH 可以作为这些生物在环境中存在的很好指示剂。

值得注意的是：甲烷氧化菌和另外一种自养菌——氨氧化菌在氧化底物方面具有相似之处。两种细菌都能氧化甲烷和氨，然而他们只能分别从氧化甲烷和氨中获得能量。pMMO 在进化上和氨氧化单氧酶（ammonia monooxygenase，AMO）密切相关，它们有高度相似性的氨基酸序列、相似的蛋白复合体结构、广泛相似的底物和相似的被抑制的特性；基于不同的竞争性抑制剂对两种氧化菌的作用不同，人们设计出各种方案对自然环境中两种氧化菌在氧化甲烷和氨的相对作用大小进行评估，结果表明：甲烷氧化菌除氧化甲烷外亦对氨氧化有较大的贡献，而氨氧化菌对甲烷氧化的作用并不显著。

近年来在 MMO 的研究方面取得了很大的进展，通过动力学、理论化学和光谱动力学等方法，MMO 的催化机理正被逐步深入了解。MMO 催化反应高效、条件温和、无污染，甲烷单加氧酶的深入研究和广泛的应用前景，也使得甲烷氧化菌的研究更受关注。

B　甲烷氧化菌的生态分布

农田、森林、草地、生活垃圾填埋场、湖泊、沼泽、地下水、海洋等各个环境中的土壤或水样中均可以检测到甲烷氧化菌的存在。现存的甲烷氧化菌大多数为嗜中性菌，但在许多极端环境中如高温、高酸碱、高盐的条件下也检测到专性甲烷氧化菌的存在。2007 年，加拿大卡尔加里大学生物学教授皮特·邓菲尔德宣布，他们在新西兰的地热井发现了一种新的甲烷氧化菌，这是迄今为止发现的最喜食甲烷的细菌。该细菌所具有的这一特点使其可能成为减少垃圾场、矿山、工业废物、地热发电等场所甲烷排放的工具。这种被称之为 *Methylokorusinfernorum* 的甲烷氧化菌是在温度很高的水中发现的，且水里含有对大多数生物有毒的化学物质。邓菲尔德教授表示，以前还没有发现过能够在如此酸性环境中食用甲烷的生物体，所发现的细菌可归属于一个神秘的细菌家族，称为疣微菌门，这类细菌到处都有，但要在实验室内培养却非常困难。为了在极端条件下存活，甲烷氧化菌发展了各种结构-功能适应性机制。极端环境中甲烷氧化菌的生理作用是参与甲烷循环和为环境中别的微生物区系提供一碳中间物和各种代谢底物。大多数甲烷氧化菌具有休眠状态，一些甲烷氧化菌的外生孢子和孢囊在干旱和营养缺乏的环境下似乎适应和存活得很好。

Ⅰ型和Ⅱ型甲烷氧化菌在环境中的分布并不相同，Ⅰ型甲烷氧化菌在允许氧化菌快速生长的环境中占优势，而Ⅱ型菌在贫营养环境下能存活得更好从而有较广泛的分布。Hanson 认为，虽然有机质含量多的土壤可能会有利于Ⅱ型菌的生长，但甲烷、氧气及结合态氮（combined nitrogen）的浓度才是环境中两种类型甲烷氧化菌分布的决定性因素。甲烷的微生物氧化主要发生在相对较浅的次表层土壤，通常是 5～10cm 深，此深度土壤里甲烷氧化菌数量最大，活性也最强。甲烷需要从大气扩散到这个土层才能达到最大氧化速率，而扩散通量主要由土壤的透气性所控制。土壤的质地、含水量、土壤表面植被种类及覆盖物厚度等因素决定了土壤透气性。水稻田土壤的甲烷氧化（包括甲烷氧化菌种群及其氧化活性）受到包括土壤质地、含水量、pH 值、温度、土壤甲烷含量、土壤矿质元素、有机质、可用性氮源等因素的影响。假设活性土层厚 1.5cm（容重为 1.5g/cm^3），甲烷氧化速率为 100～1000pmol/(h·g) 干土，理论上以此速率每克干土应能支持 10^6～10^7 个甲烷氧化菌。土壤甲烷氧化菌氧化高于大气浓度的甲烷分两个阶段，第一阶段以非常低的速度氧化甲烷，经过诱导阶段进入高速氧化甲烷的第二阶段。可能在诱导阶段合成相关酶，激活休眠的甲烷氧化菌和/或甲烷氧化菌种群数的增长。

纯培养甲烷氧化菌不能氧化大气甲烷，这意味着甲烷低于一定临界浓度就不能被氧化。土壤里种群的这个临界浓度比纯培养的低，然而当加入甲醇或其他的电子供体型底物时可以降低此临界浓度，其原理在于甲烷单氧酶 MMO 的作用机制：MMO 的活动受甲烷自身和电子供体的限制，因为在代谢过程中电子供体由甲烷氧化所产生，甲烷浓度的降低也导致电子供体的减少。如果通过加入甲醇而缓解电子供体的限制，甲烷氧化可以在更低的浓度下发生。向富集培养的甲烷氧化菌中加入甲醇，其能在大气甲烷浓度下生长，但是如果不加入甲醇或甲酸，则不能氧化大气甲烷。现存的甲烷氧化菌分离培养物并不能代表土壤里真正的甲烷氧化菌群，真正的大气甲烷氧化菌应以低的 K_m 值和高甲烷亲和力为特征。近来从腐殖质土壤里分离到一种Ⅱ型菌其 K_m 值接近土壤实测值。普通甲烷氧化菌的最佳 pH 值为中性，研究者都渴望从环境中分离出更多的低 K_m 值的甲烷氧化菌，但进展不大。

生活垃圾填埋场甲烷氧化覆盖层是目前甲烷氧化菌主要的应用领域之一。填埋覆土甲烷氧化主要发生在覆土层 0～30cm 深处，0～30cm 土层中甲烷氧化菌数量最多，活性最强，甲烷氧化速率最高可达 $18mol/(m^2 \cdot d)$。影响垃圾填埋场填埋覆土甲烷氧化的主要因素有土壤结构、养分状况、湿度、温度、甲烷和氧气的浓度、NH_4^+ 以及土壤 pH 值等，土壤中高有机质含量可能也是影响填埋覆土甲烷氧化的原因之一。有机质含量为 11.7% 填埋场覆土中甲烷最大氧化速率为 $18mol/(m^2 \cdot d)$；有机质含量为 1% 时仅为 $12mol/(m^2 \cdot d)$。当土壤湿度为 18% ~ 25% 时，土壤甲烷氧化速率最大。甲烷氧化的最佳土壤湿度为 10% ~ 20%，过高的湿度会降低甲烷氧化菌的氧化速率，当土壤湿度达到35%时，甲烷氧化速率极低。在2~25℃，甲烷氧化速率以指数形式增长，并且在 30℃ 时达到最大。温度达到或超过40℃以后，甲烷氧化速率明显下降；达到50℃时，甲烷氧化作用完全受到抑制。一般认为，NH_4^+ 可与甲烷竞争 MMO 上的活性位点，从而抑制甲烷的氧化作用。研究发现，高浓度的 NH_4^+（$14mg/kg$）明显地抑制甲烷的氧化作用。甲烷氧化菌氧化甲烷的最佳 pH 值为中性，pH 值范围为 6.5 ~ 7.5。但也有研究认为，甲烷氧化的最适宜 pH 值为 6.6 ~ 6.8。

对生活垃圾填埋场填埋覆土中甲烷氧化微生物、甲烷氧化机理及动力学机制、甲烷与微量填埋气体的共氧化机制以及影响甲烷氧化的环境因子研究已经比较深入和普遍。这些研究为覆盖层甲烷氧化的应用提供了足够的技术支持。但即使在上述的各种优化实现的前提下，通过覆盖层进行甲烷氧化的效率并不十分理想，这其中的最大的问题就是甲烷氧化菌的密度较低。

甲烷单加氧酶（MMO）具有宽底物专一性，具有反应条件温和（常温、常压下直接以空气为氧化剂）、无污染、腐蚀性小及产物具有光学活性等优点，这使得甲烷氧化菌和 MMO 在工业应用、医药和环境治理上有着广泛的应用前景。罗明芳等利用甲烷氧化菌混合菌催化丙烯氧化制环氧丙烷反应，显示出巨大的应用潜力。但是，甲烷氧化菌对丙烯的环氧化能力受限于辅酶 NADH 的消耗，环氧化反应通常会因 NADH 耗尽而停止。Furuto 等通过添加甲酸钠再生 NADH 来维持反应，也有利用人工电子传递系统来维持反应，但都表现出成本高、稳定性差等缺点。目前，该方面的研究只停留在研究阶段。

虽然甲烷氧化菌具有重要的工业应用潜力，但由于细胞生长速度慢、密度低、催化反应受还原性辅酶影响等一些瓶颈问题，可用的菌种资源有限，限制了甲烷氧化菌的应用发展。由于大多数甲烷氧化菌生长缓慢，同时非甲烷氧化菌在琼脂平板上的大量生长，使得许多甲烷氧化菌难以用琼脂平板的方法分离出来，而由于甲烷氧化菌只能以甲烷为碳源的局限使得通过菌体富集扩大菌体密度难于工程上应用。

4.1.2.2　兼性营养甲烷氧化菌的发展现状

目前，甲烷氧化菌的研究已经非常广泛，仅近 10 年以来的相关研究报道已经超过 1600 篇。其受关注原因主要有两点：一是因为作为温室气体，甲烷的增温潜势是二氧化碳的 21 倍，而且其排放量和增长率都使其成为亟须控制的温室气体；二是甲烷氧化菌代谢途径中的特征酶-甲烷单加氧酶（MMO）成为了合成化工研究的热点，它不仅可以常态下催化甲烷转化为甲醇，而且也具备了催化烷烃羟基化以及烯烃环氧化等重要的催化特性。

甲烷氧化菌研究速度过快导致了目前国内外研究报道中对该类细菌的称谓存在着不统一和歧义。以文献报道为依据，对甲烷氧化菌进行全面介绍最早可追溯到 1958 年，Leadbetter 在 Archives of Microbiology 杂志发表了 "Studies on some methane-utilizing bacteria"，文章总结了自 1906 年首次发现甲烷氧化菌以来的研究成果，文章之所以提及甲烷利用细菌而不是甲烷氧化菌，主要是因为当时研究条件以及研究深度和广度的局限，并不能给出这一类菌的共同特征。在伯杰细菌手册第八版（1984）中，将这一类菌归属于甲基单胞菌科，并定义这一类菌仅利用单碳有机化合物作为碳源，属于革兰阴性菌。1996 年，Hanson 发表在 Microbiol. Rev. 的 "Methanotrophic bacteria" 对甲烷氧化菌的称谓进行了统一（该论文已经被引用了上千次）即 Methane-oxidation bacteria 和 Methane-utilizing bacteria 都可称为 methanotrophs。

在伯杰细菌手册关于甲基单胞菌科的介绍中我们发现了另一个重要的信息，"许多细菌是能利用多碳化合物以及单碳化合物，而不是专依靠甲烷或甲醇作为碳源和能源"。由于经典生物学研究在培养基优化中很少关注以甲烷为碳源，而且当时甲烷以及温室效应并未受到科学家的重视，因此能够利用甲烷以及其他碳源的细菌并未受到关注。1999 年，Hinrichs 在《Nature》上发表了 "Methane-consuming archaebacteria in marine sediments"，论文中提及一些还未能鉴定但可以确信有甲烷降解能力的菌。因此，我们将此类细菌称为兼性营养甲烷氧化菌，而甲烷氧化菌现有应用现状和存在问题使我们对这类菌在工程应用中发挥奇效充满了期待。

图4-5 是兼性营养甲烷氧化菌 *Microbacterium* sp. DH 的电镜照片，该菌属革兰氏阴性，平铺在整个培养皿中，表面光滑，呈现一层黄色油脂状，有的上面有淡

图 4-5 *Microbacterium* sp. DH 菌株的电镜扫描照片（放大 5000 倍）

黄色小菌落，菌落直径 1mm 左右，半透明，突起，边缘光滑；颜色有淡黄、黄色和橘黄色，根据培养基及培养条件颜色有所不同。细胞为短杆状，中间向内凹陷，似圆盆形，外径 $0.6 \sim 0.7 \mu m$，内径 $0.2 \sim 0.4 \mu m$，可产生有荧光的扩散性黄色素。菌株的主要生理生化特性见表 4-3。

表 4-3 *Microbacterium* sp. DH 的理化特性

生理生化指标	特　征	生理生化指标	特　征
苯丙氨酸脱氨酶	－	淀粉水解酶	＋
吲哚反应	－	明胶水解	－
乙酰甲基甲醇反应	－	接触酶	＋
H_2S 气体产生	－	细胞色素氧化酶	－
反硝化反应	－	柠檬酸盐利用	－
甲基红反应	－		

注：＋阳性；－阴性。

兼性营养甲烷氧化菌的发现克服了甲烷氧化菌菌体密度低，菌体难于扩大培养等应用困难。作为完整细胞的生物催化剂，其液体培养菌体密度（560nm 下菌液吸光度）可达到 1.1 以上，比传统甲烷氧化菌液体培养密度高出约 50%；脱离环境体系后仍可维持较高的甲烷氧化活性；适用于高浓度甲烷氧化，浓度为 40% 的甲烷可完全降解。兼性营养甲烷氧化菌利用甲烷的半饱和常数 K_S 为 7.097mmol/L，远低于目前报道的 66mmol/L。半饱和常数 K_S 越低说明菌体与底物的亲和性越高，因此该菌对甲烷有较高的亲和性。而且，兼性营养甲烷氧化菌扩大培养所需的培养基简单，成本低，特别适用于生活垃圾填埋场、水稻田等甲烷人为源，可以广泛推广。

4.2 甲烷的生物抑制

4.2.1 产甲烷菌抑制机理

甲烷菌体内有辅酶 M、辅酶 F420、F430、F842、辅酶 B、辅酶 THSPt 等辅因子，这些辅因子都是其他原核生物或真核生物中不存在的，它们决定了代谢途径中甲烷生成的关键步骤。图 4-6 为产甲烷八叠球菌以乙酸为底物厌氧发酵产甲烷的代谢途径示意图，乙酸首先被辅酶 A（CoA）活化，再由镍系辅脱氢酶/乙酰辅酶合酶（the nickel-containing CO dehydrogenase/acetyl-CoA synthase）断裂而生成甲基和羧基键合酶（$^*CH_3COSCoA$），$^*CH_3COSCoA$ 随后被转移至辅酶 THSPt（tetrahydromethanopterin）后生成 CH_3-TPSPt，然后该过渡物与甲基辅酶 M 还原酶（MCR，Methyl-coenzyme M reductase）在极端厌氧的条件下和辅酶 B（CoB-S-H，7-thioheptanoyl-threoninephosphate）共同作用催化甲基辅酶 M（CH_3-S-CoM，methyl-CoM，2-(methylthio)ethanesulfonate）生成甲烷和辅酶M的二硫化物。整个酶催化过程中，甲基均作为固定基团，因此甲基类似物可以作为底物竞争抑制剂抑制甲烷。

甲基辅酶 M 还原酶是产甲烷菌代谢过程中的关键酶，Ermler 报道了甲基辅酶 M 还原酶的立体结构，它是一个 300kDa 的蛋白分析，四级结构为 α2β2γ2。而甲基辅酶 M（CoM）是已知辅酶中相对分子质量最小者，其酸性强，在 260nm 处有吸收峰，但不发荧光。作为产甲烷菌特有的一种辅酶，甲基辅酶 M 在甲基还原反应中有着高度的专一性。它的许多结构类似物均无生物活性，从而可以高效地抑制产甲烷菌的生长。

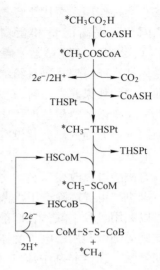

图 4-6　产甲烷菌代谢途径示意图

4.2.2 常见甲烷抑制剂

由于产甲烷菌是严格厌氧菌，生存条件非常苛刻，因此已有很多研究集中在通过采用产甲烷菌抑制剂的方法减少甲烷的产生。这方面研究的主要目的有两点，一是通过抑制产甲烷菌从而提高其他生物质能的产率，该方面的抑制相对容易，只要调节 pH 值或对体系进行热处理，就可以有效地杀死或抑制产甲烷菌，但很显然类似工艺是无法应用于填埋场等环境工程领域中固废衍生甲烷的抑制；二是通过有生物毒性的化学药剂或影响甲烷菌代谢途径的底物类似物作为饲料添加剂提高反刍动物的饲料利用率。

4.2.2.1 脂肪

脂肪主要应用于反刍动物饲料添加剂。通过添加脂肪，不饱和脂肪酸的氢化作用夺取了用于生成甲烷的氢，从而降低甲烷产生量。脂类物质大多不被微生物降解，很多研究证实不饱和脂肪酸对甲烷菌有抑制作用。另外，饱和脂肪酸对甲烷产生菌、原虫和革兰氏阳性纤维分解菌有直接毒害作用，添加含有脂肪酸的保护性脂肪，可使甲烷产量减少 10% ~ 15%。但是在很多研究中，甲烷产生量的减少主要是由于减少了可发酵底物，而不是直接影响甲烷生成菌。一般代谢产氢中 48% 用于甲烷生成，33% 用于 VFA 合成，12% 用细菌细胞合成，而被不饱和脂肪酸夺取 H_2 比例仅为 1% ~ 2%。并且，大量饲喂不饱和脂肪酸对微生物的活性有很大的影响，降低了饲料的消化率。因此，通过饲喂不饱和脂肪酸降低甲烷产生的前景并不乐观。

4.2.2.2 多卤素化合物和衍生物

氯化甲烷、三氯乙炔、溴氯甲烷、氯化的脂肪酸等多卤素化合物对产甲烷生物均有毒害作用。卤代化合物的抑制作用强于长链脂肪酸1000倍，同时显著降低乙丙比，提高能量和蛋白质的沉积。体外试验中，现添加美兰、核黄素（VB_2）、NAD、亚硝酸盐、硫酸盐、亚硫酸盐，可以作为移还原二氧化碳的质子接受体抑制产甲烷。每日给绵羊瘤胃灌服10g Na_2SO_3，导致甲烷产量下降65%。然而，它的效果非常短暂，添加5h后，由于添加化合物被还原或吸收，甲烷产量几乎完全恢复。虽然卤代化合物对甲烷的抑制效果很明显，由于卤素本身的毒性原因，该方面的研究并没有应用在实际反刍动物的甲烷减排。

4.2.2.3 有机酸

有机酸可以改变反刍动物瘤胃发酵类型，降低乙酸和丙酸比例，降低甲烷产量，有机酸可提高除产甲烷菌外的其他细菌对氢和甲酸的利用。瘤胃中有多种细菌可以利用氢和甲酸，它们都是用来作为电子供体，甲烷产量可能会随着加入容易被此类细菌利用的电子受体而降低。作为饲料添加剂的有机酸主要有苹果酸和延胡索酸，在培养基中添加8M的苹果酸时，培养液中甲烷浓度下降20%，而DM消失率不受影响。在苹果酸的水解途径中，苹果酸转化为延胡索酸需要消耗大量的氢离子，用来生成甲烷的氢离子减少。延胡索酸可以增加山羊瘤胃丙酸产量，在体外培养可以减少6%的甲烷生成量。

4.2.2.4 添加抗生素和益生素

A 离子载体

添加莫能菌素、沙拉里菌素等离子载体可以显著降低反刍动物甲烷排放。离子载体抑制瘤胃中甲烷的产生包括两个步骤，第一步是抑制革兰氏阳性菌对碳水化合物发酵产生氢气和甲酸；第二步是通过影响产甲烷细菌的膜内外质子梯度而直接抑制甲烷的形成。莫能菌素不但可直接抑制产甲烷菌，而且还抑制形成氢和甲酸的细菌，有利于形成琥珀酸和丙酸的细菌，结果使丙酸含量增加。体内外试验结果证明，莫能菌素能使甲烷产量降低达31%；通过饲喂莫能菌素可降低甲烷产生量和增加瘤胃丙酸含量，提高饲料可消化利用效率。可是，离子载体对甲烷产生量的影响是短期的，长期使用后瘤胃细菌会产生适应而失去作用。并且，类似抗生素的使用可能成为动物耐药菌株向人类传播的主要途径。

B 添加益生素

益生素可以改善胃肠道的内环境，促进有益微生物的生长发育，提高饲料的采食量及消化率，防止和延缓动物应激反应，提高奶牛的产奶量、乳脂率和乳蛋白率，提高肉牛的增重速度，降低饲料在瘤胃发酵过程中所产生的甲烷和CO_2。益生菌能促进瘤胃的发育，促进消化酶的分泌，减少氨、甲烷等有害气体的产生，提高营养物质的利用效率。每日添加250mg的米曲霉，没有培养底物，甲烷产量下降50%，乙酸丙酸比率保持不变，但丁酸和戊酸盐增加，伴随着原虫数下降45%。在研究活酵母对人瘤胃中两种利用氢的微生物——产乙酸菌、产甲烷弧形菌的影响时发现，添加活酵母能将产乙酸菌的代谢及乙酸产量提高 5 倍多；而在不加酵母的对照组以及产乙酸及产甲烷菌的混合组中，H_2 主要用于合成甲烷，而一旦加入活酵母后，则刺激产酸菌对 H_2 的利用能力。这表明，添加酵母能提高产乙酸菌利用 H_2 的竞争力，同时也就减少甲烷损失。

益生素对甲烷产生量的影响主要是改变发酵模式，使丙酸含量增加，乙丙比降低，从而间接降低甲烷产生量。迄今为止，国内外关于益生素的研究主要停留在应用效果的研究之上，基础研究十分薄弱，对益生素的作用机制了解更少。因此，关于益生素对甲烷的影响，还需要做更深入的研究。

4.2.2.5　添加植物提取物

天然的植物提取物兼有营养和专用特定功能两种作用，可以起到改善动物机体代谢、促进生长发育、提高免疫功能、防止疾病及改善动物产品品质等多方面的作用。植物提取物具有毒副作用小、无残留或残留极小、不易产生抗药性等优点。很多热带植物的次生代谢物（Plant secondary metabolite）可被用于反刍动物微生物系统中选择性发酵调控，离位实验证实了植物次生代谢物可被用于饲料添加剂从而减少反刍动物的甲烷排放。

A　茶皂素

茶皂素是从茶科植物中提取的一种五环三萜皂甙，是由多种配基、糖体有机酸组成的结构复杂的混合物，研究发现它不仅是一种天然的表面活性剂，而且具有广泛的生理活性。用瘤胃液与微生物培养液等量混合的培养液进行体外培养，甲烷和氢产量在培养后 3h，实验组均低于对照组，尤其是甲烷随着时间的推延至 6h 时，实验组均低于对照组，且随添加量增加，下降幅度更大。可见添加茶皂素提取物可减少甲烷的产生，原因可能是茶皂素提取物的添加抑制了瘤胃原虫的生长，促进瘤胃发酵和增加丙酸产量，从而抑制甲烷的产生。茶皂素抑制甲烷不仅仅是通过杀原虫起作用，而且有可能直接作用瘤胃产甲烷菌，减少其数量或降低其活性，从而降低其甲烷产量。

B　丝兰皂甙

丝兰皂甙是丝兰属植物中提取出来的天然产品，可促进瘤胃体外发酵、降低瘤胃液的 NH_3-N 浓度、抑制甲烷的生成、抑杀瘤胃原虫，并提高微生物蛋白的产量。丝兰皂甙在促进瘤胃微生物发酵的同时可以抑制瘤胃甲烷产生量。以可溶性土豆淀粉、玉米淀粉和干草加精料作为底物，添加不同浓度的丝兰皂甙，体外培养 6h 和 24h 研究不同浓度的丝兰皂甙对瘤胃发酵以及甲烷产生量的影响。结果表明，随着丝兰皂甙的添加量的升高 NH_3-N 的浓度和原虫数下降，总 VFA 和产气量增加，乙酸的摩尔浓度下降，丙酸浓度升高。

C　单宁

单宁是与生物碱、萜类、皂甙等一样，属于天然产物这个大家族中独立的一类化合物，它广泛存在于植物中，如茶叶、薄荷、水果、蔬菜等。由于单宁化合物中含有较多的酚羟基，因而表现出许多重要的生理活性。日粮中含有少量单宁可以预防反刍动物瘤胃鼓气，在瘤胃中可以与蛋白质形成复合物，使蛋白质不被微生物降解，起到过瘤胃保护的作用；并且可以提高尿素再循环效率，明显降低饲料降解率，减少体外产气量。在体外加入 20mg/kg 的缩合单宁，甲烷产生量显著降低，并且认为其中 64% 是由单宁引起的。

4.2.3 甲烷生物抑制的应用

4.2.3.1 生活垃圾降解过程的甲烷抑制

生活垃圾填埋场是主要的人为源甲烷排放地之一，填埋气发电可以很好地解决产期高峰期的甲烷减排问题，甲烷氧化技术可以较好地解决填埋场运营后期不适宜资源化的填埋气减排问题。而产甲烷菌抑制技术恰好可以作为一个有效的补充，因为甲烷抑制可以很好地解决填埋场封场前甲烷排放问题。填埋后的生活垃圾大概在 3 个月后就开始产甲烷气，在 1 年以后即可达到产气高峰，对于目前使用较多的经过压实的厌氧填埋场，由于体系氧气相对较少，达到产气高峰的时间会更短。生活垃圾填埋场完备甲烷收集系统的建立一般在终场封场后，而填埋单元的封场大约 2 年左右。因此，封场前期大量的甲烷释放到大气中而无法得到有效的控制和收集。填埋前期的甲烷排放问题一直没有受到重视，而且也没有相应的研发技术用以解决该问题。而甲烷抑制剂可以在生活垃圾填埋场中实现以下几个作用：

（1）对于标准的卫生填埋体系，可以有效地解决封场前期甲烷的排放。

（2）对于一些甲烷收集系统不健全的中小型填埋场，甲烷抑制剂可以在不影响生活垃圾填埋场内其他微生物代谢的前提下，使厌氧消化过程不再产生甲烷气体，而是将有机碳转入液相中，这样可以对收集到的液相集中处理，避免了释放甲烷造成的温室效应。

A　常见甲烷抑制剂与填埋场应用评价

表 4-4 列出了常见甲烷抑制剂，并对这些抑制剂是否适合填埋场应用做了评价。符合填埋场应用的甲烷抑制剂应具备以下特点：有效抑制浓度低，易扩散（扩散系数较高的液体或气体与易溶于渗滤液的固体），对其他菌群没有抑制作用或抑制作用很小，成本低。

表 4-4　常见甲烷抑制剂与填埋场应用评价

抑制剂类型	代表抑制剂	抑制效果	填埋场应用评价
多卤素化合物	氯仿、三氯乙烷、溴氯甲烷等	最低抑制浓度低，抑制效果好，抑制率可达到 90% 以上	配合渗滤液回灌技术，可以应用

抑制剂类型	代表抑制剂	抑制效果	填埋场应用评价
抗生素类	莫能菌素，拉沙里菌素	用量小（2mg/kg），抑制率约44%	抑制率低，不适合
有机酸	延胡索酸，总酸浓度	主要是 pH 值的影响	有效浓度过高，不适合
微生物制剂	酵母菌	抑制率约50%	抑制率低，不适合
植物提取物	茶皂素，丝兰皂贰	抑制率较低（10%~55%）	抑制率低，成本价高，不适合
蒽醌类	蒽醌	最低抑制浓度低（5mg/L），氢气的存在会影响抑制效果	可以应用，但必须解决溶解和扩散过慢的问题
抑制气	一氧化碳，乙炔	最低抑制浓度低（500Pa）	可以应用，但必须解决气体的缓释问题
染料	盐染料，龙胆紫，甲基蓝等	最低抑制浓度低，抑制效果较好	成本较高，且有二次污染，不适合
辅酶 M 类似物	BES	最低抑制浓度低，抑制效果好	成本价高，不适合

同济大学赵由才课题组进行二氯甲烷、三氯甲烷、四氯甲烷、蒽醌和乙炔等抑制剂对餐厨垃圾厌氧发酵过程中甲烷抑制的研究。当体系中氯仿浓度为 20mg/kg 时，甲烷产量只有 1.76mL，而四氯化碳和二氯甲烷在相同浓度下产甲烷量分别为 56.58mL 和 47.32mL，氯仿的抑制效果远好于四氯化碳和二氯甲烷。虽然卤素对微生物有抑制作用，但由实验结果可知产甲烷菌的抑制与氯原子的数量并无相关性。分析原因，整个酶催化过程中，甲基均作为固定基团，因此甲基类似物可以作为底物竞争抑制剂抑制甲烷；而氯仿由于具有一个活泼的碳氢键（键能（392.5±2.5）kJ/mol），因此很可能充当甲基与辅酶结合时的竞争性底物抑制剂。由以上分析可知，氯仿对产甲烷菌存在着特异性抑制。

蒽醌可以有效地抑制反刍动物瘤胃的产甲烷菌群，其有效浓度为 10mg/kg。但在餐厨垃圾厌氧发酵体系中蒽醌的抑制效果并不理想。蒽醌极难溶于水或极性有机溶液，因此蒽醌很难扩散至产甲烷菌群存在的生活垃圾和渗滤液混合体系，其抑制效果无法实现。乙炔含量（体积分数）为 12×10^{-3} 时产甲烷菌几乎被完全抑制，乙炔可以抑制小分子碳氢化合物合成菌的活性，对细胞膜上发生的蛋白运动和 ATP 合成会有影响。溶解乙炔和乙烯对 *Methanospirillum hungatei* 等 6 种产甲烷菌有抑制作用，由于乙炔可以抑制产甲烷菌的质子流动、ATP 合成、镍离子吸收，乙炔的抑制效果远远好于乙烯，因此乙炔对产甲烷菌也具有特异性抑制作用。

B　缓释抑制剂在填埋场甲烷抑制的应用

由于填埋场中甲烷的释放周期很长，即使只考虑封场前期的甲烷减排，抑制效果至少要持续一年左右。目前，以微生物抑制和长效缓释技术为主要手段开展研究，并取得了突破性进展。已经研发出了以表面活性剂和碳化钙为主的高效、经济的填埋场产甲烷菌抑制体系，浓度仅为5mg/kg（抑制剂/生活垃圾）的抑制剂可以实现95%以上的甲烷抑制，长效缓释技术可以保证抑制效果在半年甚至更长的时间有效，而且该缓释抑制剂不会对环境造成新的污染。

图4-7为放大5000倍下，甲烷缓释抑制剂内部的扫描电镜照片，其中，图4-7(a)是缓释2个月后的情况，图4-7(b)是未缓释的情况。比较可知，图中空穴的变化表征了碳化钙微粒的反应情况。由于碳化钙与渗透的水蒸气反应后疏松的氧化钙微粉，在反应放热的环境下导致扩散通道变大，从宏观上最终实现可匀速的缓释效果。

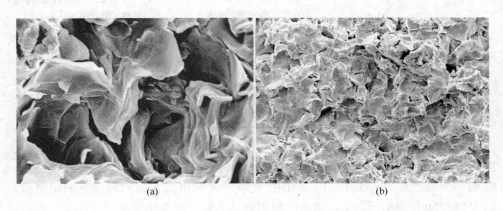

(a)   (b)

图4-7 甲烷缓释抑制剂剖面的电镜扫描照片
(a) 缓释2个月；(b) 未缓释

4.2.3.2 水稻田甲烷抑制

稻田排放的甲烷约占全球排放的15% ~ 20%。减少稻田 CH_4 排放的措施主要是减少产 CH_4 的基质，改变适宜产甲烷菌活动的环境条件，抑制其活性，但同时又不能减少水稻的产量。对稻田甲烷抑制剂的研究主要倾向于微生物的开发和利用，并与肥料对稻田生长相联系。为此，许多科学家在进行稻田 CH_4 排放观测的同时，也进行了稻田 CH_4 减排措施的研究。从目前开展的研究来看，减排措施主要有稻田施肥管理、水稻品种、水分管理、稻田产甲烷菌抑制剂的研制和应用、合适的栽培方式等几个方面。

A 施肥管理

研究表明，只施化学肥料对稻田 CH_4 排放有明显的抑制作用，而且稻田的产量也不低，但是长期施用化肥又会对土壤及生态环境产生较大的影响，所以应在大量施用有机肥的水稻产区施行化肥和有机肥混施的方法来减少稻田 CH_4 排放。

EM（effective microorganisms）作为一种有益微生物菌群，可以使光合作用在土壤中和水中进行，并且它具有用氢还原碳的作用。用 EM 作为肥料或配制成饲料，不仅在日本广泛推广，而且已在泰国、马来西亚、巴西、美国等地应用。中国目前已试验成功，尚待推广和使用。此外，腐熟度较高的沼渣肥作为一种特殊形式的有机肥，能很明显地降低 CH₄ 排放量。但是未经干燥、堆腐阶段的沼渣肥中含有大量活性产甲烷菌，会使土壤中有机物加速向 CH₄ 转化，因此沼渣肥施用前应经过一定时间的干燥以灭菌或降低产甲烷菌的活性。

中国农业科学院农业气象研究所研制了两种类型的甲烷抑制剂。一种为肥料型甲烷抑制剂 AMI-AR2，其主要成分是腐殖酸，该抑制剂可以将有机质转化为腐殖质，在增加稻谷产量的同时，减少甲烷形成的基质，试验表明 AMI-AR2 抑制剂可降低稻田甲烷排放量 30.5%。另一种为农药型甲烷抑制剂 AMI-DJ1，其主要成分是一种广谱灭菌剂和少量的表面活性剂，它不仅能降低稻田甲烷排放，也抑制了有害病菌的繁殖，AMI-DJ1 可以抑制稻田甲烷排放 18.5%。

B　种植高产低甲烷排放的水稻品种

一般认为稻田 CH₄ 排放和水稻植物体总质量呈反比关系，也就是说具有较大植物体的水稻品种的稻田 CH₄ 排放较小。因此要减少稻田 CH₄ 的排放又不影响产量必须选用一些对 CH₄ 氧化能力强、低排放且高产的水稻品种。目前，有研究者发现种植杂交稻比常规稻的 CH₄ 排放量少，而且杂交水稻的单位面积产量也比常规稻高出 30%。但是这方面的研究还需要水稻专家的进一步努力才能研制出适合于各地的高产低 CH₄ 排放的水稻品种。

C　水分管理

水是影响稻田 CH₄ 排放的决定性因子，通过改变稻田的水分管理可以调节土壤的氧化还原电位（E_h）从而控制稻田 CH₄ 产生。大量的观测表明，间歇灌溉是一种可行的减排措施，它能够使土壤经常接触空气，有利于提高土壤的 E_h，抑制产甲烷菌的活动，促进 CH₄ 的氧化，从而减少 CH₄ 的排放。但是，间歇灌溉也存在一定的缺陷，就是在稻田无水的情况下，其他一些气体（主要是氧化亚氮）的排放可能会增长。因此，在减少稻田 CH₄ 排放研究时要综合考虑各种因素，不能顾此失彼。

D　合适的栽培方式

许多实验表明，采用垄作水稻栽培法（即水稻种植点高于株间土壤，株间土壤淹水而水稻植物根部不淹或少淹）能够减少 CH₄ 排放。垄作栽培能够改善水稻植株根部的通气条件，提高土壤的 E_h，从而有利于根系的发育并抑制 CH₄ 的排放。我国对于稻田 CH₄ 排放的研究已经取得了很大的进展。

4.2.3.3　反刍动物甲烷抑制

据估计，每年进入大气层中由家畜产生的甲烷总量为 7.7×10^7 吨，其中绝大部分来源于反刍动物。此外，甲烷是反刍动物正常消化过程中的产物，瘤胃内甲烷主要是由数种产甲烷菌通过二氧化碳和氢气进行还原反应产生的，由于甲烷化学性质很稳定，一般很难在体内消化吸收。通常，饲料的消化率越低，动物的生产力水平越低，单位畜产品的甲烷排放量也越大。甲烷的排放意味着能量的损失和动物生产性能的降低。研究表明，反刍动物从甲烷损失的能量占摄入总能量的2%～15%，因此反刍动物甲烷抑制的研究具有环境和经济双重意义。

近几十年来，很多学者对反刍动物的甲烷排放进行了大量的研究，主要集中在以下几个方面：

（1）对反刍动物甲烷产生量测定方法的研究，现在常用的方法有呼吸箱法、SF示踪法及模型预测法，但是这些方法在实施起来都具有一定的局限性。

（2）对反刍动物甲烷产生的机理的研究，主要集中在产甲烷菌数目、种类及与其他瘤胃微生物相互关系的研究。

（3）对反刍动物甲烷产生量抑制措施的研究，对抑制措施的研究主要集中在抑制剂方面的研究，但是很多抑制剂存在着动物耐受性和影响瘤胃发酵等缺点，既可降低甲烷产生量，又促进反刍动物瘤胃发酵的绿色添加剂则很少。

新西兰一个致力于减少畜牧业温室气体排放科研团体宣称，他们解码了反刍甲烷短杆菌的基因序列，这是羊和牛胃中大约20种左右的产甲烷微生物之一，他们希望能够找到所有产甲烷菌基因上的共同点。这种产甲烷菌特有的基因或许可以提供一条路径，在不伤害反刍动物体内数百种有益菌的前提下，让产甲烷菌失效。研究者们考虑原来由产甲烷菌消化的氢气和二氧化碳可以改由其他微生物消耗，例如在有袋类动物和少数反刍动物肠内占统治地位的产乙酸菌，它们还能产生营养乙酸盐，使动物更加健康。抗产甲烷菌疫苗也是一种不错的尝试，澳大利亚科学家曾研制出一种抗产甲烷菌的疫苗，注射疫苗的绵羊比未注射的少产生了8%的甲烷，但在有些动物体内并不起作用。喂草的牛通常比喂草和玉米混合饲料的牛多制造20%的甲烷，如果在饲料中添加椰子油和葵花籽油之类的不饱和脂肪，也能达到最多减排20%甲烷的目的。不饱和脂肪相当于牲畜肠胃里的氢接收器，在产甲烷菌消化氢之前将其吸收掉，并产生氢化脂肪供牲畜储存或转化为能量。例如，葵花籽油能减少以玉米为主要饲料的牛的甲烷排放达到21%。这种手段的局限在于饲料里添加的油脂不能超过总量的5%，否则牲畜就不肯吃了。苜蓿之类的豆科植物也有助于降低牲畜排气中甲烷的比例，这可能是由于苜蓿中富含单宁酸。单宁酸就是赋予红酒颜色的物质，被认为能够减缓产甲烷菌的生长，从而抑制甲烷的产生。一种叫做蒜素的大蒜提取物，能够神奇地减少25%～50%的甲烷排放，虽然可能有利于气候，可是还没有人测试蒜素会不会影响牲畜的奶和肉的口味。

4.2.3.4 产氢过程的甲烷抑制

堆肥污泥在进行强制通气操作后，含纤维素废水中每 1g 六碳糖能够产 330～340g 的 H_2，而且体系无甲烷产生。以表面活性剂与偏硅酸钠的混合物作为添加剂，能抑制产甲烷菌的生长，且接种污泥无需预处理即可提高产氢量。另外，随着添加剂投加量的增大，体系中氢气的浓度增大，在 5g（干重）餐厨垃圾投加添加剂为 1.75g 时，产氢量为 114.5mL（以每克挥发性固体（VS）计）。BES（2-Bromoethanesulfonate，2-溴乙烷磺酸盐）、乙炔和氯仿是常用的甲烷抑制剂，BES 是辅酶 M 类似物，它对产甲烷生物具有极强的特异性抑制，添加 100mg/L 的 BES 可以很有效地促进产氢进程，但是，对于大规模的污泥处理方法，该添加量仍然存在经济不可行的问题；乙炔可以抑制小分子碳氢化合物合成菌的活性，对细胞膜上发生的蛋白运动和 ATP 合成会有影响，当乙炔的气相分压达到 500Pa 时，对于纯培养的产甲烷微生物具有高效的抑制作用，由于乙炔可以抑制产甲烷菌的质子流动、ATP 合成和镍离子吸收，因此乙炔对产甲烷菌有很强的特异性抑制作用。在研究造纸废水厌氧污泥产氢过程中发现，气相中乙炔的存在和添加 BES 对抑制产甲烷生物具有一样的效果，而且乙炔的加入不会影响氢的产量。

4.3 甲烷的生物氧化及应用

4.3.1 影响甲烷氧化菌在土壤中活性的主要因素

甲烷的氧化作用中的好氧氧化主要发生在陆地生态系统，包括湿地和旱地、森林、稻田和填埋场；而在无氧的深海、淤泥深处，厌氧氧化可能是更重要的过程。目前为止，对于甲烷的厌氧氧化的控制因素还很少有人研究，在估算大气甲烷浓度随时间的变化时需要把控制甲烷氧化的因素考虑进去，在建立预测模型时特别需要考虑那些直接影响甲烷氧化微生物活性的因素。由于湿地甲烷氧化菌可能经常暴露于极高浓度的甲烷中，而旱地土壤中甲烷氧化菌是以消耗大气甲烷而生存的，因此可以推断，旱地、水田等不同土壤中甲烷氧化菌的种群可能不一样，一般甲烷氧化的影响因素主要有以下几点。

4.3.1.1 甲烷浓度的影响

甲烷是甲烷氧化细菌生长代谢的唯一能源及碳源，在所有土壤中甲烷浓度可能是控制甲烷氧化速率的最主要的因素。几乎所有的研究结果都表明，土壤氧化甲烷的速率随甲烷浓度的升高而增加。在湿地土壤中，许多研究者发现甲烷氧化的最大速率总是发生在好氧厌氧交界处具有最高甲烷浓度的区域，并且有报道显示：某些情况下扩散进好氧表层中的甲烷甚至可以全部被消耗掉，这些说明甲烷总消耗可能主要受到甲烷产生和甲烷向上扩散速率的控制。在旱地土壤中，甲烷供给受到大气甲烷的低浓度及气体扩散屏障的限制，以当前的大气甲烷浓度计算，甲烷在土壤溶液中的溶解度只有 2.5nmol/L，而甲烷氧化作用的 K_m 值在

1.7 ~ 75μmol/L 之间，可见土壤甲烷浓度远远低于甲烷氧化的 K_m 值，这提示我们土壤中甲烷氧化细菌活性受到甲烷供给的限制非常显著。有机质含量在一定程度上也会影响甲烷氧化效果，在相同进气量的情况下，有机质含量为 11.7% 填埋场覆土中甲烷的平均氧化速率为 15mol/(m² · d)，最大氧化速率为 18mol/(m² · d)；有机质含量为 1% 的填埋覆土中甲烷最大氧化速率仅为 12mol/(m² · d)。Martin 等人研究了甲烷浓度对草地、森林、耕地及稻田等不同类型土壤甲烷氧化作用的影响，结果表明一个活跃的甲烷氧化菌群的形成需要充足的甲烷。当土壤被培养在浓度为 100 ~ 1000μL/L 的甲烷中，所有土壤样品中甲烷氧化菌和甲烷氧化活性都明显上升，因此虽然新鲜土壤通常仅表现出较低的甲烷氧化活性，但是其具有显著的甲烷氧化潜势，一旦被暴露于高浓度的甲烷中时，甲烷氧化能力便会有显著的提高。

4.3.1.2　氮的影响

目前普遍认为氮肥使用减少土壤消耗甲烷的能力，Steudler 对温带森林系统的研究结果认为氮肥的使用使土壤甲烷氧化能力降低 33%，美国东北部温带森林土壤使用氮肥可能减少土壤对大气甲烷氧化能力的30% ~ 60%。然而氮肥对土壤甲烷氧化的抑制作用因氮肥品种不同而异，对英国洛桑试验站长期试验地土壤的分析表明，土壤在施用铵态氮肥后，失去大部分甲烷氧化能力，即使在停止施用铵态氮肥 3 年后，土壤仍没有完全恢复对甲烷的氧化能力。然而在洛桑试验站的试验还表明，硝态氮施用后土壤对甲烷氧化作用与不施用氮肥的对照没有显著差异，对施用尿素的灌木林沼泽地甲烷氧化能力的观测结果表明，施用尿素的土地对甲烷氧化能力显著低于不施用氮肥的对照。值得注意的是，为提高氮肥利用率而伴随使用的各种硝化抑制剂对土壤甲烷氧化能力有强烈的抑制作用，硝化抑制剂在抑制氨硝化的同时，也抑制甲烷的氧化，事实上一些硝化抑制剂如乙炔也经常用于抑制甲烷氧化的研究。

氮对土壤氧化甲烷的抑制作用可以表现为短期效应和长期效应两方面，前者指加入的氮在土壤溶液中消失之前对甲烷氧化的抑制作用，后者是指氮素在土壤溶液中消失后仍然对甲烷氧化的抑制作用，不同氮肥品种对甲烷氧化的长期效应和短期效应有所不同，各种形态的氮肥都表现出对土壤甲烷氧化的短期抑制作用，但是似乎只有铵态氮肥对土壤氧化甲烷具有长期抑制效应。

一些培养试验结果表明，KCl、NaCl 和 KNO₃ 对土壤甲烷氧化也具有一定的抑制作用，施入氮肥对土壤溶液溶质浓度的改变可能是导致土壤甲烷氧化能力降低的抑制机制之一。另外一些研究者认为，土壤中加入氯化钾、硝酸钾和硝酸钠等对甲烷氧化的抑制作用可能与钾钠离子置换出吸附态的铵离子有关。

4.3.1.3　氧的影响

甲烷在有氧添加下的氧化是专性好氧过程，土壤中任何涉及氧气扩散的因素都可能影响甲烷的氧化速率，在旱地土壤中，土壤水分及结构是影响甲烷和氧气扩散的重要因素，结构紧密和高土壤含水量会限制甲烷和氧气的传输从而降低甲烷的氧化，随着土壤含水量的升高，甲烷消耗速率通常下降，甚至在微生物活性上升时也如此，但是对于旱地土壤而言，由于大气中甲烷为微生物氧化的底物来源，其浓度远远低于微生物的利用能力，因此限制气体扩散将首先在更大程度上限制甲烷的供给，氧气不可能是甲烷消耗的主要因素，然而在湿地土壤中情况可能非常不同，不仅亚表层厌氧区可以供给高浓度的甲烷，而且由于氧气缓慢的扩散速率和在土壤中快速的消耗而使氧气的可供给性受到限制，从而改变了甲烷和氧气限制作用的相对重要性，在这里氧气供给成为控制甲烷消耗的重要因素。

4.3.1.4 温度的影响

甲烷氧化的最适温度为 25～35℃，在 2～25℃，甲烷氧化速率以指数形式增长，当温度超过 37℃时，大多数甲烷氧化菌停止生长，只有 *Methylococcus Capsulatus* 可以在 45℃的条件下生活，达到 50℃时，甲烷氧化作用完全受到抑制。与甲烷的产生作用相比，甲烷消耗作用对温度更加不敏感些，当温度从最适温度范围降至 0～10℃时，甲烷消耗作用仍可以最大速率的 13%～38% 进行。Kielland 观察到冻原土壤随温度上升微生物呼吸作用显著增强，但是甲烷氧化作用几乎没有变化，在温度只有 1℃时仍然观察到甲烷的氧化，以上这些说明温度不是甲烷氧化的主要控制因素。

4.3.1.5 pH 值的影响

大多数已知的甲烷氧化菌生长的最适 pH 值为 6.6～6.8，甲烷氧化菌代谢的适宜 pH 值范围也为中性。显然，在中性土壤中，环境 pH 值与最适 pH 值范围一致。Hilger 等研究发现，添加石灰可以明显提高甲烷氧化速率。但由于垃圾填埋覆土层具有很强的 pH 缓冲能力，其影响也就相对减弱了。而在偏酸和偏碱的土壤中，甲烷氧化菌并没有很好地适应环境 pH 值，但是一些甲烷氧化菌能够在较宽的 pH 值范围内活动，在几种土壤中已经观察到甲烷氧化菌能够在 pH 值为 4～9 时生长繁殖并具有活跃的代谢功能，Martin 发现在 pH 值为 2.3 的酸性土壤中，仍然可以发生甲烷氧化作用。极端调剂甲烷氧化菌的选育也是目前基于温室气体减排的研究热点之一。

4.3.1.6 水分状况

土壤水分状况既影响甲烷氧化微生物本身的活性，又影响基质扩散和渗透压。弗吉尼亚南部大沼泽在积水时期是一个甲烷源，在干旱季节变为大气甲烷的汇，据观测水稻田在淹水期排放大量的甲烷，而在晒田期间由于甲烷氧化菌对产甲烷菌产生的甲烷的氧化，几乎没有净甲烷排放量。可见水分在控制土壤作为甲烷源和汇的能力上的重要性。土壤氧化甲烷有一个最佳的水分范围，甲烷氧化的最佳土壤湿度（质量分数）为 10%～20%，过高的湿度会降低甲烷氧化菌的氧化速率，当土壤湿度达到 35% 时，甲烷氧化速率极低。风干抑制甲烷氧化菌的活性，而高于最佳含水量时，甲烷和氧气在土壤中的扩散受到限制，由于底物的供应受阻而降低甲烷氧化能力。不同来源和自然类型的土壤，增加水分含量对其甲烷氧化所造成的影响可能不同。沙漠土壤常常处于干旱状态，微生物的活性因为受到水分的限制而不能充分发挥，因而降雨会促进甲烷的吸收。而在湿润的温带森林土壤，降雨后甲烷氧化能力下降。

4.3.1.7　甲烷氧化菌扩大培养条件

以矿化垃圾和矿化污泥作为甲烷氧化菌的载体，进行甲烷氧化菌的培养可用于填埋场填埋气中甲烷的氧化去除。采用 2.5L 反应器连续通入甲烷和二氧化碳混合气进行甲烷氧化菌培养，高通气量（210mL/min）试验表明在培养 48h 后循环混合气中的甲烷含量有明显降低，甲烷的氧化去除率最高达 16%。

经常采用的 MNMS 培养基的配方如下：KH_2PO_4 为 1.0g/L、$Na_2HPO_4 \cdot 12H_2O$ 为 2.9g/L、$MgSO_4 \cdot 7H_2O$ 为 0.32g/L、$(NH_4)_2SO_4$ 为 3.0g/L、微量元素溶液 10mL、蒸馏水 990mL、pH 值为 6.8。微量元素溶液组成（mg/L）如下：$ZnSO_4 \cdot 7H_2O$ 为 0.287、$MnSO_4 \cdot 7H_2O$ 为 0.223、H_3BO_3 为 0.062、$Na_2MoO_4 \cdot 2H_2O$ 为 0.048、$COCl_2 \cdot 6H_2O$ 为 0.048、KI 为 0.083、$CaCl_2 \cdot 2H_2O$ 为 0.35。

4.3.2　填埋场甲烷氧化覆盖层研究与应用

城市生活垃圾填埋场在填埋过程中会产生大量填埋气体，其典型的组成成分包括：CH_4 64%，CO_2 35% 以及小于 1% 的其他微量气体。全球的垃圾填埋场每年排放甲烷 $(9 \sim 70) \times 10^{12} g$，约占全球排放量的 15%，所以有效控制填埋场的甲烷排放对于抑制全球变暖意义重大。生活垃圾填埋场填埋稳定产气高峰可持续约 5 年，而这之后的更长时间排放的甲烷是无法回收利用的。而矿化垃圾富含甲烷氧化菌（$> 12.5 \times 10^7 cfu/g$），以矿化垃圾覆盖层进行生活垃圾填埋场填埋后期的甲烷减排具有广阔的应用前景。填埋覆土甲烷氧化主要发生在覆土层 $0 \sim 30 cm$ 深处。$0 \sim 30 cm$ 土层中甲烷氧化菌数量最多、活性最强，甲烷氧化速率最高可达 $290 g/(m^2 \cdot d)$。填埋覆土中甲烷氧化菌氧化甲烷的过程可分为 4 步：

（1）甲烷在甲烷单加氧酶催化作用下氧化为甲醇。

（2）甲烷氧化产生的内源甲醇和由几丁质及木质素降解形成的外源甲醇在甲醇脱氢酶（methanol dehydrogenase，MDH）的作用下氧化成甲醛。

（3）甲醛在甲醛脱氢酶（FADH）的作用下氧化成甲酸。

（4）甲酸在甲酸脱氢酶（FDH）作用下氧化为 CO_2，甲醛氧化为甲酸，继而氧化成 CO_2 的整个过程产生了整个甲烷氧化过程所需的还原力。

普通的填埋场覆盖土本身就能利用微生物作用产生至少每年 10% ~ 25% 的甲烷氧化率，且其在常温常压下即可产生氧化效果，运作成本远远低于利用管道系统收集和利用填埋气。以庭院堆肥物为主要结构层、辅以植被层和排水层的生物覆盖层，即使在填埋场气体回收系统停止运行的情况下，对 CH_4 氧化率约为55%，明显高于普通土壤覆盖层。因此，通过研究填埋场改性覆盖材料来强化其甲烷氧化活性成为经济可行的方法，国内外也有很多专家学者已经对此作了详尽的研究报道，具体研究材料如下所述。

4.3.2.1 普通覆盖材料

填埋场覆盖层应该包括日覆盖和终场覆盖，但是实际上由于种种原因，许多填埋场是很少或不进行日覆盖的，所以，终场覆盖层就显得至关重要。一般的填埋场都是就近取土进行覆盖的，也有一些填埋场需要从场外运送土壤进行覆盖。但是各个填埋场的覆盖土壤种类不同，所以其产生的甲烷氧化效果也有所不同。改性覆盖材料的研究就是在覆盖土壤日益缺乏且不能达到较好的氧化效果的情况下应运而生的。

4.3.2.2 改性覆盖材料

最初的改性材料只是用农业土壤、花园土壤等一般土壤和其他土壤的混合土壤。随着研究的深入，越来越多的研究者试图利用废弃物制作改性材料进行覆盖从而达到"以废治废"的目的。目前研究最多的改性材料是各种材料如沙子、木屑、活性炭、泥煤等以及各种物质的新鲜或成熟堆肥产物与土壤的复配材料，其中，用于堆肥的物质主要有：城市生活垃圾、花园垃圾、树叶及树皮、市政污泥等。在进气负荷为 $9.4g/(m^3 \cdot h)$ 时，用 $0 \sim 10\%$ 质量分数的木屑与堆肥混合而成的含水率为52%，厚度为30cm的生物覆盖层可以长期达到100%的甲烷氧化率。在进气负荷为 $0 \sim 6000g/(m^3 \cdot d)$ 时，使用复合型覆盖层从上到下依次为：0.1m的潮湿表层土壤、0.02m的沙子、0.02m的砂砾、0.67m的黏土以及$0.1 \sim 0.3m$ 的砂砾，甲烷氧化速率可高达 $1900g/(m^3 \cdot d)$。此外，很多实验研究都表明堆肥用作覆盖层有很好的甲烷氧化效果。堆肥作为覆盖层取得良好效果的主要原因是堆肥具有大孔径且富含有机质，能在给甲烷氧化菌提供有机质的同时使其处于较好的通气状况中。但是其作为填埋场覆盖层的应用成本却偏高，难以应用于工程。

4.3.2.3 矿化垃圾覆盖层

以矿化垃圾为主要材料，向其中添加各种物质代替传统的土壤覆盖层，以增强改性覆盖材料的甲烷氧化效果：

（1）添加含甲烷氧化菌的材料如矿化污泥及畜禽粪便等，增加单位体积甲烷氧化菌密度。

（2）改变甲烷氧化菌的生存条件，提高甲烷氧化菌的活性，包括增大覆盖材料孔隙（添加沙子、粉煤灰等）、调整湿度和提高有机质含量（添加新鲜污泥），同时，向矿化垃圾喷洒 NMS 营养液增强甲烷氧化菌的活性。

实验表明：在一周的测定周期内，当矿化垃圾的矿化污泥为7：3（干基比）和6：4（干基比）时，可分别达到52.75%和65.11%的甲烷氧化率；添加了1%新鲜污泥的矿化垃圾可达到78.04%的甲烷氧化率；添加了3%新鲜污泥的矿化垃圾在第4天即可达到100%的甲烷氧化率，而添加了4%新鲜污泥的矿化垃圾在第5天也可达到100%的甲烷氧化率。

4.4 其他甲烷回收与利用技术

环境工程中对甲烷回收与利用主要集中在传统的填埋气和垃圾焚烧发电，目前的最新研究集中于餐厨垃圾厌氧发酵的能源化温室气体减排技术。从减量化的角度考虑，一是通过生物技术减少甲烷的产生或将产生的甲烷进行生物转化；二是通过加速填埋场稳定化缩短产期时间而实现减排的目的。以下对目前工程是主要应用的回收与利用进行介绍。

4.4.1 填埋气利用技术

收集填埋气用于锅炉供热或并网发电是目前国际上应用最广泛的温室气体减排技术。在生活垃圾填埋场产气活跃期，填埋气中甲烷含量高达50%以上，是一种良好的可再生能源。图4-8为填埋气体回收发电的系统工艺流程图，填埋气的利用分收集系统、净化系统、燃烧发电系统、上网系统和余热回收系统等。根据填埋场稳定化研究表明：我国南方地区生活垃圾降解接近初步稳定后，其转化为填埋气约占1%~2%左右的垃圾重量（均以垃圾干重计），而由于沼气前处理损失以及不能完全收集等原因，使得填埋场中实际可以利用的沼气量约为理论值

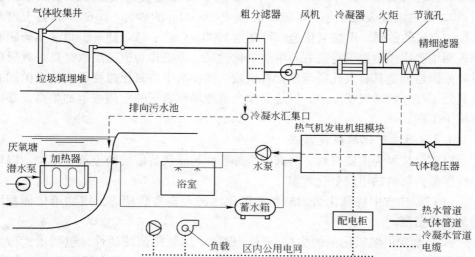

图4-8 填埋气体回收发电的系统工艺流程

的 1/4。但由于填埋场中垃圾含量足够大，其最终的填埋气含量仍可以达到可利用规模。

到目前为止我国的填埋气项目还十分稀少。目前，在我国约有 680 个垃圾填埋场拥有最低限度的被动排气系统，如填埋气井或收集管道等。相对应的，目前仅有 20 家 CDM 填埋气项目正在运营中，其中 8 个已经开始运作，3 个正在建设，剩下的 9 个则还在设计阶段。

4.4.1.1 填埋气工程化利用可行性分析

A 填埋气收集类型

填埋气的收集方式可分为主动导排与被动导排两种方式，采用何种收集方式主要取决于填埋气的产气量和产气速率，以及填埋场实际情况。

被动气体收集系统主要使气体直接排出而不使用其他强制导排机械手段，此系统可以在填埋场外部或内部使用。填埋场周边的沟槽和管路可作为被动收集系统用于阻止气体通过上体向侧向流动并直接将其排入大气。如填埋场地下水位较浅，沟槽可挖至地下水位深度，然后回填透水的石渣或埋没多孔管作为被动系统的隔墙。根据周围土的种类，需要在沟槽外侧设置透水性很小的隔墙，以增进沟槽内被动排气量；如果周围是砂性土，其透水性和沟槽相似，则需在沟槽外侧铺一层柔性薄膜，以阻止气体流动，让气体经排气口排出；如果周边地下水位较深，则可用泥浆墙组织气体流动。被动气体收集系统的优点是费用较低，且维护保养也较简单。

主动气体收集系统则通过利用动力形成真空或产生负压，强迫气体从填埋场中排出。绝大多数主动气体收集系统均利用负压形成真空，使填埋废气通过抽气井、排气槽或排气层排出。主动气体收集系统主要包括抽气井、集气管、冷凝水脱离和水泵站、真空源、气体处理站（回收或焚烧）以及监测设备等。主动气体收集系统费用比较高，但是其集气效率优于被动气体收集系统，收集系统能常年、在多种气候条件下迅速有效地收集沼气。

B 填埋气收集管道及铺设

填埋气收集管道使用高密度聚乙烯（HDPE）管件，HDPE 管件是最适合进行地表和地下填埋气收集的材料。使用 HDPE 管件的好处包括：高弹性、能承受填埋场沉降的影响以及抗腐蚀性、能接触侵蚀性元素。

收集管道系统包括沿填埋场中心线铺设的主管以及连接主管及抽取井的支管，垃圾堆体边界外的管道铺设在地下。堆体底部铺设的管道受车辆损坏可能性较小，维护费用少。设置在临时位置及垃圾上的管道，在填埋场沉降后可允许对管道进行移位或调整。地面管道得到锚固后，需留有一定余地允许其适当的伸展与收缩。同时，填埋气收集管道需保证一定坡度以排出冷凝物，并收集到冷凝池中。在原土面铺设的管道至少有 0.5% 的坡度，垃圾内的管道至少有 3% 的坡度。

4.4.1.2 沼气净化系统

填埋场的沼气经过收集系统收集后，进入沼气净化塔。沼气经过净化塔净化后，进入储气柜储存，最后进入发电机组。一般采用柴油点火的（沼气-柴油）双燃料发电机组，主要考虑柴油点火能量巨大、火点密且多，从而可以稀薄混合气，压缩比可提高至16～18。稀薄燃烧使得燃烧较为充分，燃料利用率高，排气温度低。由于燃烧平稳强劲，功率储备上升，发电机整体寿命提高，该设备对CH_4含量适应性较强（30%～70%的甲烷含量都可正常运行）。

4.4.1.3 沼气发电

在垃圾填埋场产气活跃期，LFG中CH_4含量高达50%以上，是一种良好的可再生能源，利用LFG发电和供热是国际上应用最广泛的温室气体减排技术。LFG除了CH_4外还有部分的CO_2，但是因为这部分碳的最初来源为生物质，因此，从碳平衡的角度来看，整个过程为零碳排放，不将其计入基准线排放。用LFG发电时，温室气体减排折合成CO_2的当量为：

$$ER_y = MD_y \times GWP_{CH_4} + EG_y \times CEF_{electricity,y} \tag{4-1}$$

式中　　ER_y——该项目规定年份（y年）中减排CO_2量，t；

　　　　MD_y——该项目在规定年份烧掉的CH_4量，t；

　　GWP_{CH_4}——CH_4产生的温室效应与CO_2相比的倍数，取21；

　　　　EG_y——该项目在规定年份扣除自用电后的净上网电量，$MW \cdot h$；

　$CEF_{electricity,y}$——在规定年份，当地发电的CO_2平均排放系数，$t/(MW \cdot h)$。

图4-9为LFG发电项目系统流程及边界示意图，由于垃圾填埋气中的CH_4占41%～48%，烧掉CH_4后产生的是CO_2，而CH_4产生的温室效应是CO_2的21倍，加上生产的电力也产生了温室气体减排，因此利用LFG发电所产生的温室气体减排效应是非常可观的。

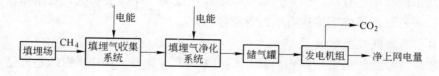

图4-9　LFG发电项目系统流程及边界示意图

垃圾厌氧消化沼气发电项目，温室气体减排折合成CO_2的当量为：

$$ER_y = MD'_y \times GWP_{CH_4} + EH_y \times CEF_{electricity,y} + FD_y \times CEF_{fertilizre,y} \tag{4-2}$$

式中　　MD'_y——在规定年份，厌氧消化处理的有机物垃圾如进行填埋所排放出的CH_4量，t；

　　　　FD_y——在规定年份，厌氧消化所产肥料替代的化肥量，t；

$CEF_{fertilizre,y}$——在规定年份化肥产生的 CO_2 平均排放系数。

4.4.1.4 填埋气的其他利用

采用有效的预处理手段，将垃圾填埋气中的甲烷浓度提高到95%，同时去除灰尘及酸性气体，可以制备性能卓越的管道气，作为城市煤气的替代产品，从而控制垃圾场甲烷的无控释放。此外，填埋气也可以作为运输工具的动力燃料。全球环境基金（GEF）在我国鞍山市建设了垃圾填埋沼气制取汽车燃料的示范工程，其产品为净化垃圾填埋气压缩气，可用作汽车燃料。

与开发填埋气中的可用气体发电和作为燃料相比，燃烧一类的热方法没有技术上的优势。但对于小型垃圾填埋场及封场多年的垃圾场，填埋气的利用没有经济可行性。鉴于甲烷的GWP是 CO_2 的21倍，通过火炬燃烧将甲烷转化为 CO_2 也可以大大降低填埋气的温室气体排放强度。

4.4.2 餐厨垃圾厌氧发酵

由于餐厨垃圾富含淀粉、脂肪、糖类等易生物降解的成分，如果采用卫生填埋方式处置将占用大量宝贵土地，同时产生的恶臭渗滤液将严重污染填埋场周边环境，因此采用全封闭的厌氧处理模式是处置这类废弃物的首选方法。对餐厨垃圾进行资源化处理是目前国际上对餐厨垃圾处理方式的发展方向，这种方法可以循环经济的模式走出餐厨垃圾处理领域的可持续发展之路。餐厨垃圾的资源化处理方式有效地克服了传统的填埋、焚烧、堆肥、饲料化等方法带来的种种弊端与健康安全隐患，最大限度地达到了对餐厨垃圾的资源化利用。由于餐厨垃圾在厌氧条件下极易被微生物分解，产生氢气、甲烷等可燃气体，因此采用厌氧消化方式处置餐厨垃圾可在处理这些废弃物的同时回收大量生物能源，从而在减少温室气体排放的同时，一定程度上可以缓解能源短缺的现状。

餐厨垃圾的厌氧发酵处理在减量化的基础上也可实现城市生活垃圾的无害化、资源化处理。有机垃圾厌氧发酵是在厌氧状态下利用微生物将垃圾中的有机物转化为甲烷和二氧化碳的技术，其反应机理与污水的厌氧发酵过程类似。近十年来，有机垃圾厌氧发酵技术在德国、瑞士、奥地利、芬兰、瑞典等国家发展迅速，日本也从欧洲引进技术，建设了首座厌氧发酵示范工程。基于生态和法律的要求，对生活垃圾及有机垃圾进行厌氧发酵处理正成为全球的大趋势。至2002年，欧洲厌氧发酵处理厂的垃圾处理量比1991年增长了13倍。

在技术上，根据发酵时垃圾中固体含量的不同，厌氧发酵可分为湿式与干式两种方法，湿式厌氧发酵处理的垃圾中，固体含量一般为10%～15%，干式厌氧发酵处理的垃圾中，固体含量一般为20%～30%。厌氧发酵产生的具有能源价值的生物气体有多种用途，使用最多的方式是利用气体发电机发电，或净化处理后加压装罐，生产天然气汽车燃料，也可以输入城市燃气管网用于民用燃气。

国内外比较先进的典型干式厌氧发酵过程如下：计量称重—稀释、加热及混合至固体含量为 30%—利用锅炉蒸汽加热物料—发酵罐加料与重力出料、气体搅拌、沼气净化脱硫脱水、发电—沼渣板框压滤脱水和二次发酵堆肥—安全火炬—自动控制系统。

以某生物垃圾综合处理厂典型工艺为例（图 4-10），其发酵罐容积达到 4500m³ 左右，发酵罐构造是采用预制的圆柱形混凝土罐，内径 16.5m，包括扶手时的总高 26.3m。发酵罐有一个盖板与一个内部钢筋混凝土隔离墙。罐体底部的混凝土板上安装有气体注射器，底部下面有管道设备间，与发酵罐一起建在一个平坦的混凝土地基上。发酵罐外壁覆以绝缘物和单层金属壳，顶部由一个由带有泄漏保护的绝缘体密封构成。

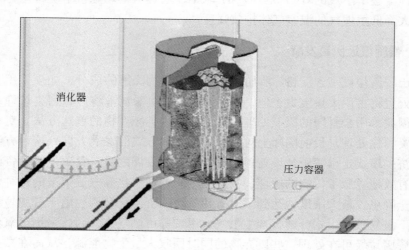

图 4-10　典型工艺发酵罐构造

所得厌氧发酵工艺参数见表 4-5。餐厨垃圾厌氧发酵流程如图 4-11 所示。

表 4-5　典型生活垃圾干式厌氧发酵工艺的主要设计与运行参数

序 号	项 目		生活垃圾	有机垃圾
1	进罐垃圾流量	年流量/t	175000	39000
		峰值因素/%	10	
2	发酵罐容积	计算容积/m³	5×4500	1×4500
		有效容积/m³	5×3735	1×3735
3	设计负荷（有效容量）	VDM/kg·(m³·d)⁻¹	5.9	8.2
		停留时间/天	32	25
4	最大负荷（有效容量）	VDM/kg·(m³·d)⁻¹	6.5	9.0
		停留时间/天	29	23

续表 4-5

序　号	项　目		生活垃圾	有机垃圾
5	发酵温度/℃		55	
6	生物气体	产量/m³·t⁻¹	110	90
		年均甲烷含量/%	55	
		日均甲烷含量/%	50~60	
		瞬时甲烷含量/%	45~65	
		甲烷产率(m³/kg 非合成 VDM)/%	31	18
		气体产率(生物气体/非合成 VDM)/%	71	41

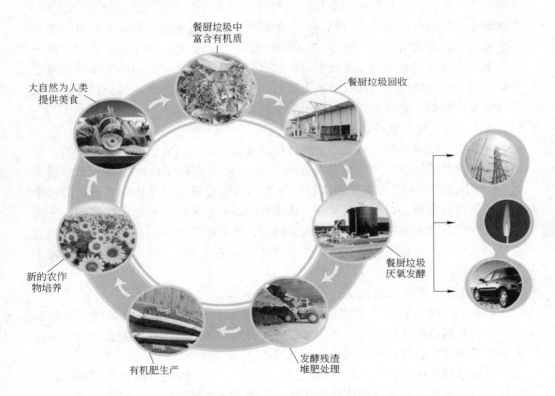

图 4-11　餐厨垃圾厌氧发酵工程流程示意图

4.4.3　油气系统甲烷排放源及减排技术

在油气生产、处理、储运和分销过程中普遍存在甲烷排放现象。甲烷排放的形式主要有：

（1）正常作业过程中的逃逸性排放（如油气生产过程中与放空有关的排

放）；

（2）设备放空口处的长期泄漏或排放；

（3）日常维护过程中的排放（如管线修复过程中的排放）；

（4）系统失常和事故过程中的排放。

在油气系统中，通过技术或设备升级以及改善管理规范和操作程序等手段可以减少甲烷排放。美国的天然气STAR计划推荐了许多业已证实的、有成本效益的甲烷减排技术。

4.4.3.1　伴生气、套管气回收技术

原油和凝析液在储存和转输过程中，包含大量甲烷气体的轻烃组分将蒸发并排放到大气中，一部分轻烃组分还通过操作损耗和小呼吸损耗的形式进入大气，在储罐上安装蒸气回收装置可经济有效地回收这部分排放的气体。据测算，安装一套蒸汽回收装置可回收大约95%的轻烃蒸气。在油气生产过程中，油套环空中聚集的套管气通常也被直接放空。回收套管气的方法之一是用小直径管线将套管放空口直接连接到蒸气回收装置上进行回收，减少甲烷排放；另一种方法是在井口安装压缩机，将套管气进行增压后直接输入集气管线中。

4.4.3.2　绿色完井技术

气井钻井或修井后，一般需要经过排液才能投产。通常做法是开井敞喷，产出气体被直接烧掉或放空。解决这个问题的一种方法是在井场配备一套便携式气-液-砂分离器和一台便携式脱水器，将大部分初始采出气净化到满足销售标准的气体后回收利用。对于低压气井，还需要配备一台便携式压缩机，从输气干线中吸入气体并注入井中，提高气井流动能力，将采出气增压后送入输气干线，直至井内液相、固相排完为止。这种技术称作"绿色完井"，该方法可极大地减少气井排液投产过程中的甲烷排放量。

4.4.3.3　管线减排技术

在天然气储运和分销系统，经常需要更改或扩建管线、安装新阀或维修旧阀、进行管线维护和复强等，在作业过程中，为了确保工作环境的安全，通常做法是先关闭部分管线，然后将该段管线中的天然气放空，最后再进行管线作业。这个过程将导致大量甲烷气体被排放到大气中。不停管线输送的开孔技术、在线复合材料复强修复技术等替代技术能在不关闭管线系统和放空天然气的情况下完成管线修复作业，达到减少甲烷排放、避免中断管线运行以及减少维修费用的效果。

除了上述管线减排技术以外，也可以在管线放空之前利用抽空技术来降低管线压力，达到减少甲烷排放的目的。采用管线抽空技术时，根据场地情况，作业者可以单独使用在线压缩机或将在线压缩机和便携式压缩机一起使用。使用在线压缩机由于不需要再增加其他设备，因此在经济上比较合算。据测算，单独使用

在线压缩机时能够将管线压力降低50%。如果与便携式压缩机一起使用，则可以将管线压力降低90%。

4.4.3.4　压缩机减排技术

天然气系统中广泛使用往复式和离心式压缩机对天然气进行增压。当压缩机工作或停机时，这两种类型的压缩机都存在潜在的甲烷排放问题。据估计，通过更换旧的、效率低的压缩机，可以从该系统中减少90%的甲烷排放量。此外，许多压缩机使用油封系统（称作湿封），尽管这种系统的密封性能良好，但密封油会吸收甲烷气体，为了保持密封油的黏度和润滑性，需要对密封油进行脱气处理，脱出的气体通常直接排放到大气中。采用干封系统能很好地避免压缩机密封系统的甲烷排放问题。

当压缩站进行维护作业或出现事故时，通常的做法是将压缩机中的高压天然气直接放空。通过以下措施可显著地减少压缩机停机放空时的甲烷排放量：将压缩机保持在高压状态；将压缩机保持在高压状态并将放空管线连接到燃气系统上；将压缩机保持在高压状态并在压缩机活塞杆上额外安装一套静密封装置。

4.4.3.5　脱水器减排技术

为了满足管线外输的质量要求，在生产和处理部门中的许多天然气脱水系统常使用甘醇来除去天然气中的水分。甘醇会吸收甲烷、挥发性有机化合物（VOC）和有害空气污染物（HAP），在甘醇再沸器中，这部分吸收的气体将被排放到大气中。减少脱水系统中甲烷排放的方法有：优化甘醇循环速度、在脱水器上安装闪蒸罐分离器、用干燥剂脱水器代替甘醇脱水器、用电动泵替换气驱甘醇泵、改变甘醇撇油器的气流通道、用分离器和在线加热器代替甘醇脱水器、使用零排放脱水器、使用便携式干燥剂脱水器等。

4.4.3.6　气井排液技术

井筒积液可能导致气井停产，传统的气井排液方法（特别是放空作业）将向大气中排放大量的甲烷气体。柱塞举升系统是取代井口放空的一种经济有效的气井排液方法，它能显著地减少气体损失、消除或减少修井作业次数并提高气井产能。柱塞举升系统中，气体在井口被收集起来并进入集气管线，而不是直接排放到大气中。该系统可以以固定工作周期或预设工作压差的方式进行工作，也可以采用"智能的"自动化系统进行操作。

此外，安装加速管、安装井下气水分离泵、优化放空时间等措施都能在一定程度上减少气井排液过程中的甲烷排放。

4.4.4　甲烷市场化节能减排新途径

目前，全球已有多家组织通过项目网络承诺支持甲烷市场化合作计划，这些成员包括私营公司、开发银行、非政府组织，以及其他有意于甲烷回收和利用项目的机构。国家安全生产监督局指出，瓦斯治理与控制已成为煤矿安全生产的头等大事。中国政府近年来已拨出亿元国债资金用于煤矿瓦斯治理，全国已有多座煤矿建立了瓦斯抽放系统。但与其他主要产煤国相比，中国的煤矿安全状况依然十分严峻，必须加大瓦斯治理技术的科技攻关力度，从技术上为瓦斯治理提供保障。而"国际甲烷市场化合作计划"的启动，将从资金和技术上为控制矿井瓦斯提供支持。自从甲烷市场化伙伴计划第一次部长级会议以来，中国政府一直积极参与该伙伴计划的各项活动。同时，由发改委牵头组织研究了当前在该伙伴计划下四个领域的甲烷回收与利用的技术潜力，分析了影响甲烷市场化的政策、法规和融资等方面存在的障碍，研究提出对策措施，使甲烷项目成为商业化投资开发机会。

除了煤炭开采排放大的甲烷外，石油及天然气在生产、加工、输送及分销的过程中释放的甲烷是第二大人为甲烷源。伴随石油的开采过程，通常会释放出一定量的伴生气，原油储存过程中呼吸阀也会放出一定的挥发气，这些气体主要成分是甲烷。据统计，因油气田开采，每年向大气层排放多达亿立方米的甲烷，也就是亿吨碳当量。尽管天然气是一种清洁能源，但是从天然气系统中损失的甲烷占了全世界甲烷排放的很大比重这一现象已经引起了国内三大石油公司的重视。中石油在分析不同开采区域生产与用能特点、做好相关评价的基础上，研究开发适用的回收利用技术，率先集成单井定压伴生气回收、天然气发动机及天然气发电机等一系列综合利用节能技术，将以往套管放空、点火炬等的伴生气变为了可替代原油的清洁能源，不仅节省了减排指标，还大大提高了生产经营效益。仅华北油田每年就回收伴生气数万立方米，节约替代原料原油万吨，发电达亿千瓦时，不仅减少外购电费近万元，还增加了外销天然气数万立方米，减少二氧化碳排放数万吨。

中海油也在积极采取措施回收油田伴生气，以减少因伴生气燃烧或放空对环境的破坏。例如，在文昌油田增设处理装置，在涠洲岛油田群建设小型天然气液化厂，将伴生气液化并外运销售。文昌油回收伴生气，日处理达数万立方米，每年可减少万吨温室气体排放。回收利用甲烷作为清洁能源，不仅能减少全球甲烷排放，改善空气质量，还增进了资源的循环利用，提高工矿企业的生产安全系数。

在我国，节能减排指标已纳入各企业的业绩考核系统，并且作为政府领导干部综合考核评价和企业负责人业绩考核的重要内容。因此，甲烷市场化对于巩固经济增长、促进能源安全、改善环境以及减少温室气体排放，都有非常好的促进作用。

第5章 其他温室气体的减排

5.1 氟利昂的减排

氟利昂（CFCs）也是主要的温室气体之一，广泛地应用于各种制冷设备上，此外还被用于制造灭火剂、发泡剂和清洗剂等等。在大气层的低处，氟利昂的化学稳定性很好，对人体也没有影响，也不会燃烧，是一种很受人欢迎的人造化工产品。然而，氟利昂之所以臭名昭著，更重要是因为它对臭氧层的严重破坏。

氟利昂能够破坏臭氧层是因为制冷剂中有氯元素的存在，而且随着氯原子数量的增加，对臭氧层破坏能力增加。氟利昂一到了高空，在太阳光的辐射之下，就会发生光化学分解反应，产生氯原子（Cl）。这个氯原子很不安分，不停地和臭氧分子发生反应，从中夺过一个氧原子。臭氧分子失去了一个氧原子，就不再是臭氧了。而氯原子却本性依旧，依然要去找氧分子撒气，夺走它的一个氧原子，使其失去做臭氧的资格。可恶的是，氯原子胃口极大，生命力极强，一个氯原子在其一生当中，能够破坏掉一万个臭氧分子。由于氟利昂有这个怪脾气，所以在人类审判破坏臭氧层的凶手时，它理所当然的就是头号被告。由此也说明，取消生产和使用氟利昂确实是人类保护大气层的一个非常重要，绝对不能掉以轻心的举措。

根据氟利昂制冷剂的分子结构，大致可以分为以下三类：第一类是 CFCs（氯氟烃类），由于其对臭氧层的破坏作用最大，被《蒙特利尔议定书》列为一类受控物质，此类物质目前已禁止使用。即使如此，但由于氯化合物非常稳定，现在排放的 CFCs 分子将存在大气中一个世纪或更长时间。100 年以后，现在排放的 CFCs 在同温层中仍有 37%，200 年后仍有 13%，300 年后还有 4%，即使现在立即停止向大气中释放 CFCs，大气中 CFCs 的含量在一二十年内仍会继续增加。第二类是 HCFCs（氢氯氟烃），臭氧层破坏系数仅仅是 CFCs 的百分之几，因此，目前第二类物质被视为第一类物质的最重要的过渡性替代物质。第三类是 HFCs（氢氟烃类），HFCs 并不包含破坏臭氧的氯原子和溴原子，臭氧层破坏系数为 0，在冰箱、空调和绝缘材料等生产中作为会破坏臭氧的氯氟烃的替代物使用。为了保护全球环境，应该控制 CFCs 氟利昂等物质的使用，积极采取对策，减少对全球环境的影响。

5.1.1　国际及国内对环境保护的相关协定及法规

1985 年 3 月 22 日于维也纳订立的《保护臭氧层维也纳公约》，人们开始意识到臭氧层的变化对人类健康和环境可能造成有害影响。1987 年 9 月 16 日《关于消耗臭氧层物质的蒙特利尔议定书》订于蒙特利尔。1990 年 6 月，缔约国第二次会议在伦敦召开，对原《蒙特利尔议定书》进行调整和修正。1991 年 6 月，缔约国在内罗毕召开第三次会议，对《蒙特利尔议定书》进一步修正，经修正的《蒙特利尔议定书》于 1992 年 8 月 20 日生效。之后，缔约国又于 1992 年 11 月在哥本哈根（第四次会议）、1999 年 11 月在北京（第十一次会议）对《蒙特利尔议定书》进行修改。

1992 年 5 月 9 日在纽约制订的《联合国气候变化框架公约》，于 1997 年 12 月 10 日在日本京都召开的第三次缔约国会议上通过的《京都议定书》，旨在促进用以限制或削减《蒙特利尔议定书》未予管制温室气体的排放政策和做法。《京都议定书》对发达国家减少排放温室气体的数量和时间进行了进一步的规范。在《京都议定书》中，包括二氧化碳（CO_2）、甲烷（CH_4）、氧化亚氮（N_2O）、氢氟碳化物（HFCs）、全氟化碳（PFCs）、六氟化硫（SF_6）等 6 类温室气体被列为受控物质。

1995 年 12 月在维也纳召开的《蒙特利尔议定书》缔约国第七次会议上，进一步明确 CFCs 和 HCFCs 物质的限制日程表。对 CFCs 包括 CFC11、CFC12、CFC113、CFC114 等氯氟烃物质：对发达国家，规定从 1996 年 1 月 1 日起完全停止生产和消费；对发展中国家（CFCs 人均消费小于 0.3kg/年），最后停用的日期是 2010 年。对 HCFCs，包括 HCFC22、HCFC142b、HCFC123 等：对发达国家，从 1996 年起冻结生产量，2004 年开始削减，至 2020 年完全停用；对发展中国家，从 2016 年开始冻结生产量，2040 年完全停用。我国可能在 2030 年即停止 HCFC22 的使用。

1991 年 6 月中华人民共和国政府加入《蒙特利尔议定书》伦敦修正案，并于 1992 年 8 月 10 日该方案对我国生效。我国于 1993 年国务院批准《中国消耗臭氧层物质逐步淘汰国家方案》，规定最迟于 2010 年淘汰全部氯氟烃类物质。在最新的《中国消耗臭氧层物质逐步淘汰国家方案》(2000 年修正稿) 中规定国家方案未涉及这类物质，同时也明确以氢氯氟烃类物质为过渡性替代物质的措施是正确的。我国政府于 1998 年 5 月 29 日正式签署《京都议定书》，中国常驻联合国代表王英凡大使已于 2002 年 8 月 30 日，向联合国秘书长交存了中国政府核准《〈联合国气候变化框架公约〉京都议定书》的核准书。需要指出，目前，我国政府已经加入哥本哈根修正案，开始履行淘汰 HCFC 等消耗臭氧层物质的义务。

5.1.2 加快替代技术的应用和研究

积极研究开发无公害制冷剂来替代氯氟烃类、氢氯氟烃类和溴氟烷烃类制冷剂。自蒙特利尔协议签订以来，各国展开对不同氟利昂替代品的广泛讨论和研究。随着 2004 年实现无氟化日期的临近，用何种制冷剂取代目前被广泛使用的氟利昂，成为人们关注的焦点。有使用价值的氟利昂替代品必须满足环保要求、热力学要求，还要无毒、无味、无可燃性和爆炸性，同时工艺成熟、价格适宜、能被市场接受，无需对原有装置进行大改动即可达到要求。

目前国际上关于氟利昂替代品主要有两种思想：一是开发寻找和氟利昂结构完全不同的气体或液体，如：氨、二氧化碳、水、碳化氢等非氟利昂替代用品；二是保留和改进氟利昂优异物性功能商品，开发无公害氟利昂。美国杜邦公司花费几亿美元资金，率先开发氟利昂替代物。目前，关于氟利昂替代品主要以美国和德国为代表，已从几十种 HCFCs（氢氯氟烃）和 HFCs（氢氟烃）中筛选出数种进行重点开发研究。

在各种替代方案中，以美国、日本为代表的替代方案是以 HFCs 替代 CFCs 作为制冷剂和发泡剂。HFCs 热物理性能与 CFCs 十分相似，臭氧消耗潜能值（ODP，Ozone Depletion Potential）值为零，全球增温潜势（GWP）为 0.026，基本上可以说无毒，用户普遍关心的主要指标即安全性、来源可靠性和成本方面都具有较强的竞争力。HCFCs 生产工艺相对简单且安全，保温性能好，但 ODP 值和 GWP 值均不为零，属过渡性替代品。此替代方案的优点是替代物制冷性能与氟利昂相近，现有制冷设备不需作大的改进就能使用，替代品的投资相对较低。其缺点是 HFCs 虽然不破坏臭氧，但它是一种温室气体，其增暖作用要比 CO_2 大得多，是 1997 年"京都协定"下受规管的六组温室气体之一。在《蒙特利尔议定书》没有规定其使用期限，在《联合国气候变化框架公约》京都议定书中定性为温室气体。按照目前的有关规定，预计对于 HFCs 的需求会全球性增长，到 2050 年，发展中国家的 HFCs 用量将是发达国家的八倍，其增暖作用相当于($5 \sim 9$) $\times 10^9$t 的 CO_2。如果人们不采取任何措施，HFCs 对气候的作用将比人们以前预计的大得多。目前，相对于 CO_2，HFCs 对气候变化的影响小于 1%。但是到 2050 年 HFCs 的贡献将达到 7% ~ 12%。如果稳定 CO_2 排放的努力能够成功，HFCs 对气候的相对贡献还将增加。新的研究分析了发达国家与发展中国家对于空调、制冷剂等的需求以及 HFCs 用量增长。《蒙特利尔议定书》要求发展中国家 2012 年后逐渐淘汰破坏臭氧的物质，到 2020 年发达国家要完全淘汰。这也是应该考虑的会导致 HFCs 用量增加的因素。欧美国家的决策者已经开始考虑限制 HFCs 的潜在后果，目前各国正在研究分析了几种可能缓和 HFCs 用量的方案。例如，全球范围限制 HFCs 的使用，并且每年减少 4%，那么 HFCs 导致的气候影响在 2040 年达到峰值,然后开始下降。

以德国、英国、荷兰为代表的替代方案用 HCs 替代 CFCs,例如用环戊烷替代 CFCs,为全绿替代物,HCs 和环戊烷的 ODP 值和 GWP 值均为零;环保性能好、取材容易、价格低廉、制作原料来源于石油、天然气;HCs 运行压力低、噪声小、能耗降低可达 5% ~ 10%。HCs 的不足是属易燃易爆物质,生产和设备使用以及维修过程中都要有严格的防火、防爆措施,贮运、生产、维修现场需通风良好且安装气体浓度监测及报警装置。此方案主要缺点是前期设备投资大。选择这条路线的国家有德国、奥地利、瑞典、丹麦、荷兰、瑞士、比利时等。

其他替代方案也纷纷列入各国的资助项目中,如混合型共沸化合物,人们正试图在沿用至今的氟利昂中加入无公害氟利昂及碳化氢等,以期在维持其功能的前提下,降低标准氟利昂的用量。日本从柑橘皮中提取花烯代替氟利昂作集成电路洗涤剂、用低温冰粒喷射到电路板上除油污、用乙醇代替 R113（$C_2Cl_3F_3$）去油污,都取得了很好的效果;美国杜邦公司宣布,成功开发甲醇混合溶剂;大金公司成功开发五氟化丙醇类洗净剂;美国 3M 公司成功开发硫氟化合物代用氟利昂;美国宾夕法尼亚大学的几位科学家也研制出一种用声波制冷技术,不久的将来这种技术应用到冰箱和空调制造行业后将可以生产出绿色家电。随着方案的实施,我国目前市场上出现了很多制冷剂用以替代原来的氟利昂,逐步实现绿色计划。

5.1.3　氟利昂的回收和再生

注重氯氟烃类、氢氯氟烃类和溴氟烷烃类制冷剂物质的回收和再生,减少随意排放,同时加强受控制冷剂的设备管理,延长设备部件的寿命,减少维修排放量,减少制冷剂泄漏量也是氟利昂减排的重要手段。制冷剂有种“人工排放”方式,即当对全封闭制冷设备（如冰箱空调）维修等处理时,不但不回收仍留存在设备内的制冷剂,反而割破制冷管道将制冷剂排入大气,造成环境污染和经济损失的双重恶果,目前已有人对氟利昂的回收和再生进行了改进。不少生产厂家和使用者提出,既然是因为氟利昂泄漏到了大气之后才导致了臭氧层的破坏,那么如果能够解决其泄漏问题就没有必要禁止使用。有很多国家对该方向进行了认真探索和研究,主要是针对制冷剂行业。英国和德国工程师研究了一种方法,先将废冰箱中的 CFCs 完全抽出来,然后将冰箱彻底拆开,把聚酯保温材料收集在一起,从中提取混在其中的所有的氟利昂,精制提炼后循环使用。比利时、荷兰等国家已经建成这样的回收工厂。

5.1.4　氟利昂的分解技术

CFCs 的回收再利用能节省资源,特别是日本的氟是依靠进口的,因此希望能开发发展 CFCs 的回收利用技术。但是废 CFCs 中通常含有其他物质，这些物质给处理回收的 CFCs 提纯带来很多困难。因此，对这种 CFCs 必须进行分解处理。目前，对 CFCs 分解的研究，尤其是在催化分解方面的研究最多。

对 CFCs 分解技术的研究，已经受到国内外专家的高度重视。日本从 1990 年 7 月投入开发 CFCs 处理技术，成功利用高频离子分解 CFCs 并使之无害化，成为跨入分解 CFCs 无害化处理领域的第一个国家，现在该技术正在推向工业生产。欧美国家的研究也取得了很大的进展，主要利用 Cr-Al 等金属或金属氧化物作催化剂分解 CFCs。我国起步较晚，在实用技术方面也取得了一定的突破，获得了一些有价值的研究成果，例如利用微波等离子技术分解 CFCs。

对于 CFCs 的分解目前主要有燃烧分解法、等离子体分解法、催化分解法、试药分解法和超临界水分解法、光降解催化法、超声波分解法和应用 ICP 消解法等，不过上述的方法大都处于基础研究阶段。分解反应时产生的游离氟和氯对反应器的腐蚀，是否有微量有毒副产物产生及其处理方法与废 CFCs 同时产生的其他物质对分解的影响，还有如果第二次反应物质供给不充分时，会产生不均匀、二聚作用、环化作用、碳基化作用等副作用等问题，这些问题都有待进一步研究解决。

5.1.5 燃烧法处理氟利昂

燃烧 CFCs 是在综合国内外处理 CFCs 技术的基础上提出的。燃烧法处理氟利昂的基本工艺流程为：先将水煤气和氧气通入反应炉内引燃，使炉内达到一定高温（800~1000℃）后，将氟利昂气体与水蒸气按照 1:2 的流速混合引入反应炉内，使 CFCs 与水进行燃烧进而分解成为氟化氢、氯化氢和二氧化碳；反应进行后，再将分解的高温气体直接潜入水面以下作快速隔热冷却；冷却后送至中和反应器，与中和剂（氢氧化钠溶液）进行中和反应，转化为无害的氯化钠和氟化钠；之后再向中和废液中添加氢氧化钙以稳定氟；反应结束后，产生气体通过活性炭吸收后再排入大气，将加入氟稳定剂的液体送至排水处理槽内，进行固液分离，最终得到氟石、食盐等无污染物质，其产物如氟石等还可以进行回收利用。

但是该方法目前仍然处于基础理论研究阶段，仍需要投入更多的精力进行进一步研究。目前存在的主要问题包括：

（1）该技术方法的反应机理还有待进一步研究；

（2）反应过程中温度对分解效果的影响程度也是未知的；

（3）该反应在燃烧的过程中是否产生二次污染。

5.2 氧化亚氮的减排

氧化亚氮（N_2O）又称"笑气"，是无色有甜味的气体，能消耗臭氧，也是一种重要的温室气体之一，其增温潜势是 CO_2 的 298 倍。在自然条件下，N_2O 主要从土壤和海洋中排出；人类耕作、生产、使用氮肥、生产尼龙、燃烧化石燃料和其他有机物的过程中向大气排放 N_2O。其主要产生于土壤中的硝酸盐的脱氮和铵盐的硝化，因此，施氮肥明显增加 N_2O 由土壤向大气的释放。N_2O 的消除主要在平流层中进行的光分解。

5.2.1　农田土壤造成的 N_2O 的减排及控制

全球大气中 N_2O 浓度值已从工业化时代前的 $270 \times 10^{-7}\%$ 增至 2005 年的 $319 \times 10^{-7}\%$，即每年平均以 $0.2\% \sim 0.3\%$ 的比例增加。从 1940 年开始，大气中 N_2O 浓度明显增加。目前每年的增长速度大约为 0.26%。

农田生态系统 N_2O 排放量取决于作物自身的生理特性以及土壤的氧化还原特性。由于农事活动会强烈改变土壤状况，特别是灌溉和施肥对 N_2O 排放影响最为明显，故人类可以通过土壤水分控制和科学施肥来减少 N_2O 的排放，具体措施如下：

（1）合理灌溉，农田的干湿交替和烤田会使 N_2O 的排放通量分别增加 23 和 47 倍，所以应根据作物的生理特性在不同的生长发育阶段进行科学灌溉，尽量减少土壤状况的干湿交替和烤田，进而可以抑制 N_2O 的产生和排放，但应注意稻田 CH_4 和 N_2O 的排放之间具有相互消长关系。

（2）科学施肥，改变氮肥施用的种类比例，合理施用氮肥能减少 N_2O 的排放，今后农业氮肥应以多施用尿素、复合肥、沼渣以及其他长效氮肥，如黏土和壤土中长效碳酸氢铵的施用可以使 N_2O 排放量分别减少 64% 和 55%，另外将化肥施在土深 $6 \sim 10cm$ 可明显提高氮肥的利用率，减少 N_2O 的排放。

（3）使用氧化亚氮抑制剂如氢醌、双氰胺、苯甲酸以及前面所提到的新型抑制剂抑制 N_2O 的排放。

（4）通过生物技术培育 N_2O 排放少的新品种。

5.2.2　移动源燃烧造成的 N_2O 的排放

在全球多年来对 N_2O 排放量的估测中，机动车辆的排放日益占据重要的地位，其原因主要有以下两点：

（1）在机动车辆排出的尾气中，N_2O 含量由于催化转化器的作用而有所增加。

（2）对过去机动车辆 N_2O 排放量的测量，由于发现了在样品收集过程中产生人工制品的 N_2O，使实测值偏离，在控制汽车氮氧化物的排放时，广泛采用汽车尾气催化转化技术，部分催化剂在对氮氧化物进行转换过程中产生 N_2O 的排放。

N$_2$O 产生于移动源汽缸中燃料燃烧的两个过程：一是生成于 NO 和反应中间体 NH 和 NCO 的反应过程；二是生产于燃烧的火焰中，此外对废气进行催化处理也能产生 N$_2$O。

移动源燃烧造成的 N$_2$O 的减排方法主要有以下几种。

5.2.2.1 制定相关政策协议限制交通领域温室气体的排放

为了减少有害气体的产生，减少交通对环境的污染，各国根据具体情况，针对不同类型的机动车制订出不同的排放标准，这些标准要求强制执行，也称为排放法规。排放法规的目标是确保汽车发动机按清洁的标准进行设计和工作，法规限定了主要排放污染物如 HC、CO、NO$_x$ 和 PM10 的排放量及检测方法。每种排放标准必须包含以下内容：资源分类、气体/颗粒物排放检测、炭烟检测、检测条件、检测流程、燃油认证、系列概念与形式认证、目击与非目击认证测试、退化因素、污染物控制、标准/生效日期、灵活的程序和认证程序。

5.2.2.2 优化交通运输行业，推动交通工具节能降耗，大力发展公共交通

（1）随着世界新技术革命的发展，交通运输业广泛采用新技术，特别是通过原有系统的信息化改造，提高交通运输设备的现代化水平和运输管理决策的科学水平。

（2）各国各地区交通运输效率将有不同程度提高，承担高速和专业化运营任务的机构将不断出现。高速铁路、超音速飞机、大运量油轮的问世就是这种趋势的体现。

（3）各种运输部门将得到分工协作、协调配合的重新整合，形成运输方式多样化、运输过程统一化的综合运输体系。综合交通运输体系具有分工协作、有机结合、布局合理、联结贯通等技术经济特点，涵盖了公路运输、水路运输、航空运输、铁路运输和管道运输等运输方式，体现了各种运输方式的协作、协调和协同，提高了运输效率和社会整体的经济效益。

5.2.2.3 对汽车尾气进行控制

废气再循环是将小部分燃烧废气从排气管引入进气管与新鲜充量混合，人为地增加新鲜充量中的废气量。废气再循环能够通过以下三个方面降低发动机的燃烧温度，减少氮氧化物的形成。

（1）提高混合气的热容量。由于 CO$_2$ 的热容量是 O$_2$ 的 1.5 倍，废气成分较多的混合气的热容量也较高。

（2）降低混合气中氧气的浓度，一部分空气被废气所取代，所以混合气中 O$_2$ 的含量就相应地有所减少。

（3）降低燃烧速度，上面两种效应使得发动机的燃烧速度降低，增加了燃烧室的散热，降低了最高燃烧温度。

增加废气再循环量可以使氮氧化物的浓度降低，但过度的废气再循环会引起火焰传播不稳定甚至断火，使发动机不能正常工作，造成功率下降油耗和排放增加。根据发动机结构的不同，引入进气管的废气量一般在6%～13%之间变化。

为使废气再循环更有效地发挥其功能，确保发动机的正常运转，必须根据发动机运行的工况、进气温度、冷却水温度等条件对废气再循环量加以精确控制。

在暖车过程中，发动机的进气温度和冷却水温度较低，相应氮氧化物排放量也较小，可不进行废气再循环；在低转速、低负荷时，汽缸内余气系数就很大，氮氧化物排放也较小，这时只允许少量的废气再循环或不进行废气再循环；部分负荷是汽油机氮氧化物产生的主要区域，且氮氧化物排放随负荷的增加而增加，因此废气再循环量也应随之增加到允许的限度；在高转速全负荷运转时，为使发动机保持足够的动力性能，必须停止废气再循环；加速过程也是氮氧化物排放最多的区域，必须使用废气再循环加以抑制。但一旦加速过程结束，应立即停止废气再循环，以免影响发动机的动力性。

5.2.3 废水脱氮过程中 N_2O 的产生和控制

5.2.3.1 N_2O 的产生机理

A 硝化过程 N_2O 的产生机理

经典的水处理理论认为，NH_4^+ 或 NH_3 氧化物经由 NO_2^- 被氧化为 NO_3^- 的过程，证明了硝化反应是由无机自养型微生物完成的，N_2O 既不是硝化反应的中间产物也不是最终产物，因此推测它应该是这一过程的副产物，而且 N_2O 的生成主要集中在亚硝化过程，但亚硝化过程非常复杂，对一些中间产物能否生成 N_2O 还存在争议。完成硝化作用的微生物多为专性自养微生物，硝化作用可分为两个

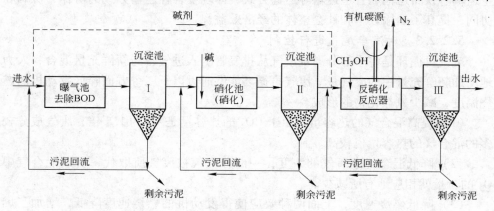

图 5-1　传统活性污泥法生物脱氮系统工艺流程

阶段，分别由氨氧化菌和亚硝酸盐氧化菌完成。第一个阶段，氨氧化菌将氨氮转化为亚硝酸盐，此过程起到催化作用的酶有两种：氨单加氧酶（ammonia monooxygenase，AMO）和羟氨氧化还原酶（hydroxylamine oxidoreductase，HAO），其中AMO 位于细胞膜上，HAO 存在于细胞周质中，它是一种特殊的含有 C 型血红素的蛋白。第二个阶段，由亚硝酸盐氧化菌将亚硝酸盐氮转化为硝酸盐氮，此过程起催化作用的酶为亚硝酸氧化还原酶（nitrite oxidoreductase，NOR），NOR 固定于细胞膜上。在不同的基质及环境条件下，硝化过程所涉及的关键酶活性及酶量的表达会受到很多因素的影响，进而影响到硝化过程中 N_2O 的产生，硝化过程及 N_2O 可能的产生过程如图 5-2 所示。

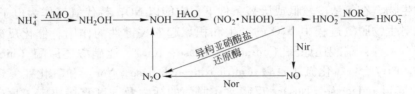

图 5-2 硝化过程中 N_2O 的产生

硝化反应过程所产生的 N_2O，主要发生在氨及羟氨的氧化过程中，氨氧化菌在将 NH_4^+ -N 氧化为 NO_2^- -N 的同时，为避免 NO_2^- -N 在细胞内的积累，氨氧化菌会产生异构亚硝酸盐还原酶，从而利用以 NO_2^- 作为电子受体产生 N_2O。多位科学家对化能自养氨氧化菌的 N_2O 产生能力进行了研究。研究发现硝化菌的 N_2O 产出能力与菌种及环境条件有关。在低氧及高氨氮浓度条件下，*Nitrosomonas europaea* 的纯菌株在羟氨及氨氮氧化过程中具有 N_2O 产生能力，而在其他环境条件下 N_2O 的产生量很少；但 *Nitrobacterwinogradskyi* 的 N_2O 产生能力受低氧及高氨氮浓度的影响较小。近年来的研究发现，许多异养微生物也可以进行硝化作用，即异养硝化作用。异养硝化菌的 N_2O 产生量较高，部分异养硝化菌适宜的低溶解氧、低 SRT 及酸性条件等生长环境与硝化过程中 N_2O 释放量的环境条件也极为相似。

在硝化系统中，除了硝化菌的反硝化现象外，好氧反硝化菌的存在可能也是造成好氧条件下 NO_2^- 还原成 N_2O 的原因之一，至少有 4 种菌能在好氧条件下将 NO_3^- 或 NO_2^- 还原成 N_2O 和 N_2。反硝化菌在好氧条件下还原 NO_3^- 生成的 N_2O 远远多于缺氧条件，这可能是由于 O_2 对 N_2O 还原酶的抑制造成的。但好氧反硝化菌对废水硝化系统的贡献程度到目前还停留在研究阶段。

Stutzer 在 1894 年首次提出异养硝化过程的存在，从而改变了硝化过程只是由无机自养菌完成的传统观点。在废水的生物脱氮过程中也发现有异养硝化菌的存在，而且在某些条件下，异养硝化菌在硝化活性远远超过了自养硝化菌。在可比条件下，异养硝化释放的 N_2O 量要比自养硝化高出 2 个数量级。目前，在硝化系统中异养硝化菌所起的作用正受到越来越多的关注，但对于这些菌生成 N_2O 的机理还不十分清楚，推测可能与自养硝化菌类似。

B　反硝化过程 N_2O 的产生机理

反硝化作用是在无氧或低氧的条件下，由异养型兼性厌氧微生物将 NO_3^--N 或 NO_2^--N 还原成 N_2O 和 N_2 的过程。在分子生物学及细胞生物学的研究中，已经确定反硝化过程按照 4 个阶段进行，其最终产物可能为 NO、N_2O 和 N_2。由于 NO 有剧毒，以 NO 为最终产物的细菌难以生存，通常最终产物为 N_2O 和 N_2。NO_3^- 转化为 N_2 的过程主要由反硝化菌完成，这些占主导地位的微生物是特殊的厌氧微生物，在氧浓度较低或厌氧条件下，它能以 NO_3^- 替代氧气作为电子受体。酶催化对生物脱氮过程中 N_2O 的产生和积累起着关键性的作用。催化反硝化过程的酶有 4 种：硝酸还原酶（nitrate reductase，Nar）、亚硝酸还原酶（nitrite reductase，Nir）、一氧化氮还原酶（nitricoxide reductase，Nor）和氧化亚氮还原酶（nitrous oxidereductase，Nos）。反硝化还原酶的活力及浓度直接决定了反硝化过程的最终产物，其活力会受各阶段反应产物、外界环境条件及部分化学物质的调控和影响。对 N_2O 产生量及其控制问题起关键作用的还原酶为 Nos。对产生 N_2O 的酶催化反应途径分析可知，不论经由哪类微生物的代谢过程，其决定性因素是关键酶 Nos 的催化活性。Nos 是一种可溶性蛋白质，其活性中心大多数含有铜元素，活性中心的结构形式多样，其氧化还原性、光谱特性、酶活性等有较大差异。反硝化过程中 N_2O 的产生过程如图 5-3 所示。N_2O 还原酶抑制物的存在会促进 N_2O 的产生，NO、O_2 和 H_2S 等抑制物存在时具有最高的 N_2O 浓度，这是因为大部分异养微生物更趋于以 O_2 作为电子受体，从而抑制了 N_2O 的还原，因此通常在曝气条件下反硝化会受到抑制，NO_2^-、NO 与 O_2 类似，通过抑制反硝化酶来抑制反硝化。pH 值较低时 HNO_2 与 NO_2^- 的平衡发生改变，HNO_2 浓度升高，对 N_2O 还原酶的抑制作用增强从而导致 N_2O 的产量上升。H_2S 浓度（不包括 HS^- 和 S^{2-}）大于 0.32mg/L 时对 N_2O 还原酶有强烈的抑制作用，这会导致污水处理厂大量排放 N_2O。

$$2HNO_3 \xrightarrow{Nar} 2HNO_2 \xrightarrow{Nir} NO \xrightarrow{Nor} N_2O \xrightarrow{Nos} N_2$$
中间产物

图 5-3　反硝化过程中 N_2O 的产生

在低 pH 值条件下，由于 N_2O 还原酶受到抑制导致 N_2O 释放量的增多。因为 NO_3^- 是比 N_2O 更强的电子受体，在 NO_3^- 浓度较高时 N_2O 和 N_2 的比例就会升高，如果有 O_2 存在，这一比例还会增加，因为 O_2 对亚硝酸氧化还原酶的抑制强于对其他反硝化过程中还原酶的抑制。也有人认为，当环境中电子供体不足时，各还原酶开始竞争电子，使 N_2O 还原酶的活性受到抑制，导致反硝化过程中 N_2O 逸出，这是因为在反硝化过程中，各种还原酶对电子的竞争能力不同，其中 N_2O 还原酶的竞争电子的能力最弱。因此，当外界电子供体充足时，N_2O 还原酶的活性得到恢复，生成的 N_2O 顺利转化成 N_2，可避免 N_2O 的逸出。但相反的观点认为反硝化过程中 N_2O 的逸出主要是由一些特殊的反硝化菌造成的。研究发现有些反硝化菌进行反硝化时其最终产物只有 N_2O，这些菌种缺少将 N_2O 进一步还原为 N_2 的酶，常见的有荧光假单胞菌等；而有些反硝化菌的还原产物始终是 N_2，几乎不产生 N_2O。目前国内外已筛选出的仅产生 N_2O 的反硝化菌有十几种，而筛选菌种也是控制 N_2O 产生的有效方法之一。

硝化细菌反硝化的系列反应仅仅在一类被称为自养型 NH_3^- 氧化剂的微生物群落作用下完成。其中 NH_4^+ 转化为 NO_2^- 可以看做一种硝化作用，反之 NO_2^- 的减少被视为反硝化作用。对于反硝化，NO_2^- 将经由 NO 转化为 N_2O，然后进一步转化为 N_2。目前硝化细菌反硝化在水处理领域得到了越来越多的关注。同时硝化反硝化脱氮，从微环境理论来讲是指在好氧性微环境占主导地位的活性污泥系统中，同时存在少量的微氧、缺氧或厌氧等状态的微环境，硝化通常发生在好氧层，而在厌氧或缺氧区域发生反硝化，好氧硝化过程产生的 NO_2^- 和 NO_3^- 就能被反硝化细菌所利用，N_2O 的产生主要集中于厌氧与好氧的交界部位。

5.2.3.2　N_2O 减排的控制因素

影响废水生物脱氮中 NO 和 N_2O 产生的因素很多，包括电子受体和供体浓度及其氧化还原速率、微生物种类及其相互作用、pH 值以及某些毒性或抑制性物质等。对于硝化系统而言，如果能确保系统有充足的供氧基及适合的 pH 值，就可以使该过程中 N_2O 的逸出减至最低。对于反硝化系统而言，无论是从 N_2O 生成的机理分析还是大量的试验研究都表明：如果系统运行条件适宜，反硝化过程能顺利而彻底地进行，就有可能完全避免 N_2O 的逸出。

A　溶解氧（DO）控制对 N_2O 减排的影响

DO 浓度和变化速率是影响废水生物脱氮中 N_2O 产生的主要因素之一。由于 O_2 对 N_2O 还原酶的抑制相对较强而使反硝化系统的 N_2O 与 N_2 之比增大，浓度低于 5% 的 O_2 就会抑制 N_2O 还原酶活性；向空气饱和度为 0 的反硝化系统通入 O_2，反硝化菌立刻停止产生 NO 和 N_2O。硝化培养物中 NO 和 N_2O 产量与 DO 浓度成反比，DO 浓度为 0.2mg/L 时，NO/NO_2 之比为 3.8%，N_2O/NO_2^- 之比为 2.5%。

对于间歇搅拌反应器，N_2O 大多产生在好氧阶段的低 DO 时期，其整个运行周期的平均释放量可达总脱氮量的 40% 左右。N_2O 主要产生在好氧阶段，特别是在好氧阶段最初时段有限的 DO 条件下 N_2O 的产生速率很高。在此条件下，由于 DO 供应量不足，硝化作用不完全，导致 NO_2^- 短暂的积累与 N_2O 大量产生。此外，在好氧阶段 N_2O 大量产生还与硝化细菌的不完全反硝化有关。实验表明高

浓度的 NH_4^+ 加速了 N_2O 在 SBR 中好氧阶段的产生。氧化还原电位（ORP）也是 N_2O 产生的一个重要影响因素，通过鼓风曝气维持好氧条件下且当 ORP 为 +200mv或者更高时，能使 CH_4 和 N_2O 的排放量比不鼓风时减少50%以上。

　　B　COD/N 控制对 N_2O 减排的影响

　　有机物负荷也被证实对 N_2O 的产生有影响。在完全曝气的废水处理厂，N_2O 产量与氮和有机物的负荷成比例。在低 COD/N 条件下利用^{15}N 对 N_2O 的产生途径进行追踪，在操作稳定的条件下，当进水 COD/N 小于3/5时，N_2O 的产生量占进水总氮的20%~30%。跟踪实验表明 N_2O 产生在反硝化的缺氧阶段，且在低的 COD、N 条件下，较高的 N_2O 释放率主要是由于后序缺氧阶段 NO_2^- 的内源反硝化作用。

　　C　pH 值控制对 N_2O 减排的影响

　　在瑞典的污水处理厂，pH 值对 N_2O 逸出量影响的研究中，发现 pH 值的变化直接关系到 N_2O 逸出量的变化。pH 值在5~6之间时，N_2O 的产生量最大，而 pH 值在6~8或更高时几乎没有 N_2O 的产生。究其原因可能是由于 pH 值对某些菌种产生了选择性抑制作用，即低 pH 值下有利于以 N_2O 作为反硝化终产物的菌种生长。也可能是 pH 值的变化直接改变了反硝化菌的正常代谢途径，从而导致了 N_2O 的累积。而也有观点认为，这种 pH 值和 N_2O 的相关性可能是由于低 pH 值下形成的游离 HNO_2 对氧化亚氮还原酶的抑制作用引起的（HNO_2 和 NO_2^- 在溶液中的平衡与 pH 值有关）。关于 pH 值对 N_2O 逸出影响的真正原因还有待进一步研究。

5.2.3.3　废水生物脱氮过程进行 N_2O 控制的前景

　　在生物脱氮过程中，微生物的区系种群构成是影响 N_2O 产生的关键因素。"经典"硝化菌能代谢产生大量的 N_2O。废水生物脱氮过程中，微生物参与的硝化和反硝化过程都可能产生 N_2O，氮元素在各种酶的作用下会形成各种中间产物，其中重要的是 N_2O 和 NO_x（NO 和 NO_2）。虽然常规自养硝化和异养反硝化被认为是其主要来源，但研究证实，异养硝化-好氧反硝化、厌氧氨氧化、自养硝化菌反硝化和化学反硝化中均有 N_2O 生成。

　　影响废水生物脱氮中 NO 和 N_2O 产生的因素很多，水体硝化、反硝化过程中 N_2O 的产生和排放是一个极其复杂的过程。深入研究水体硝化、反硝化过程中 N_2O 排放，客观估计废水处理设施中 N_2O 释放的总量，并提出切实可行的减排措施，是今后研究的主流。这些研究包括：硝化、反硝化过程中 N_2O 产生和排放的机理，从微生物学角度寻求 N_2O 产量少的硝化、反硝化菌种，这方面的研究目前正在进行；加强环境因素与 N_2O 排放量的定量研究，为减排措施提供充分的理论依据；优化运行工艺，寻找切实可行的 N_2O 控制途径。在有效解决废水达标排放的同时，实现最大限度的 N_2O 减排。N_2O 的全球变暖潜值为310，N_2O

可以通过生物脱氮技术的改进而实现较大幅度的减排，因此废水生物脱氮过程进行 N_2O 控制的研究和应用前景是非常乐观的。

5.2.4 污泥焚烧过程 NO_x 的控制与抑制技术

近几年，污泥焚烧技术已经成为城市污水厂处理污泥的主流技术，其应用前景越来越被看好，到目前为止，这种技术是处理污泥最好的方法之一。在污泥焚烧过程中所产生的氮氧化物（NO）是由空气中的氮和污泥中的氮生成的。燃烧过程中 NO 是由两种不同的机理产生的，一种是污泥中含氮的化合物由于燃烧被氧化生成的 NO_x，称为燃烧型 NO_x；另一种是焚烧炉内空气中的氮在高温状态下氧化生成的 NO_x，称为热力型 NO_x。比较有效的控制措施包括：选择性非催化法、选择性催化法和湿洗法。前两种方法都是通过向焚烧炉内喷射氨或尿素来实现降低 NO 的浓度，这两种方法的去除率可达 60% ~ 90%；而湿洗法，尽管它可达到较高的 NO 去除率，但由于随之产生的废水处理问题和高成本的建造费和维护费，因而使用较少。

5.2.4.1 选择性非催化去除法

选择性非催化去除法（SNCR）是通过向焚烧炉的高温区喷射气态氨或尿素溶液的方法来达到去除 NO_x 的目的。这些药剂，有时配合其他化学药剂共同使用，在炉温为 850 ~ 950℃ 的范围与 NO 反应，从而形成氮气、水蒸气、二氧化碳及少量的氨气。

热力型 NO 去除法是 SNCR 中最普遍采用的一种方法，该方法所添加的药剂为氨气。在炉温 850 ~ 950℃，NH_3 以 2 倍到 3 倍于 NO 的比例喷射进去。在该温度范围内，NH_3 与 NO 反应生成水蒸气和氮气；但若温度高于 1050℃，则喷射入内的 NH_3，会发生反作用，导致形成更为大量的 NO；若温度低于 850℃ 时，不仅 NH_3 与 NO 的反应速率下降，而且额外的氨可能会与炉内的 H_2SO_4 和 HCl 发生反应，生成硫酸铵、氯化铵等铵盐，这些产物都会对焚烧炉正常的热解环境造成严重的破坏。另外，最新的试验结果表明，热力型 NO 去除法的另一副作用为影响烟气中汞的去除率。

添加尿素工艺始于 20 世纪 70 年代末，它是向焚烧炉内喷射尿素溶液，该溶液可与 NO 发生反应，将之转化为 N、CO、水蒸气和少量的 NH_3。该方法与热力型 NO_x 去除法相比具有如下优势：尿素是一种无害化合物，而氨是一种有毒的化合物，它的生产、使用、存放及运输都要受到有关环保部门的严格控制；另外，尿素溶液与 NO 的反应速率要比气态氨高得多。

KRC 两阶段 NO 去除法是对添加尿素法的改进工艺。该工艺首先在炉温为 780 ~ 1000℃ 的波动范围内，向焚烧炉的传热断面喷射尿素溶液，通过尿素所释放出来的氨气与 NO 进行反应，从而降低 NO 的浓度。在第一阶段后，系统在后燃烧区喷射液态甲醇，目的是减少在第一阶段所产生的氨。

5.2.4.2　选择性催化去除法

选择性催化去除法（SCR）也是采用喷射氨气降低 NO 的浓度，但喷射的位置和方式都与非催化法的各种形式不同。SCR 工艺并不是将气态氨直接喷入焚烧炉内，它是由一组专门的喷射装置组成，催化床以下流式排放焚烧炉投至静电除尘器的方式置于烟气控制设备之后，它的作用是使混有氨气的烟气流经催化床时在此处充分混合并发生反应。催化床的形式分为蜂巢板、平行板、环状、管状、圆球状等多种类型，其材料可采用钛、铜、铁、铬、铂、镍、钴、钒等金属制成。SCR 工艺与非催化法相比，它的优势在于只使用一半数量的氨就可达到与后者相同甚至更高的 NO 去除率。但这种方法的缺点在于，设计时要考虑对催化床的再加热。由于 SCR 位于烟气控制设备之后，此时从焚烧炉排出的烟气已被冷却到 300℃ 以下，但催化法所要求的适宜温度应在 400℃ 左右，所以还应将烟气进行再加热。

低 NO_x 排放燃烧技术还可分为燃烧前、燃烧中和燃烧后处理三大类。燃烧前脱硝技术主要是降低预燃烧燃料中的含氮量，从而达到减少 NO_x 的生成及排放的目的。该技术主要是通过加氢脱硝的方法把燃料中的氮脱除，但目前这种方法的技术要求高而且不经济，其实际应用还有待进一步研究。当前比较成熟还是燃烧中和燃烧后脱硝技术。

（1）燃烧中脱硝技术。燃烧中脱硝技术（炉内脱硝）是通过改变和调整炉内的燃烧情况从而实现低 NO_x 燃烧的。任何一种燃烧中脱硝技术都是基于以下三方面考虑中的一项或几项：降低火焰温度、在火焰温度最高区形成一富燃料区、缩短在富氧区的停留时间。燃烧中脱硝技术实施后会在一定程度上影响锅炉的燃烧效率，致使一氧化碳排放量的增加。但从经济上考虑，该类技术无疑是降低炉内初始 NO_x 生成量的最佳方法。当前常用的燃烧中脱硝技术主要有：低过量空气燃烧、空气分级燃烧、烟气再循环、燃料分级燃烧、低 NO_x 燃烧器、高温空气燃烧等。

（2）燃烧后脱硝技术。燃烧后脱硝技术（烟气脱硝）是通过对已经生成的并且已经成为烟气组分的 NO_x 进行处理从而使得 NO_x 还原或吸附的方法。其通常的做法是在烟道的具体位置加设烟气脱硝装置。烟气脱硝工艺可分为干法和湿法两类，依据脱硝反应的化学机理，又可分为还原法、分解法、吸附法、等离子体活化法和生化法等。常用的烟气脱硝技术有：选择性催化还原法、选择性非催化还原法、电子束照射法、脉冲电晕等离子体法、炽热碳还原法、湿式综合吸收法等。

5.3　二氧化硫的减排

煤燃烧过程中产生的 SO_2、CO_2 和 NO_x 对环境造成了严重的污染，其中大气中 90% 的 SO_2 都来自煤的燃烧。SO_2 的大气污染严重破坏了生态环境、危害人体的呼吸系统、加大了癌症发病率，甚至影响人类基因造成遗传疾病。我国是燃煤大国，能源消耗占世界的 8% ~ 9%，一次能源组成中燃煤占 75%，而 SO_2 排放量的 90% 来自于燃煤。据统计，每年燃煤排放的 1314 万吨 SO_2 中，燃煤火电厂排放 700 万吨，占总量的 53.3%，工业锅炉排放 510 万吨，占 38.8%，工业窑炉排放 104 万吨，占 7.9%，因此，SO_2 治理的重点要放在控制火电厂、工业锅炉及窑炉等三大点源上。

酸雨来源

图 5-4　二氧化硫是导致酸雨的重要原因

国内外许多学者对控制燃煤污染排放进行了大量研究并取得了一定的成效，燃煤作为中国重要的能源，在相当长的时期内，以煤为主要能源的生产和消费结构不会改变，在环境与能源取得平衡以及采取可持续的发展路线，开发出高效、低成本的煤炭脱硫技术，将具有深远的经济意义和环保意义。

5.3.1　我国控制 SO_2 排放的相关政策、法律、法规及标准

国际上对酸雨造成的环境污染问题引起高度重视，我国也已将控制酸雨和 SO_2 污染纳入《中华人民共和国大气污染防治法》。国家"十五"计划以来，为了控制污染、保护环境，我国出台了一系列的相关政策、法律、法规和标准，对控制包括火电厂在内的工业污染源提出了更严格的要求。

5.3.1.1　相关政策

1996 年我国制定了《中国环境保护行动计划》和《二十一世纪议程》等纲领性文件，对电力工业环境保护提出了高要求。1998 年 1 月，国务院批复了酸雨控制区和二氧化硫污染控制区（简称为"两控区"）的划分方案，并提出了两控区的酸雨和 SO_2 污染控制目标。方案规定在两控区内，SO_2 要达标排放，并实行排放总量控制；有关直辖市、省会城市、经济特区城市、沿海开放城市和重点旅游城市的环境空气中 SO_2 浓度要达到国家环境质量标准，酸雨控制区内的酸雨恶

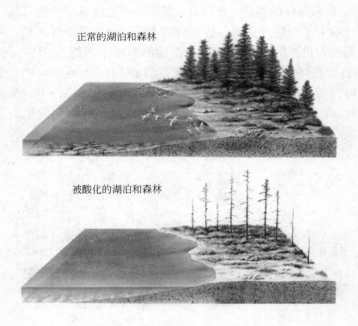

正常的湖泊和森林

被酸化的湖泊和森林

图 5-5　二氧化硫对自然的危害

化趋势因此得到了缓解。方案还要求除"以热定电"的热电厂外,禁止在大城市城区及近郊区新建燃煤火电厂,新建、改造燃煤含硫量大于 1% 的电厂必须配套建设脱硫设施。现有燃煤含硫量大于 1% 的电厂要采取减排措施,2010 年前要分期分批建成脱硫设施或采取其他有效的相应减排措施。

国家环境保护"十五"规划提出电力行业 SO_2 排放量到 2005 年比 2000 年削减 10% ~ 20%。为确保 2005 年"两控区"内 SO_2 排放量比 2000 年减少 20%,国务院在《关于两控区酸雨和二氧化硫污染防治"十五"计划的批复》中明确要求,新建、扩建和改建火电机组必须同步安装脱硫装置或其他脱硫措施,并计划投入 155 个火电厂脱硫项目,形成每年 2118kt 的 SO_2 减排能力。电力企业从新建、扩建、改建火电机组优先采用资源利用率高以及污染物产生量少的清洁生产技术、工艺和设备,也就是从源头上保护环境与资源。

2002 年 1 月,国家颁布了《燃煤二氧化硫排放污染防治技术政策》。2005 年 5 月,国家发展和改革委员会(以下简称发改委)制定了《关于加快火电厂烟气脱硫产业化发展的若干意见》。该《意见》提出,通过三年的努力,建立健全火电厂烟气脱硫产业化市场监管体系,完善技术标准和规范体系;主流烟气脱硫设备的本地化率达到 95% 以上,烟气脱硫设备的可用率达到 95% 以上;建立有效的中介服务体系和行业自律体系,从而解决我国火电厂烟气脱硫产业化发展所面临的问题。依据《中华人民共和国大气污染防治法》、《国务院关于落实科学发展观加强环境保护的决定》、《中华人民共和国国民经济和社会发展第十一个五年规划纲要》及《国家环境保护"十一五"规划》，以"整体控制、突出重点、分区要求、总量削减"为方针，制定了《国家酸雨和二氧化硫污染防治"十一五"规划》。重点控制火电厂的 SO_2 排放，新建和扩建燃煤电厂除国家规定的燃用特低硫煤电厂外，必须同步建设脱硫设施。超过国家和地方 SO_2 排放标准或总量控制要求的现役燃煤发电机组，必须安装烟气脱硫设施或采取其他减排措施。为实现"十一五"规划纲要提出的 SO_2 削减目标，提高烟气脱硫设施建设和运行质量，根据《国务院关于落实科学发展观加强环境保护的决定》精神和《国务院关于印发节能减排综合性工作方案的通知》的要求，2007 年 7 月，发改委办公厅会同国家环境保护总局印发了《关于开展烟气脱硫特许经营试点工作的通知》，并印发了《火电厂烟气脱硫特许经营试点工作方案》。该《方案》指出，在政府有关部门的组织协调下，火电厂将国家出台的脱硫电价、与脱硫相关的优惠政策等形成的收益权以合同形式特许给专业化脱硫公司，由专业化脱硫公司承担脱硫设施的投资、建设、运行、维护及日常管理，并完成合同规定的脱硫任务。火电厂烟气脱硫引入了特许经营模式，对于提高脱硫工程质量和设施投运率，加快烟气脱硫技术进步，实现烟气脱硫产业又好又快发展具有重要意义。

5.3.1.2 相关法律法规

2000 年 4 月，第九届全国人民代表大会常务委员会第十五次会议修订通过了《中华人民共和国大气污染防治法》，该法自 2000 年 9 月 1 日起施行。为促进 SO_2 排放污染的治理，2000 年国家环境保护总局开始试点征收 SO_2 排污费；2003 年 1 月，国务院发布《排污费征收使用管理条例》，自 2003 年 7 月 1 日起全面开征二氧化硫、氮氧化物排污费。2002 年 6 月通过了《清洁生产促进法》，并于 2003 年 1 月 1 日开始施行，要求电力行业推行清洁生产，抓好电力企业污染防治，控制和治理工业污染源。烟气脱硫装置产业被列入《清洁生产技术导向目录》并享受国家优惠政策。同时制定了《燃煤二氧化硫排放污染防治技术政策》，以火电为电力供应主要能源的广东省自 2003 年开始对无脱硫设施的电厂电价上网实行"环保折价"制度，通过电价体现对脱硫电厂的扶持。这些法律、法规、政策和标准的实施，在加快火电厂烟气脱硫设施建设的同时，对控制 SO_2 减排起到了重要作用。

5.3.1.3 相关标准

2003 年 12 月，颁布了新修订的《火电厂大气污染物排放标准》（GB 13223—2003），并于 2004 年 1 月 1 日实施。新标准主要做了如下修改：调整了大气污染物排放限值；取消了按除尘器类型和燃煤灰分、硫分含量规定不同排放浓度限值的做法；规定了现有火电锅炉达到更加严格的排放限值的时限；调整了折算火电厂大气污染物排放浓度的过量空气系数。

为贯彻《中华人民共和国大气污染防治法》，规范火电厂烟气脱硫工程建设，国家环境保护总局决定对《火电厂烟气脱硫工程技术规范　石灰石/石灰-石膏法》进行了修改：新建发电机组建设脱硫设施或已运行机组增设脱硫设施，不宜设置烟气旁路；如确需设置的，应保证脱硫装置进出口和旁路挡板门具有良好的操作和密封性能。对《火电厂烟气脱硫工程技术规范　烟气循环流化床法》进行了新的修订，新建发电机组建设脱硫设施或已运行机组增设脱硫设施，不宜设置烟气旁路；如确需设置的，应保证脱硫装置进出口和旁路挡板门具有良好的操作和密封性能。

5.3.2　我国燃煤烟气脱硫的技术现状

燃煤中硫的脱除可以从燃烧前、燃烧中（炉内脱硫）以及燃烧后三个阶段进行处理。燃烧前脱硫的方式有化学脱硫法（如碱处理法、氧化法、溶剂萃取法）、微生物脱硫法、微波辐照脱硫法、高梯度强磁分离煤脱硫技术、选择性絮凝脱硫法、静电选煤脱硫法、有机溶剂脱硫等；燃烧中脱硫可以采取在燃煤中掺入固硫剂、炉内喷吸收剂脱硫以及循环流化床脱硫等方法。我国燃煤烟气脱硫技术起始于20世纪70年代初，已取得良好的成效，目前主要集中在燃煤烟气脱硫。以下就目前应用较为广泛的烟气脱硫技术进行介绍。

5.3.2.1　石灰石-石膏法

石灰石-石膏法是目前应用最广泛、最多、最成熟的典型湿法烟气脱硫技术，我国湿法烟气脱硫率可达98%以上，接近100%。国内采用此法脱硫的电厂主要有：重庆珞璜电厂（一期、二期）、重庆电厂、太原第一热电厂、杭州半山电厂、北京第一热电厂、陕西韩城第二电厂等。该工艺具有操作方便、原理简单、脱硫效率高等特点，可应用于大容量机组、高SO_2浓度条件、可利用率高（>90%）、吸收剂来源广泛、价格也相对低廉。副产品石膏具有综合利用价值，运行和维护成本以及脱硫成本较低。

5.3.2.2　喷雾干燥脱硫法

喷雾干燥脱硫法（SDA法）是美国JOY公司和丹麦NIRO公司联合研制出的脱硫工艺，其特点包括：工艺简单，操作简便安全；维护费用低；腐蚀性小，可采用普通碳钢制造；采用静电除尘器或布袋除尘器；过程无废水产生；压降低，能耗少，符合节能减排的要求。但此工艺脱硫效果不是太高（一般在70%左右），适合于中、低硫煤的脱硫。目前，国内采用此工艺的电厂主要有四川白马电厂和山东黄岛电厂等。四川白马电厂机组每台容量为200MW，采用200目的生石灰（CaO纯度在60%~70%）处理含硫量在3.2%左右的燃煤烟气，脱硫效率可达到80%左右。山东黄岛电厂机组每台为210MW，采用粒径4mm纯度为70%的生石灰处理含硫量为1.86%的燃煤，脱硫效率为70%左右。

5.3.2.3 炉内喷钙尾部增湿活化法

炉内喷钙尾部增湿活化法其中的 LIFAC 法由芬兰 IVO 公司和 TAMPELLA 公司联合开发的基于炉内喷钙技术基础上发展起来的新型烟气脱硫工艺。传统炉内喷钙工艺的脱硫效率仅为 20% ~ 30%，而 LIFAC 法在空气预热器和除尘器间加装一个活化反应器，并喷水增湿，促进脱硫反应，脱硫效率可达到 70% ~ 75%。LIFAC 法比较适合中、低硫煤，其投资及运行费用具有明显优势，具有一定的竞争力，比较适合中小容量机组和老电厂的改造。

炉内喷钙尾部增湿活化法的 LIMB 法与 LIFAC 法实质相同，只是增加了多级燃烧器以控制 NO_x 排放，分级送风燃烧的采用使得局部温度降低，既可减少 NO_x 的生成，还可以使钙基脱硫剂避免受炉内高温烟气的影响，减少了脱硫剂表面的"死烧"，增加了反应表面积，提高了脱硫效率。目前，国内主要在辽宁抚顺电厂和南京下关等电厂应用，该工艺具有操作简单、占地面积少、脱硫率中等、吸收剂消耗量大，主要应用于低硫煤。南京下关电厂应用该套装置处理含硫量为 0.92% 燃煤，脱硫效率约为 75%。

5.3.2.4 荷电干式喷射法

采用该工艺的国内电厂主要有杭州钢铁集团第二热电厂、山东德州热电厂、广州造纸有限公司自备电厂和兰化热电厂等。该套工艺具有占地少、投资成本低、运行费用较低、脱硫率中等等特点，主要适用于中、低硫煤，山东德州热电厂利用该套装置处理含硫 1.0% 的燃煤脱硫率达到了 70% 左右。

5.3.2.5 海水脱硫法

海水脱硫工艺是利用海水的碱度和水化学特性达到脱除烟气中 SO_2 的方法，可用于燃煤含硫量不高并以海水作为循环冷却水的沿海电厂。海水脱硫的原理是在脱硫吸收塔内用海水作为脱硫剂进行逆行喷淋洗涤，烟气中的 SO_2 被海水吸收而除去，净化后的烟气经除雾器除雾、经烟气换热器加热后排放，SO_2 被海水吸收并在洗涤液中发生水解和氧化作用，洗涤液引入曝气池，通过提升 pH 值抑制 SO_2 的溢出。经曝气处理氧化成为稳定的硫酸根，并使海水的 pH 值与 COD 调整到排放标准后排海。此套工艺一般适用于海边、扩散条件较好、燃用低硫煤的电厂。海水脱硫工艺简单、无结垢、堵塞现象，吸收剂来源充足、可用率高，无脱硫灰渣产生，脱硫效率达 90% 以上。高、中、低硫煤均可以采用，但对于内陆电厂，推广使用不太现实，深圳西部电厂采用该套工艺脱硫效率在 90% 以上。

5.3.2.6 电子束照射法

电子束照射法（EBA 法）是一种较新的脱硫工艺，是一种干法处理过程，无废水废渣产生，脱硫率与脱硝率可分别达到 90% 和 80% 以上。操作简单、过程易于控制、对不同含硫量的烟气和烟气量的变化有较好的适应性和负荷跟踪性，副产物可以作为化肥，脱硫成本较低。其原理为：在烟气进入反应器之前先加入氨气，然后在反应器中用电子加速器产生的电子束照射烟气，使水蒸气与氧等分子激发产生氧化能力强的自由基，这些自由基使烟气中的 SO_2 和 NO_x 很快氧化，产生硫酸与硝酸，再和氨气反应形成硫酸铵和硝酸铵化肥，由于烟气温度高于露点，不需再热。国内的成都热电厂采用该套装置处理含硫量 2.0% 的燃煤，脱硫率可达 80% 左右。

5.3.2.7　氨水洗涤法脱硫工艺

该脱硫工艺采用氨水作为脱硫吸收剂与进入吸收塔的烟气接触混合，烟气中 SO_2 与氨水反应生成亚硫酸铵，与鼓入的空气进行氧化反应，生成硫酸铵溶液，经结晶、离心脱水、干燥后即制得硫酸铵。该法脱硫效率高，能满足环保要求，整个系统不产生废水或废渣、能耗低、符合节能目标、运行可靠性高和适用性广。

5.3.2.8　脉冲电晕放电等离子体烟气脱硫

脉冲电晕放电等离子体烟气脱硫（PPCP 法）是靠脉冲高压电源在普通反应器中形成等离子体产生高能电子，由于只提高电子温度，而不是提高离子温度，能量效率比更高。此工艺设备简单、操作简便，因此成为国际上干法脱硫脱硝的研究前沿。而且该工艺还具有脱硝能力，高能电子可以激活、裂解、电离烟气分子，产生多种活性粒子和自由基。在反应器里烟气中的 SO_2、NO 被活性粒子和自由基氧化为高价氧化物并与烟气中的水相遇后形成硫酸和硝酸，在有 NH_3 或其他中和物存在的情况下生成气溶胶，再由收尘器收集。有害污染物可达到清除彻底、不产生二次污染。

目前，大部分的脱硫工艺脱硫率在 90% 以下，因此，还有超过 10% 左右的 SO_2 通过烟囱排放到大气中，造成酸雨的形成。我国每年因酸雨造成的直接经济损失就达成百上千亿元。因此，提高脱硫率、减少 SO_2 排放仍是是当前亟待解决的问题。

5.3.3　洁净煤技术

洁净煤一词是 20 世纪 80 年代初期美国和加拿大关于解决两国边境酸雨问题谈判的特使德鲁·刘易斯（Drew Lewis，美国）和威廉姆·戴维斯（William Davis，加拿大）提出的。洁净煤技术（Clean Coal Technology，CCT）是旨在减少污染和提高效率的煤炭加工、燃烧、转化和污染控制等新技术的总称。传统意义上的洁净煤技术主要是指煤炭的净化技术及一些加工转换技术，即煤炭的洗选、配煤、型煤以及粉煤灰的综合利用技术。国外煤炭的洗选及配煤技术相当成熟，已被广泛采用。目前意义上洁净煤技术是指高技术含量的洁净煤技术，发展的主要方向是煤炭的气化、液化、煤炭高效燃烧与发电技术等。它是旨在减少污染和提高效率的煤炭加工、燃烧、转化和污染控制的新技术总称，是当前世界各国解决环境问题的主导技术之一，也是高新技术国际竞争的一个重要领域。

图 5-6 洁净煤技术受到各界人士的推崇

由于中国煤炭开采和利用的特点决定，中国洁净煤技术领域与国外洁净煤技术领域重点放在燃烧发电技术上有所不同，涵盖从煤炭开采到利用全过程，旨在减少污染和提高效率，其内容包括选煤、型煤、水煤浆、超临界火力发电、先进的燃烧器、流化床燃烧、煤气化联合循环发电、烟道气净化、煤炭气化、煤炭液化、燃料电池。通过洁净生产技术、洁净加工技术、高效洁净转化技术、高效洁净燃烧与发电技术和燃煤污染排放治理等技术，对煤炭加工、燃烧、转化和污染控制进行系统优化。

5.3.3.1 洁净煤技术涉及的主要领域

A 煤炭加工领域

煤炭加工是指在原煤投入使用之前，以物理方法为主对其进行加工，这是合理用煤的前提和减少燃煤污染的最经济的途径，主要包括煤炭洗选、型煤、水煤浆制备等技术。常规的物理选煤可除去煤中的 60% 的灰分和约 50% 的黄铁矿硫。煤炭经洗选可大大提高燃烧效率，大大减少污染物排放，洗选 1 亿吨原煤一般可减少燃煤排放的 SO_2 100 万 ~ 150 万吨，成本仅为洗涤烟气脱硫的十分之一。型煤是具有发展中国家特点的洁净煤技术，与烧散煤相比，可节煤 20% ~ 30%，减少黑烟排放 80% ~ 90%，颗粒物减少 70% ~ 90%，SO_2 减少 40% ~ 60%；水煤浆是新型的煤代油燃料，优质煤制成水煤浆其灰分小于 8%，硫分小于 1%，燃烧效率高，烟尘、SO_2、NO_x 等排放都低于燃油和散煤，一般 2t 水煤浆可代替 1t 重油。

B 煤炭高效燃烧与先进发电技术领域

煤炭高效、洁净燃烧与发电技术是洁净煤技术的核心。从煤炭中获取能量主要靠燃烧，目前以循环流化床锅炉（CFBC）的适应煤种广、燃烧效率高，且易于实施床内脱硫，与常规粉煤锅炉比 SO_2、NO_x，可减少 50% 以上，较采用粉煤锅炉加净化装置可节约投资 15% 左右，CFBC 是近年来国际上竞相发展的洁净燃烧技术。发展高效低污染粉煤燃烧应以稳燃、高效、低污染和防结渣作为开发燃煤技术与燃烧器的目标；燃煤联合循环发电包括煤气化联合循环发电（IGCC）和增压流化床联合循环发电（PFBC-CC 等）是新一代高效、洁净燃煤发电技术。IGCC 电厂供电效率可达 50%～52%，脱硫率可达 99%，NO_x 排放只有常规电厂的 15%～30%、耗水只是常规电厂的 1/3～1/2。

C 煤炭转化领域

煤炭转化是指以化学方法为主将煤炭转化为洁净的燃料或化工产品，包括煤炭气化、煤炭液化和燃料电池。煤炭转化以气化为先导，以碳化工为重点，走燃料化工和煤深加工的技术路线。作为化工原料，煤化工在芳烃生产方面有石油化工和天然气化工所不具备的优势。煤炭气化包括完全气化、温和气化（低温热解）和地下气化，是实现煤炭洁净利用的先导技术和主要途径，从发展趋势看应优选煤种适应广、技术先进的流化床和气流床气化技术；煤炭液化是将煤在适宜的反应条件下转化为洁净的液体燃料和化工原料，工艺上分为直接（加氢）液化、间接（先气化）液化和由直接液化派生的。发展替代液体燃料是一项带战略意义的任务，燃料电池是直接将燃料的化学能转化为电能的技术，目前国际上已经开发出数种不同类型的燃料电池，主要用于航天器的动力，使用的主要燃料为氢气和甲烷气。

D 污染排放控制与废弃物处理领域

该领域包括了烟气净化、电厂粉煤灰综合利用、煤层气的开发利用、煤矸石和煤泥水的综合利用。工业污染防治要逐步从生产末端治理转到源头和生产全过程的控制，把分散治理与集中控制结合起来，把浓度控制与总量控制结合起来，并把燃煤所造成的污染放在突出位置。因此，对煤炭开发利用中产生的污染和废弃物进行控制和处理是实现国家环保目标使煤炭成为高效、洁净、可靠能源的重要环节。烟气净化是清除煤炭燃烧产生的烟气中的有害物质（灰尘、SO_2、NO_x），这些有害物质是空气污染的主要原因。

废弃物处理主要包括对煤炭开采和利用过程中所产生的矸石、煤层甲烷、煤泥、矿井水及燃煤电站所产生的粉煤灰等进行处理。我国矿区煤矸石每年的排放量约为 1.5 亿～2 亿吨，主要利用途径是发电、生产水泥和烧砖，但利用总量较少。煤层甲烷（又称煤层瓦斯或煤层气）是与煤共生，开采煤炭时从煤体内析出，它是一种优质能源，但同时又是煤炭开采的一种主要灾害，其大量排空对全球环境变化有较大影响。我国煤层气的开发利用程度还很低，主要是采取井巷抽放，但气体利用价值低，地面开采尚处于探索研究阶段。粉煤灰是燃煤电站排出的固体废弃物，欧美发达国家的大型电厂已将烟气净化，粉煤灰被大量应用于筑路、生产水泥和优质混凝土、制砖及其他建材，并将粉煤灰大量用于建筑高速公路。中国粉煤灰研究和利用的重点是大用量方向，如掺于混凝土中建桥、建坝、高层建筑底板、核发电站的安全壳等，已经建设完成的三峡工程估计用粉煤灰量达 133.8 万吨。

5.3.3.2 洁净煤技术国外发展概况

1986 年 3 月，美国率先推出"洁净煤技术示范计划"，主要包含四个方面：

（1）先进的燃煤发电技术（整体煤气化联合循环发电，流化床燃烧，改进燃烧和直接燃煤热机）；

（2）环境保护设备（NO_x 与 SO_2 控制）；

（3）煤炭加工成洁净能源技术（洗选、温和气化、液化）；

（4）工业应用（炼铁、水泥及其他行业控制硫、氮、灰尘排放和烟气回收洗涤等），已有 13 项取得初步商业化成果。

欧共体国家正在研究开发的项目有煤气化联合循环发电、煤和生物质及废弃物联合气化、循环流化床燃烧、固体燃料气化与燃料电池联合循环技术等。日本近年来开始较大幅度地增加煤炭的消费量，发展洁净煤技术成为热点。正在开发的项目包括：

（1）提高煤炭利用效率的技术；

（2）脱硫、脱氮技术，如先进的煤炭洗选技术、氧燃烧技术、先进的废烟处理技术、先进的焦炭生产技术等；

（3）煤炭转化技术，如煤炭直接液化、加氢气化、煤气化联合燃料电池和煤的热解等；

（4）粉煤灰的有效利用技术。

5.3.3.3 洁净煤技术国内发展概况

我国围绕提高煤炭开发利用效率、减轻对环境污染开展了大量的研究开发和推广工作。随着国家宏观发展战略的转变，洁净煤技术作为可持续发展和实现两个根本转变的战略措施之一，得到政府的大力支持。1995 年国务院成立了"国家洁净煤技术推广规划领导小组"，组织制定了《中国洁净煤技术"九五"计划和 2010 年发展纲要》，并于 1997 年 6 月获国务院批准。中国洁净煤技术计划技术包括：煤炭洗选、型煤、水煤浆；循环流化床发电技术、增压流化床发电技术、整体煤气化联合循环发电技术；煤炭气化、煤炭液化、燃料电池；烟气净化、电厂粉煤灰综合利用、煤层甲烷的开发利用、煤矸石和煤泥水的综合利用、工业锅炉和窑炉。

A　选煤技术

选煤是提高商品煤质量的主要手段，煤炭经洗选后可提高燃烧效率，减少污染物排放。我国 1998 年末选煤厂有 1581 座，选煤能力 49430 万吨，入选量 32760 万吨，入选率 25.66%。最大炼焦煤选厂设计能力 400 万吨/年，最大动力煤选厂设计能力 1900 万吨/年。国内自行研制的设备已基本满足 400 万吨/年以下各类选煤厂建设和改造需要，有些工艺指标已达到或接近世界先进水平。国有大中型选煤厂技术改造的主要内容，已由过去单纯的注重降灰转为降灰与脱硫并举及回收洗矸中的黄铁矿。此外，我国无压重介质旋流器研制成功并投入生产使用，旋流静态微泡浮选柱研制成功，分选技术也取得若干重要成果。

B　型煤

我国民用型煤技术处于国际领先水平，目前年产量约 5000 万吨，大中城市普及率 60%，以蜂窝煤、煤球为主。工业型煤分为化肥造气型煤和锅炉燃料型煤，年产量约 2200 万吨。目前化肥造气型煤主要是石灰碳化煤球，由于技术、价格、市场等原因，锅炉燃料型煤工业化推广较慢。

C　水煤浆

水煤浆是 20 世纪 70 年代兴起的煤基液态燃料，可作为炉窑燃料或合成气原料，具有燃烧稳定、污染排放少等优点。欧美等发达经济体的水煤浆技术已进入商业化阶段。国内经过国家"六五"计划以来的研究、开发，在制浆、运输和燃烧方面取得了许多成果，建成 9 座水煤浆厂，总生产能力 176 万吨/年；在工业锅炉、电站锅炉、工业窑炉进行了水煤浆示范燃烧；水煤浆作气化炉原料在鲁南化肥厂应用于生产；矿区高、中灰煤泥制浆和 35t/h 锅炉燃烧技术通过鉴定。

D　循环流化床（CFBC）

CFBC 锅炉煤种适应性广，燃烧效率高，脱硫率可达到 98%，NO_x、CO 低排放，是重要的洁净燃烧技术。我国的 CFBC 技术开发工作始于 20 世纪 80 年代中期，由中科院工程热物理所、清华大学、浙江大学和哈尔滨工业大学等单位组织开发研制的循环流化床锅炉分别于 90 年代相继投入运行，最大容量达到了 75t/h。主要技术类型有：百叶窗式、热旋风筒式、平面流分离器式等。目前国内已具备设计、制造 75t/h 及以下的小型 CFBC 锅炉的能力，但在工艺及辅机配套、连续运行时间、负荷、磨损、漏烟、脱硫等技术方面还有待完善。国家经贸委组织的 75t/h 循环流化床锅炉完善化示范工程，先后完成两种完善化炉型的设计、制造、安装和试验，于 1996 年初陆续投入运行。

E　增压流化床（PFBC）

大型商业化增压流化床机组的高温烟气净化技术及设备、大功率高初温燃气轮机技术、控制技术等还处于实验室研究开发阶段。

F 整体煤气化联合循环（IGCC）

IGCC发电技术通过将煤气化生成燃料气，驱动燃气轮机发电，其尾气通过余热锅炉生产蒸汽驱动汽轮机发电，使燃气发电与蒸汽发电联合起来，发电效率达45%以上。IGCC发电技术将极有可能成为21世纪主要的洁净煤发电方式之一。我国IGCC发电技术的研究开发工作经历了约三十年，一些单项技术如气化炉、空分设备、煤气脱硫、余热锅炉等有一定的技术基础。

G 煤炭气化

我国气化技术广泛用于冶金、化工、建材、机械等工业行业和民用燃气，以UGI、水煤气两段炉、发生炉两段炉等固定床气化技术为主。近年来引进国外的先进技术和装置，如山西化肥厂等引进加压鲁奇炉；鲁南化肥厂等引进德士古水煤浆气化炉技术；上海焦化厂引进U-GAS气化炉。水煤气两段炉或发生炉两段炉也有引进，用于制取工业燃气或城市民用煤气。

H 煤炭液化

国内煤科总院北京煤化所于20世纪80年代建立了两套0.1t/d的小型连续液化试验装置和一套液化油加氢连续试验装置，对几十种中国煤作了评价试验。中科院山西煤化所于"七五"期间完成了100t/a间接液化中间试验，"八五"期间进行了2000t/a的间接煤液化工业试验。

I 燃料电池

燃料电池是一种不经过燃烧而以电化学反应方式将燃料的化学能直接变为电能的发电装置，可以用天然气、石油液化气、煤气等作为燃料，能量转化效率高、环境效果好。按电解质种类分为磷酸型、熔融碳酸盐型、固体聚合物型、固体氧化物型、碱性型五种类型。

我国燃料电池的研究主要是配合航天技术的发展，以碱性型为主。天津电源研究所、中科院大连化物所、武汉大学等研制的有航天用、水下用燃料电池。国内研究大多处于实验室阶段。

J 烟气净化技术

烟气净化技术可分为除尘、脱硫、脱硝三类。烟气脱硝技术有选择催化还原法、非催化还原法及吸附法等，商业应用较少。我国300MW以上电站基本配备静电除尘装置，中小型机组和工业锅炉多采用效率较低的水膜除尘、旋风器等技术。国内针对大量中小型锅炉开发了经济适用的烟气净化技术，如冲击-鼓泡式和旋流水膜式烟气脱硫除尘技术，碱性工业废水烟气脱硫工艺、陶瓷窑炉湿法收尘技术等。

K 煤层气的开发利用

我国已有146座矿井装备了井下煤层气抽放系统。1992年以来，在联合国开发计划署（UNDP）资助下，开展了全国煤层气资源评价、松藻矿务局示范性地面和井下采气工程等四个研究或示范项目。

5.3.3.4 中国洁净煤技术开发和应用的重点

洁净煤技术是高效、洁净的煤炭加工、燃烧、转化和污染控制的技术。通过加工可减少煤的硫分、灰分；通过洁净、高效的燃烧可显著减排大量的 SO_2 及一定量的 CO_2；通过转化可把煤转化为清洁的液体、气体燃料，使煤炭得到清洁的利用。从目前看，新能源和可再生能源要大量取代化石能源是一项十分艰巨的任务，绝非一朝一夕可以实现的，预计 21 世纪的上半叶煤炭仍将占有重要地位。在这段过渡时期中，将主要依靠高效节能技术、洁净煤技术等化石能源的高效、洁净开发利用技术，缓解化石能源的枯竭，大幅度减少环境污染及温室气体排放。煤炭从资源上讲是可靠的能源，从经济上讲是廉价的能源，从环境上讲是可以洁净利用的能源。在今后相当长的一段时期内，煤炭对我国是不可缺少的，发展洁净煤技术是当前中国能源发展的现实选择，是保护大气环境的必然要求。

当前，洁净煤技术的重要性已受到政府和社会的广泛关注，但还缺乏国家对洁净煤技术的研究、开发和示范的有效投入和激励政策，致使洁净煤技术的开发应用还滞后于可持续发展的需要。发达国家的一些先进技术往往比较昂贵，在能源激烈竞争的市场上还不具备经济性，也有些技术还不能适应中国的具体需求，此外，有些传统观念、习惯也阻碍了机制、管理和技术的创新。为促进中国洁净煤技术的产业化和推广应用，应根据市场的需求，确定出重点，明确适合于中、近期推广应用的技术项目，开展国内、国际合作的研究、开发、示范和推广项目。

第6章 维持温度的和平：气候变化的未来与对策

6.1 温室效应带来的影响

人类活动正在改变着地球环境，这些变化表现在很多方面：全球变暖、土地沙漠化、酸雨沉降、臭氧层减少、海平面上升、频繁的地震、海啸和火山喷发等。面对这些令人担忧的变化，目前的科学解释还不够全面，数据和资料还不够完整，长期的潜在影响也还不尽了解。但可以肯定的是，在目前的环境变化中，人类活动已等于甚至超过了自然的调节极限，例如，温室气体的排放、海洋等水体污染、动植物赖以生存的森林砍伐等。自然及全球的变化对自然科学、社会科学、工程学乃至全球各国及全人类将是一个极大的挑战。

全球环境变化的广泛性与政治、社会有着紧密的关系。按科学的观点，预测未来环境变化的能力需要了解控制地球的化学、物理、生物和社会变化，以及这些变化在地球系统中的相互作用。从政治角度说，解决这些问题的决策需要协调与能源、技术、土地利用和经济发展有关的国际政策。

根据对尚不太明了的未来危险的预测，以及可能马上产生的经济和其他后果的判断，我们必须做出决策。当要求必须根据科学数据资料进行决策时，需要全球有识之士参与，需要所有国家都参与进来，更需要的是所有公众亲力亲为地去执行。

若大气中仅由氧气和氮气组成，地表的平均温度将是 $-6℃$，而当前的平均温度为 $15℃$，这 $21℃$ 的差别便是温室效应的作用结果。温室效应虽然使地球变成生命的摇篮，充满生机，但由于人为活动影响不断增强，大气中的温室气体的浓度也增加了，使温室效应不断增加。联合国政府间气候变化专门委员会第一工作组在 2010 年 2 月初发表的报告中确认，20 世纪中期以来全球平均气温的升高，"很可能"由人类活动导致二氧化碳排放增多所致。在这里，"很可能"表示可能性至少在 90% 以上。

6.1.1 气候的变化

温室效应引起的气候变化是多方面的，除了地球平均温度上升，使全球变暖外，就是全球变暖的后果：会使全球降水量重新分配，冰川和冻土消融，海平面上升,极端气候事件如飓风、暴雨、大旱等灾害性天气发生频率增加,破坏力加剧、空气污染严重等,既危害自然生态系统的平衡,更威胁人类居住环境和健康。全球变暖并不是全球每个角落的温度都在上升,个别地方反而可能出现酷寒的极端情况。

6.1.1.1 气温上升

全球平均气温经历了冷→暖→冷→暖两次波动,从近百年的观测资料来看,全球的平均气温总体呈升高趋势。大家一致认为,100年来(1906~2005年)地表的平均温度升高了0.74℃(图6-1),与温室气体的增加趋势比较符合。除了温室效应增强的影响以外,气候变化还受其他因素的影响,如人口剧增、地球周期性公转轨迹的变动、太阳活动等。但是自然因素的影响可能经过长期的波动最终仍然趋于原来的平衡点,而人类活动引起的温室效应增强和气温升高是不可逆的。

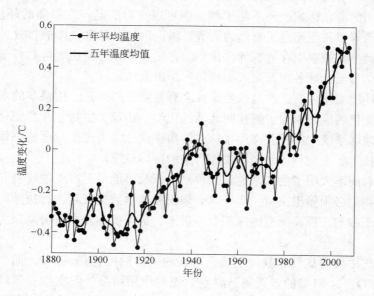

图6-1 全球温度随时间变化趋势图

根据最新的气候模式预测,21世纪,全球气温将以每10年0.2~0.5℃的速率升高,到21世纪末,气温将增加1~3.5℃(IPCC,1995)。或许人们会说,增加几度又有什么关系,空调多开一些就解决了,我们看看全球温度增加几度会带来怎样的灾难性后果。

升温1℃,无冰海域吸收更多的热气,加速全球暖化效应;地球表面三分之一的水资源流失;低海岸地区遭海水淹没。升温2℃,欧洲居民将中暑而亡;森林将被大火吞噬;处于逆境的植物开始释放出碳,不再具备吸碳功能;有1/3的物种濒临灭绝。升温3℃，从植物和土壤中排出的碳物质会加速全球暖化效应；亚马逊热带雨林荡然无存；超级飓风袭击沿海城市；非洲出现饥荒。升温4℃，永冻土无止境地融解，造成全球暖化效应一发不可收拾；英国大部分地方也因严重的水患而不适合居住；地中海区域将成为一片废墟。升温5℃，甲烷从海床蹿出，加速全球暖化效应；两极冰层融化；人类逐食物而居，但徒劳无功，形同野生动物在这片土地上苟延残喘。升温6℃，地球上的生物会在末世狂风、山洪暴发、硫化氢毒气及带着原子弹般威力的甲烷火球流窜地表时，完全灭迹；而唯一存活下来的只有霉菌。最新公布的 IPCC 报告第四部分详细预测了全球变暖的前景和恶果，报告表示，全球气温到 21 世纪末可能上升 1.1～6.4℃，海平面上升18～59cm。如果气温上升幅度超过 1.5℃，全球 20%～30% 的动植物物种面临灭绝；如果气温上升 3.5℃以上，40%～70% 的物种将面临灭绝。

在人类近代历史才有一些温度记录，这些记录都来自不同的地方，精确度和可靠性都不尽相同。在 1860 年才有类似全球温度仪器记录，相信当年的记录很少受到城市热岛效应的影响。从最近千年内的多方记录所展示的长远展望来看，在过去 1000 年的温度记录中可以看到有关的讨论及其中的差异。最近 50 年的气候转变的过程十分清晰，全赖详细的温度记录。到了 1979 年，人类便开始利用卫星温度测量来量度对流层的温度。根据美国国家航空航天局戈达德太空研究所的研究报告估计，在 400～500 年前，全球已经开始变暖，20 世纪是历史上最热的世纪，1998 年是 20 世纪最热的一年。在 2000 年后，各地的高温纪录经常被打破。譬如 2003 年 8 月 11 日，瑞士格罗诺镇记录 41.5℃，打破 139 年来的纪录。同年 8 月 10 日，英国伦敦的温度达到 38.1℃，破了 1990 年的纪录。同期，巴黎南部晚上测得最低温度为 25.5℃，打破了 1873 年以来的纪录。2003 年 8 月 7 日夜间，德国也打破了百年最高气温纪录。在 2003 年夏天，台北、上海、杭州、武汉、福州都打破了当地高温纪录，而中国浙江省更快速地屡破高温纪录，67 个气象站中 40 个都刷了新纪录。2004 年 7 月，广州的罕见高温打破了 53 年来的纪录。2005 年 7 月，美国有两百个城市都创下历史性高温纪录。2006 年 8 月 16 日，重庆最高气温高达 43℃。台湾宜兰在 2006 年 7 月 8 日温度高达 38.8℃，打破了 1997 年的纪录。2006 年 11 月 11 日是香港整个十一月最热的一天，最高气温高达 29.2℃，比 1961 年至 1990 年的平均最高温 26.1℃还要高。

IPCC 公布的第四份气候变化评估报告说过去 50 年中的气温上升速度比过去100 年的平均速度快了一倍多。北半球 20 世纪后 50 年的平均气温比过去 500 年中的任何其他 50 年期的气温都要高。从 1750 年以来统计的全球 12 个高温年，其中 11 个发生在过去 12 年里面。

6.1.1.2 冰川融化

我们正居住在一个急速变暖的星球上。美国宇航局 2007 年 12 月卫星资料显示,北极冰层的厚度比以前减少了 23%。航海资料则显示北极冰层比 1950 年代减少了 50%。科学家们认为,冰川融化的直接原因是空气和海水的温度上升。北极冰层像一面镜子,把阳光热量反射回太空北极的冰层,反射八成太阳光热量,能够稳定海洋温度且维持低温。如果冰层融化不足够反射阳光,海洋就会升温,冰层加速融化,海水比冰颜色暗,所以吸收了更多的阳光,而这又加剧了全球气候变暖。南极西部大冰原所有冰川因融冰量远大于降雪量,每年整体减重 1030 亿吨,是导致海平面上升的重要因素。其他破纪录资料显示,格陵兰表面冰层融化的速度大于 15 年前的 4 倍;北极冰层表面温度是 1977 年纪录史上最高的;最大冰川派恩艾兰冰川移动速度比 20 世纪 70 年代快 40%,史密斯冰川移动速度比 1992 年快 83%。这些冰川融冰入洋速度加快,原因在于通常阻止它们的厚达 200~300m 冰架正在消融。气候科学家预测,北极冰层将在 2012 年夏天融冰季节结束前完全融化。

冰川是世界上最大的淡水库,也是地球上除了海洋以外最大的蓄水池。科学家们认为,造成冰架融化的罪魁祸首是全球气候持续变暖。美国宇航局喷气推进实验室的研究人员说,他们利用卫星观测到,由于过去 50 年全球平均气温上升速度加快,兰格尔圣伊莱亚斯国家公园的一个冰架在 2002 年塌陷了。另外,在 2000~2003 年间,这一地区有两座冰川的融化速度加快了将近 7 倍,另外两座冰川融化的速度则加快了两倍。2010 年 8 月,一块面积达 275 平方公里的冰山,从北极格陵兰岛的彼得曼冰川断裂,成为全球百年暖加剧的最新证据。南北极冰川的消融已经对极地生物造成了巨大的威胁,北极熊渐临濒危。在某些北极熊栖息地,海冰持续消失已经迫使北极熊不得不在海水中游更长时间以及到更危险的距离去觅食(图 6-2),已经有北极熊因长时间找不到食物或者休息的海冰而饿死或淹死。

图 6-2   在浮冰上跳跃的北极熊

由于气候变暖,全球的冰川正在以前所未有的速度消退。图 6-3 是一张合成对比图，显示的是自 1928 年以来挪威布洛姆斯特兰德布林冰川（Blomstrand-breen）消退的情景。该冰川已经消失了接近 2km。冰川是一种巨大的流动固体，是在高寒地区由雪再结晶聚积成巨大的冰川冰，后又在重力这一主要因素的推动下形成冰川。冰川是由多年积累起来的大气固体降水在重力作用下，经过一系列变质成冰过程形成的，主要经历粒雪化和冰川冰两个阶段。

图 6-3　挪威冰川的百年变化

图 6-4 是法国阿尔卑斯山脉夏蒙尼峰附近的气候变化对比图，左图拍摄于 2007 年 3 月 12 日，右图拍摄于 2008 年 3 月 12 日。意大利和瑞士的国界原来以阿尔卑斯山山脉的冰川位划分，但冰川不断融化后，两国将很可能爆发资源和国

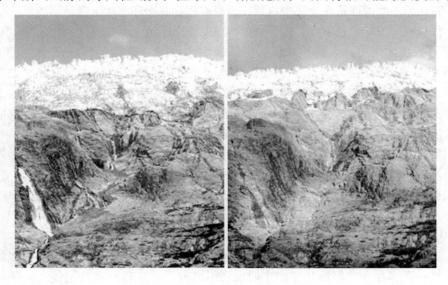

图 6-4　阿尔卑斯山脉

界的纠纷。意大利一名议员遂提议两国重订国界，两国已着手相关的工作。瑞意两国暂时商议的结果是，在多个区域将国界移动 100m，包括著名的马特峰一带。现居于边境附近的居民将不受影响，因为这次调整的边界位于海拔 4000m 以上，而那里目前无人居住。

6.1.1.3　极端气候频发

2007 年 11 月 11 日，一场突如其来的强风暴"光顾"了连接黑海与亚速海的刻赤海峡，造成近 5 年来世界上最严重的海上生态污染事故：12 艘船只失事或遇险，有 4 艘沉没，其中 3 艘断成两截，超过 3000t 重油泄入海中，7000t 硫磺沉入海底；此外，至少有 3 人丧生，23 人失踪，12km 长的海岸线受污染，3 万只海鸟死亡……

"一风未停，一风又起"，在亚洲，一场中心附近风力超过 14 级、最高风速高达每小时 240km 的强热带风暴于 2007 年 11 月 15 日晚间席卷了孟加拉国南部和西南部地区，造成了重大人员和财产损失。截至 2007 年 11 月 23 日，灾难已造成 3199 人死亡，近 2000 人失踪，680 万人无家可归，经济损失 23.1 亿美元。

不仅仅是飓风，暴雨、洪水、高温、干旱、龙卷风、沙尘暴等越来越多的极端气候近年来频繁出现，而所谓"百年不遇"的气候灾害在最近 10 年之内一再发生。

IPCC 报告明确指出，全球变暖将导致气候灾害更加普遍：热带风暴将更频繁、更猛烈地光顾；高温和暴雨天气将危害世界部分地区，导致森林火灾和病疫蔓延；海平面上升将令沿海地区洪涝灾害增多、陆地水源盐碱化；一些地区饱受洪涝灾害的同时，另一些地区将在干旱中煎熬，遭遇农作物减产和水质下降等困境。

仅仅在 2007 年上半年，南亚的洪灾已经让印度、孟加拉国和尼泊尔等国 3000 万人流离失所，大面积农田、房屋被洪水冲毁；英格兰和威尔士经历了自 1776 年以来降雨量最大的五六月份，大水造成 60 亿美元的经济损失，而德国则经历了从极度干旱到洪水横行的巨大转变；在欧洲东南部和俄罗斯各地，六七月间的温度纪录不断被刷新；5 月份的大浪吞噬了马尔代夫 68 座岛屿，阿拉伯海地区出现有记录以来的首次 6 月飓风袭击。

英国著名救援组织乐施会 11 月 25 日公布的一份报告显示，过去 20 年内全球平均每年发生与气候相关的灾难数量相对于 20 年以前增加了 3 倍。20 世纪 80 年代初期，全球平均每年发生 120 起天灾，而现在这一数字已增至将近 500 起。此外，据联合国统计，因极端气候频频袭击地球，20 世纪 90 年代的 10 年间，导致 20 多万人死亡，财产损失上千亿美元。

这些极端气候的发生不是偶然的，大风、龙卷风、飓风、暴雨以及类似的恶劣天气一直都存在，但近几年，它们出现得更多了，并有加重的趋势。一些城市已经逐渐习惯了，但是现在这些恶劣天气在一些毫无防备的城市也发生了，并且造成更大的破坏。

6.1.1.4　海平面上升

　　随着全球变暖，海平面大幅升高。由于"热惯性"的存在，即使21世纪中人类不向大气中排放任何温室气体，到2100年全球平均气温也将至少升高0.5℃，海平面将上升11cm以上，其中海平面上升的速度比科学家早先的预测值高了一倍多，这是因为以前的预测没有考虑到冰川融化等的影响。印度洋上的马尔代夫和太平洋上的图瓦卢等岛国将被淹没，加尔各答、达卡等沿海城市将被毁掉，而伦敦、纽约以及上海这样的大都市，将被迫耗费数十亿美元的资金用于防洪。

图6-5　关于海平面上升的预测

6.1.1.5　人类健康

　　全球气候的变暖对人类健康有着直接或间接的影响，居住在中纬度地区的人们对地球升温最为敏感，暑热天气延长以及高温高湿天气直接威胁着人们的健康。据有关报告显示，如果全球平均气温上升3℃，北美地区受热浪侵袭的次数将增加3~8倍。另据世界卫生组织公布的数据，全球每年因气候变化死亡的人数已达6万人，2003年，仅欧洲夏季热浪就吞噬了3万人的生命。2010年夏天莫斯科的高温天气使得数百老人死于中暑或由中暑引起的相关疾病，而德国的某些城市空调、风扇卖到脱销；与此同时，气温增高，"城市热岛"效应和空气污染更为显著,又给许多疾病的繁殖、传播提供了更为适宜的温床。近年来非典型肺炎、禽流感、猪流感、甲流感以及各种致病性极强的"超级细菌"肆虐全球,让人类防不胜防。

气候的变暖会改变气候带的界限,这就会给许多"喜热病菌"提供更广阔的生存、活动空间。例如,由于气候变暖,无霜带的范围得到了扩大,疟疾在非洲中部的高原地带竟又流行起来;本来在有的国家已经消灭的虐蚊,又在一些地区出现。随着气候带的变化,一些携带病菌的昆虫也会向越来越温暖的地区迁移,从而导致一些本已经灭绝的传染疾病"卷土重来"。如2010年新闻报道宠物身上的蜱虫就会咬死人,以前的旧病菌改头换面后更会让人束手无策。

温室气体的排放是地球升温的最主要的因素,而温室气体中的氟利昂类气体对臭氧层有较大的破坏性,这样就导致阳光中的紫外线辐射增加,提高了皮肤癌、白内障和青光眼的发病率。世界卫生组织曾在一份预测中指出,皮肤癌的发生率在2050年后可增加6%~35%;南半球的上升率要更高些,因为那里总的臭氧消耗量更大。

随着温室气体排放的增多,空气污染也日趋严重。空气污染的污染物有烟尘、总悬浮颗粒物、可吸入悬浮颗粒物(浮尘)、二氧化氮、二氧化硫、一氧化碳、臭氧、挥发性有机化合物等等,这些空气污染物由车辆、船舶、飞机的尾气、工业企业生产排放、居民生活和取暖、垃圾焚烧等排放出来的,其中一些气体的吸入直接威胁人体的健康,如吸入二氧化硫可使呼吸系统功能受损,加重已有的呼吸系统疾病(尤其是支气管炎及心血管病)。对于容易受影响的人,除肺部功能改变外,还伴有一些明显症状如喘气、气促、咳嗽等。二氧化硫亦会导致死亡率上升,尤其是在悬浮粒子协同作用下,最易受二氧化硫影响的人士包括患有哮喘病、心血管或慢性肺病(例如支气管炎或肺气肿)者,儿童及老年人。空气中的二氧化硫很大部分来自发电过程及工业生产。二氧化氮是一种棕红色有刺激性臭味的气体,主要来自于车辆废气、火力发电站和其他工业的燃料燃烧及硝酸、氮肥、炸药的工业生产过程,具有腐蚀性和生理刺激作用,呼吸系统有问题的人士如哮喘患者,较易受二氧化氮的影响;对儿童来说,可能会造成肺部发育受损,研究指出长期吸入会导致肺部构造改变。

6.1.2 陆地的变化

随着温室效应的增强,全球变暖将给陆地上的森林、农业、自然生态系统、水资源及土地荒漠化都带来深刻的影响。

6.1.2.1 农业和林业

由于全球变暖使得气候带每50年移动数百公里,而成熟森林对气候适应性差,树种变化,树龄减少,同时对火、病虫害的耐受性显著降低,森林管理费用增加。

气候变化使农作物的产量也会发生变化，从植物生理的角度来看，高浓度的二氧化碳会促进光合作用的进行，对小麦、稻类和大豆等 C3 植物（二氧化碳代谢后生成 3 碳化合物称为 C3 植物）来说影响较大，而对像玉米、高粱、甘蔗等 C4 植物（二氧化碳代谢后生成 4 碳化合物称为 C4 植物）的影响较小。

农业带将随气候带向极地和高海拔地区移动。在中纬地区，平均气温升高 1℃，气候带将会移动 200～300km，虽然使高纬地区适宜农作物生长，但中纬地区的农作物会由于环境变化而减量，所以为了适应气候变化，我们要对农业技术进行变革，增加高纬地区的农业播种量。同时紫外线的增加、干旱台风等极端气候的频繁发生，农作物都将受到重创。

联合国粮农组织 2009 年发表报告说，40 年后，那些缺食少粮的最贫困地区可能会深受全球变暖之害。发展中国家，特别是撒哈拉沙漠以南地区的非洲国家有可能越来越离不开进口粮食。根据粮农组织的研究结果，到 2050 年全球变暖可能导致发展中国家整体农业生产力下降 9%～21%，粮价将因此不断攀升。报告认为，粮食问题这一巨大挑战还在于届时世界人口将从目前的 60 亿增至 91 亿。各国应该通过提高管理效率、充分利用新技术大力发展林业，增加土壤碳储量，同时恢复休耕土地，从而确保粮食安全并遏制全球变暖。

6.1.2.2 陆地自然生态系统的影响

大气中二氧化碳含量的增加会增强植物光合作用和生产力，增加根部的碳，提高菌根的活性和固氮能力，从而促进植物生长。在二氧化碳加倍的情况下，许多植物的光合作用增加 50%～75%，树木和农作物也会增加 50%～70%。但由于植物生长还会受到土壤养分和水分等条件的限制，所以最终能否达成平衡还有待进一步研究。大气中二氧化碳的增加也会导致植物叶的气孔变小以及由此引起的植物呼吸作用与蒸腾作用的降低，这样可以减少水分消耗而提高了水分利用率。除此之外还会影响植物的叶面积、根茎比、果实大小等，植物间的竞争关系和多样性也受到影响。随着气温的升高，有些物种，如北方和高海拔地区的物种将被无情淘汰，使生物多样性降低。热带雨林是生物多样性的储存库，其中栖息的物种占地球物种总数约 3000 万种中的大部分，温室气体导致的气温升高对这些物种的影响要小于降雨的季节性波动和变化，但总体上还是使得生物多样性遇到挑战。

气候变暖将会使植被地带发生移动，比如，在北半球，气候变暖会导致植被地带的北移。据有关研究表明，占世界森林总面积 1/4 的北方寒温性针叶林将对全球气候变暖作出强烈反应，会发生明显的北移，最终进入冻原地带。类似地，山地的森林将随气候的变暖而向高海拔位置移动。植物生长对于环境条件的适应需要一定的时间，气候变化引起的山地森林带的迁移一般会滞后于气候的波动。

在迁移的过程中，会因为山地的高度不够，使得部分植物无处可迁，导致有些植物和动物的灭绝。

气候变化通过影响植物生长过程中的光合作用、呼吸作用和某些特殊的生理反应而改变陆地生态系统与大气之间的碳循环过程，进而影响生态系统的净第一性生产力。随着大气中二氧化碳浓度的增加，植物体内的碳氮比随之增加，但养分又不能同时满足要求，于是会影响植物的长势，进而影响动物的生活习惯和生存。这些都与地球生物化学循环过程密切相关，也关系到生物圈的组成和结构。

6.1.2.3　土地荒漠化

目前，脆弱的旱地退化已经影响到地球上陆地面积的30%，这是荒漠化的先兆。退化的原因主要有：过度使用土地、不良的灌溉系统、砍伐森林、气候变化和过度放牧等几个方面，温室效应引起的气候变化是主要原因之一。根据UNEP定义，荒漠化是指起因于不恰当的人类活动的干旱半干旱和干旱半湿润地带的土地退化现象。世界干旱区的面积已经占到全球陆地表面的40%，它们主要分布在亚洲和非洲，这是荒漠化威胁最为严重的区域。根据UNEP的推算，全球约有1/4的世界陆地面积，即约36亿公顷土地正在荒漠化，相当于干旱地区70%，约有1/6的世界人口正在受到荒漠化的直接影响。到目前为止，发展中国家人口增长率还比较高，也将成为未来区域荒漠化的背景条件。荒漠化是自然和人为因素综合作用的结果，自然方面的气候变化和异常起主要作用，特别是气候的干旱化更是起到决定性作用；其次，人为活动引起土壤侵蚀，也是荒漠化发生的主要原因之一，而这两者均与温室效应增强和气候变暖有关。人为方面的原因主要表现在农业生产的不合理上。

6.1.2.4　水温和水资源

全球变暖加快了水循环，但温度上升也可造成更为干旱的地区，降水形式和降水分布将发生变化，某些地区有更多雨量，而另外一些地区的雨量可能会减少。世界上多数地区降水量、土壤水分、河水储量将增加，干旱地区及临界地区的降水量将减少，如气温升高1~2℃、降水量将减少10%时，径流减少40%~74%。依赖河流自然灌溉的东南亚农业将遇到困难，需要新对策。湿润地区对降水量的变化比对温度的变化更为敏感，而依赖季节性积雪为水源的地区将受到更大的影响。

此外，温度的升高会增加水分的蒸发，这对地面上水源的运用带来了压力，而且这可能导致许多国家面临更加突出的水资源供需矛盾。比如，联合国政府间气候变化专门委员会2007年年初的一个报告草案曾指出，如果平均气温上升4℃，全球就会有30多亿人面临缺水问题。

6.1.3　海洋的变化

温室效应增强引起的气候变暖将使海平面上升，沿岸地区的湿地逐渐消失，减少鱼虾产卵和生长的场所，影响沿岸生态系统。同时，降水量和紫外辐射也在变化，海水温度上升，将造成海洋基础生物量的变化，对海洋生态系统产生重大影响，并最终会影响到渔业生产，进一步还可能产生社会经济方面的负面效应。

6.1.3.1 沿岸湿地

沿岸湿地是许多鸟类、鱼虾等动物生命周期不同阶段的重要栖息地，海面上升可能会打乱相关生态系统的平衡运行，甚至可能威胁到整个生物圈功能的正常发挥。海平面上升还将影响沿岸及其他海区的海水盐度，土壤盐浸化，海岸受到侵蚀，对像红树林、珊瑚礁等那些依赖适当盐分生长的生态系统将产生一定影响。

6.1.3.2 海洋生态系统

由于气候变暖使水温和洋流的分布发生了重大变化，从而也改变了海洋生物的分布，使其随水温的增高而向高纬地区迁移，海洋渔业资源和珍惜濒危生物资源衰退。例如，秘鲁和加利福尼亚的沙丁鱼捕捞业和阿拉斯加的螃蟹捕捞业的衰退引发了社会的动荡。而紫外辐射的增强也将会对海面附近的鱼卵、幼鱼和浮游生物产生干扰。

本世纪的气候变暖已经使北太平洋、北大西洋热带地区的生物分布区扩大到了中纬地区，中纬地区的生物分布又迁移到高纬地区。总之，由于气候变化使得不能迅速适应当地环境的物种已经被淘汰或即将被淘汰。

6.1.4 气候变化对中国的影响

中国是最易受气候变化不利影响的国家之一，其影响主要体现在农牧业、森林与自然生态系统、水资源和海岸带等。

6.1.4.1 对农牧业的影响

气候变化对中国农牧业生产的负面影响已经显现，农业生产不稳定性增加、局部干旱高温危害严重、因气候变暖引起农作物发育期提前而加大早春冻害、草原产量和质量有所下降、气象灾害造成的农牧业损失增大。

未来气候变化对农牧业的影响仍以负面影响为主，小麦、水稻和玉米三大作物均可能以减产为主。农业生产布局和结构将出现变化；土壤有机质分解加快；农作物病虫害出现的范围可能扩大；草地潜在荒漠化趋势加剧；原火灾发生频率将呈增加趋势；畜禽生产和繁殖能力可能受到影响，畜禽疫情发生风险加大。

6.1.4.2 对森林和其他自然生态系统的影响

气候变化对中国森林和其他生态系统的影响主要表现在：东部亚热带、温带北界北移，物候期提前；部分地区林带下限上升；山地冻土海拔下限升高，冻土面积减少；全国动植物病虫害发生频率上升，且分布变化显著；西北冰川面积减少，呈全面退缩的趋势，冰川和积雪的加速融化使绿洲生态系统受到威胁。

未来气候变化将使生态系统脆弱性进一步增加，主要造林树种和一些珍稀树种分布区缩小，森林病虫害的爆发范围扩大，森林火灾发生频率和受灾面积增加；内陆湖泊将进一步萎缩，湿地资源减少且功能退化；冰川和冻土面积加速缩减，青藏高原生态系统多年冻土空间分布格局将发生较大变化；生物多样性减少。

6.1.4.3　对水资源的影响

气候变化已经引起了中国水资源分布的变化，近 20 年来，北方的黄河、淮河、海河、辽河水资源总量明显减少；南方河流水资源总量略有增加。洪涝灾害更加频繁，干旱灾害更加严重，极端气候现象明显增多。

预计未来气候变化将对中国水资源时空分布产生较大的影响，加大水资源年内和年际的变化，增加洪涝和干旱等极端自然灾害发生的概率，特别是气候变暖将导致西部地区的冰川加速融化，冰川面积和冰储量将进一步减少，对以冰川融水为主要来源的河川径流将产生较大影响。气候变暖可能将增加北方地区干旱化趋势，进一步加剧水资源短缺形势和水资源供需矛盾。

6.1.4.4　对海岸带的影响

近 30 年来，中国海平面上升趋势加剧。海平面上升引发海水入侵、土壤盐渍化、海岸侵蚀，损害了滨海湿地、红树林和珊瑚礁等典型生态系统，降低了海岸带生态系统的服务功能和海岸带生物多样性；气候变化引起的海温升高、海水酸化使局部海域形成贫氧区，海洋渔业资源和珍稀濒危生物资源衰退。

据预测，未来中国沿海海平面将继续升高。海平面上升还将造成沿海城市市政排水工程的排水能力降低，港口功能减弱。

6.1.4.5　对社会经济等其他领域的影响

气候变化对社会经济等其他领域也将产生深远影响，给国民经济带来巨大损失，应对气候变化需要付出相应的经济和社会成本。气候变化将增加疾病发生和传播的机会，危害人类健康；增加地质灾害和气象灾害的形成概率，对重大工程的安全造成威胁；影响自然保护区和国家公园的生态环境和物种多样性，对自然和人文旅游资源产生影响；增加对公众生命财产的威胁，影响社会正常生活秩序和安定。

6.2　气候变化的应对措施

6.2.1　联合国气候变化框架公约

《联合国气候变化框架公约》（United Nations Framework Convention on Climate Change，UNFCCC，简称《框架公约》）是 1992 年 5 月 22 日联合国政府间谈判委员会就气候变化问题达成的公约，于 1992 年 6 月 4 日在巴西里约热内卢举行的联合国环发大会（地球首脑会议）上通过。《联合国气候变化框架公约》是世界上第一个为全面控制二氧化碳等温室气体排放，以应对全球气候变暖给人类经济和社会带来不利影响的国际公约，也是国际社会在对付全球气候变化问题上进行国际合作的一个基本框架。

6.2.1.1 概述

《框架公约》于 1994 年 3 月 21 日正式生效。2004 年 5 月，公约已拥有 189 个缔约方，截至 2009 年 12 月 7 日到 19 日缔约方第 15 次会议在丹麦首都哥本哈根举行为止，目前加入该公约的缔约国增加至 192 个。公约将参加国分为三类：

（1）工业化国家，这些国家答应要以 1990 年的排放量为基础进行削减，承担削减排放温室气体的义务，如果不能完成削减任务，则可以从其他国家购买排放指标。

（2）发达国家，这些国家不承担具体削减义务，但承担为发展中国家进行资金、技术援助的义务。

（3）发展中国家，不承担削减义务，以免影响经济发展，可以接受发达国家的资金、技术援助，但不得出卖排放指标。

公约由序言及 26 条正文组成，这是一个具有法律约束力的公约，旨在控制大气中二氧化碳、甲烷和其他造成"温室效应"的气体的排放，将温室气体的浓度稳定在使气候系统免遭破坏的水平上。公约对发达国家和发展中国家规定的义务以及履行义务的程序有所区别。公约要求发达国家作为温室气体的排放大户，应采取具体措施限制温室气体的排放，并向发展中国家提供资金以支付他们履行公约义务所需的费用；而发展中国家只承担提供温室气体源与温室气体汇的国家清单的义务，制订并执行含有关于温室气体源与汇方面措施的方案，不承担有法律约束力的限控义务。公约建立了一个向发展中国家提供资金和技术，使其能够履行公约义务的资金机制。

6.2.1.2 《联合国气候变化框架公约》会议

自 1995 年 3 月 28 日首次缔约方大会在柏林举行以来，缔约方每年都召开会议。第 2 至第 6 次缔约方大会分别在日内瓦、京都、布宜诺斯艾利斯、波恩和海牙举行。1997 年 12 月 11 日，第 3 次缔约方大会在日本京都召开。149 个国家和地区的代表通过了《京都议定书》，但是 2000 年 11 月在海牙召开的第 6 次缔约方大会期间，世界上最大的温室气体排放国美国坚持要大幅度折扣它的减排指标，因而使会议陷入僵局，大会主办者不得不宣布休会，将会议延期到 2001 年 7 月在波恩继续举行。2001 年 10 月，第 7 次缔约方大会在摩洛哥马拉喀什举行。2002 年 10 月，第八次缔约方大会在印度新德里举行，会议通过的《德里宣言》，强调应对气候变化必须在可持续发展的框架内进行。2003 年 12 月，第 9 次缔约方大会在意大利米兰举行，与会国家和地区温室气体排放量占世界总量的 60%。2004 举 12 月，第 10 次缔约方大会在阿根廷布宜诺斯艾利斯举行。2005 年 2 月 16 日，《京都议定书》正式生效，目前，已有 156 个国家和地区批准了该项协议。2005 年 11 月，第 11 次缔约方大会在加拿大蒙特利尔市举行。2006 年 11 月，第 12 次缔约方大会在肯尼亚首都内罗毕举行。2007 年 12 月，第 13 次缔约方大会在印度尼西亚巴厘岛举行，会议着重讨论"后京都"问题，即《京都议定书》第一承诺期在 2012 年到期后如何进一步降低温室气体的排放。15 日，联合国气候变化大会通过了"巴厘岛路线图"，启动了加强《框架公约》和《京都议定书》全面实施的谈判进程，致力于在 2009 年年底前完成《京都议定书》第一承诺期 2012 年到期后全球应对气候变化新安排的谈判并签署有关协议。2008 年 12 月，第 14 次缔约方大会在波兰波兹南市举行。2008 年 7 月 8 日，八国集团领导人在八国集团首脑会议上就温室气体长期减排目标达成一致。八国集团领导人在一份声明中说，八国寻求与《联合国气候变化框架公约》其他缔约国共同实现到 2050 年将全球温室气体排放量减少至少一半的长期目标，并在公约相关谈判中与这些国家讨论并通过这一目标。哥本哈根世界气候大会全称是《联合国气候变化框架公约》第 15 次缔约方会议暨《京都议定书》第 5 次缔约方会议，这一会议也被称为哥本哈根联合国气候变化大会，于 2009 年 12 月 7 日~18 日在丹麦首都哥本哈根召开。12 月 7 日起，192 个国家的环境部长和其他官员们在哥本哈根召开联合国气候会议，商讨《京都议定书》一期承诺到期后的后续方案，就未来应对气候变化的全球行动签署新的协议。这是继《京都议定书》后又一具有划时代意义的全球气候协议书，毫无疑问，对地球今后的气候变化走向产生决定性的影响。这是一次被喻为"拯救人类的最后一次机会"的会议。

6.2.1.3　《联合国气候变化框架公约》目标

《联合国气候变化框架公约》的目标是减少温室气体排放，减少人为活动对气候系统的危害，减缓气候变化，增强生态系统对气候变化的适应性，确保粮食生产和经济可持续发展。为实现上述目标，公约确立了五个基本原则：

（1）"共同而区别"的原则，要求发达国家应率先采取措施，应对气候变化。

（2）要考虑发展中国家的具体需要和国情。

（3）各缔约国方应当采取必要措施，预测、防止和减少引起气候变化的因素。

（4）尊重各缔约方的可持续发展权。

（5）加强国际合作，应对气候变化的措施不能成为国际贸易的壁垒。

根据《联合国气候变化框架公约》第一次缔约方大会的授权（柏林授权），缔约国经过近 3 年谈判，于 1997 年 12 月 11 日在日本东京签署了《京都议定书》。根据《京都议定书》的规定，至少在 55 个缔约方、其中至少有占工业化国家集团 1990 年二氧化碳排放总量 55% 的发达国家批准本议定书之后第 90 天才行生效。俄罗斯已经批准《京都议定书》并向联合国秘书长备案，议定书于

2005 年 2 月 16 日生效。《京都议定书》生效后，三个灵活机制将正式启动。清洁发展机制下的造林和更新造林项目也将正式运行，林业碳汇市场将不断发展，林业碳汇国家贸易也将不断增加。目前《联合国气候变化框架公约》的谈判难点是国际财政机制安排、实质性技术转让、发达国家加强履约、土地利用和林业。这些问题也是 2005 年启动的《京都议定书》第二承诺期谈判的焦点，其间，林业议题的重点是森林经营和林产品贮碳，就是是否把森林经营作为减排的途径，是否把林产品中碳计入减排量。

《联合国气候变化框架公约》要求发达国家在 20 世纪末将其温室气体排放恢复到 1990 年的水平。但事实表明，多数发达国家的排放量仍在增长。《联合国气候变化框架公约》的常设秘书处设在德国的波恩。中国于 1992 年 6 月 11 日签署该公约，1993 年 1 月 5 日交存加入书。

6.2.2　京都议定书

6.2.2.1　概述

为了人类免受气候变暖的威胁，1997 年 12 月，《联合国气候变化框架公约》（简称《框架公约》）第三次缔约方大会在日本京都举行。149 个国家和地区的代表通过了旨在限制发达国家温室气体排放量以抑制全球变暖的《京都议定书》。气候变化议定书是《框架公约》的补充，它与《框架公约》的最主要区别是，《框架公约》鼓励发达国家减排，而议定书强制要求发达国家减排，具有法律约束力。

议定书需要占 1990 年全球温室气体排放量 55% 以上的至少 55 个国家和地区批准之后，才能成为具有法律约束力的国际公约。中国于 1998 年 5 月签署并于 2002 年 8 月核准了该议定书。欧盟及其成员国于 2002 年 5 月 31 日正式批准了《京都议定书》。议定书于 2005 年 2 月生效，截至 2009 年 12 月，已有 184 个《框架公约》缔约方签署，但美国布什政府于 2001 年 3 月宣布退出，美国也是目前唯一游离于议定书之外的发达国家。

议定书已对 2008 年到 2012 年第一承诺期发达国家的减排目标作出了具体规定，即整体而言发达国家温室气体排放量要在 1990 年的基础上平均减少 5.2%。不过，不同国家有所不同，比如，欧盟作为一个整体要将温室气体排放量削减 8%，日本和加拿大各削减 6%，而美国削减 7%。

议定书建立了旨在减排温室气体的三个灵活合作机制——国际排放贸易机制、联合履行机制和清洁发展机制。以清洁发展机制为例，它允许工业化国家的投资者从其在发展中国家实施的并有利于发展中国家可持续发展的减排项目中获取"经证明的减少排放量"。

议定书允许采取以下四种减排方式：

（1）两个发达国家之间可以进行排放额度买卖的"排放权交易"，即难以完成削减任务的国家，可以花钱从超额完成任务的国家买进超出的额度；

（2）以"净排放量"计算温室气体排放量，即从本国实际排放量中扣除森林所吸收的二氧化碳的数量；

（3）可以采用绿色开发机制，促使发达国家和发展中国家共同减排温室气体；

（4）可以采用"集团方式"，即欧盟内部的许多国家可视为一个整体，采取有的国家削减、有的国家增加的方法，在总体上完成减排任务。

议定书一共规定了6种温室气体，分别是二氧化碳、甲烷、氧化亚氮、六氟化硫、氢氟碳化物和全氟化碳。

图6-6　京都议定书概况

6.2.2.2　"后京都"问题

2012～2020年第二承诺期发达国家如何进一步降低温室气体的排放，即所谓"后京都"问题是2009年12月在丹麦哥本哈根举行的联合国气候变化大会的主要议题。2007年12月15日，联合国气候变化大会产生了"巴厘路线图"，"路线图"为2009年前应对气候变化谈判的关键议题确立了明确议程。

值得指出的是，一些媒体在报道中称，议定书2012年到期，需要新的协议取代它，这完全是曲解。2012年到期的只是议定书第一承诺期，而并非议定书本身，议定书作为一种模式将长期存在，长期有效。不过，的确有一些发达国家对议定书遵循《框架公约》制定的"共同但有区别的责任"原则不满，最近几年试图抛开议定书，另起炉灶，让发展中国家也参与强制减排。

6.2.3 联合国气候变化峰会

2009年12月7日，《联合国气候变化框架公约》第15次缔约方会议暨《京都议定书》第5次缔约方会议在丹麦首都哥本哈根召开，这一会议也被称为哥本哈根联合国气候变化大会。此次会议有190多个国家和地区的代表参加，其中仅国家、地区和国际组织领导人就超过100人。《京都议定书》第一承诺期2012年即将到期，本次会议持续到12月18日，主要任务是确定全球第二承诺期（2012~2020年）应对气候变化的安排。中国在至关重要的哥本哈根气候变化会议前夕宣布量化减排目标，显示了中国继续加大力度、减少经济发展中二氧化碳排放量的坚定决心。中方希望坚持《联合国气候变化框架公约》及《京都议定书》，并切实坚持和兑现共同但有区别的责任原则。

旨在给地球降温的这场气候变化国际谈判，表面上是各国就温室气体排放额度讨价还价，但更深层次的问题，则是各国关于能源创新和经济发展空间的博弈，进而影响长期的国际权势转移。暗战主要是三大阵营：首先是欧盟；其次是以美国为首的伞形集团，包括加拿大、澳大利亚等国；还有包括中国在内的77个发展中国家。

阻碍哥本哈根大会达成全面气候协定的因素有两个，即发达国家的中期减排目标问题和资金问题。会议围绕四大核心议题展开，即发达国家明确中期减排目标、化解发达国家与发展中国家的分歧、发展中国家能否自愿提出减排目标、明确对发展中国家资金供应。

首先，发达国家不附加条件即明确2020年前的中期减排目标，是哥本哈根大会达成新协议的关键。否则，国际社会就无法采取必要的行动以应对气候变化，而发展中国家也不会相信发达国家愿意承担应有的责任。众多发达国家都提出了自己的减排承诺，但往往都带有附加条件，有试图回避或"转嫁"减排目标的嫌疑。

其次，发达国家与发展中国家有着严重的分歧，南北两大阵营矛盾的核心是对发展经济空间的争夺，争论的焦点在于是否贯彻公平性原则，并且强调发达国家在气候变化问题上的历史责任。在这一点上，发展中国家表现得空前团结。很显然，我们不能以发达国家的标准要求发展中国家，毕竟发达国家发展的时代曾是"无限制排放"的时代。在此会议之前，西班牙举行的气候变化会议上，非洲50多个国家就因西方国家毫无谈判诚意而不满并集体退场抗议。

再次，广大发展中国家能否自愿提出减排目标、目标能否得到发达国家的认可，将可部分弥补"京都时代"遗留下来的发展中国家不承担减排任务的缺陷。《京都议定书》规定的"共同而有区别的责任"原则依然是两大阵营对话的基石，而在自愿的基础上，发展中国家若各自作出减排承诺，将部分解决两大阵营的尖锐对立矛盾。在这个问题上，我国自愿作出的高标准减排目标，为这次气候大会取得成效带来了希望。但如果发达国家依然要求发展中国家"强制性减排"，这必将使得两大阵营的矛盾再次升级。

最后，能否明确对发展中国家资金供应的方法，很大程度上能决定全球减排行动的广度与力度。由于发达国家拥有雄厚的经济基础，具备完成减排承诺的实力；而新兴经济体的减排行动规模很大程度上取决于能否通过国际合作有效地得到资金和洁净技术。从目前来看，明确每个发达国家需要承担的资金数额以及资金来源，尚有难度。

经过马拉松式的艰难谈判，联合国气候变化大会达成了不具法律约束力的《哥本哈根协议》，《哥本哈根协议》维护了《联合国气候变化框架公约》及其《京都议定书》确立的"共同但有区别的责任"原则，就发达国家实行强制减排和发展中国家采取自主减缓行动作出了安排，并就全球长期目标、资金和技术支持、透明度等焦点问题达成广泛共识。这次会议为世界的未来达成真正意义上的限制和减少温室气体排放的全球协议奠定了基础，敦促了世界各国领导人的直接接触，以便在2010年的墨西哥会议上达成有法律约束力的条约。

出席本次大会的中国代表团团长、中国国家发展和改革委员会副主任解振华说，中国在气候变化谈判中一直发挥着积极和建设性作用，中国推动本次会议取得进展的一个最重要举措，就是提出了控制单位国内生产总值（GDP）二氧化碳排放行动目标。中国政府宣布了2020年单位GDP二氧化碳排放相对2005年下降40%到45%的目标，这是对气候变化国际合作的重要贡献。从数据上看，中国作出的减排承诺相当于同期全球减排量的四分之一左右。国际能源机构首席经济学家比罗尔说："到2020年，全球需要削减38亿吨排放，而中国就将削减10亿吨。"中国外交部副部长何亚非在哥本哈根会议期间说，中方算过一笔账，从1990年到2005年，发达国家单位GDP的二氧化碳排放只下降26%，根据他们作出的承诺，到2020年这一指标也只是下降30%到40%。据估算，如果到2020年要把碳排放强度降低40%至45%，中国差不多每年需要为此投入780亿美元，这相当于每个中国家庭每年要承担至少166美元。

参加哥本哈根气候变化大会的中国代表团团长、国家发展和改革委员会副主任解振华说，中国将紧密结合自己的发展阶段和特殊国情，转变传统的发展方式和消费模式，走低碳经济发展道路，最终实现人与自然的和谐发展。在联合国开发计划署主办的"中国低碳经济与社会发展之路"高层研讨会上发表讲话时，他指出，中国将从六个方面推动低碳经济和社会的发展。

　　（1）加强政策引导和宏观协调。低碳经济是一个综合性比较强的问题，统筹协调和指导至关重要，中国政府计划发布实施全局性、指导性的政策文件。

　　（2）贯彻落实各项政策措施。中国政府将把发展低碳经济纳入"十二五"国民经济和社会发展规划，通过转变经济发展模式、调整产业结构、优化能源结构、提高能源效率等举措，推进低碳经济发展。

　　（3）部署发展低碳经济试点工作。中国将选择具有代表性的典型地区作为开展低碳经济的示范点，制定和实施地方发展低碳经济行动方案。

　　（4）提高发展低碳经济相关能力建设。中国政府正组织相关部门，加强和完善温室气体监测、统计和管理体系建设，在重点领域组织攻关，组建跨领域、多学科的科技队伍。

　　（5）加强宣传教育，提高全民意识。中国政府大力开展形式多样的发展低碳经济和应对气候变化宣传活动，倡导全社会采取低碳生活模式和消费模式。

　　（6）组织开展对外交流与合作。中国政府本着开放、务实的态度，与不同国家和国际组织加强对话、开展合作，吸收发达国家的先进经验，努力创建中国特色低碳经济发展模式。

　　联合国开发计划署署长海伦·克拉克在研讨会上说，中国政府采取的一系列措施都表明，中国的经济政策综合考虑了气候变化问题，比如增加对低碳产业的信贷支持等，这些措施是中国推动低碳经济和社会发展的重要步骤。

6.2.4　政府间气候变化专门委员会

6.2.4.1　概述

　　联合国政府间气候变化专门委员会（Intergovernmental Panelon Climate Change，IPCC）是世界气象组织（WMO）及联合国环境规划署（UNEP）于1988年联合建立的政府间机构。其主要任务是对气候变化科学知识的现状，气候变化对社会、经济的潜在影响以及如何适应和减缓气候变化的可能对策进行评估。

　　考虑到人类活动的规模已开始对复杂的自然系统如全球气候产生了很大的干扰，许多科学家认为，气候变化会造成严重的或不可逆转的破坏风险，并认为缺乏充分的科学确定性不应成为推迟采取行动的借口；而决策者们需要有关气候变化成因、其潜在环境和社会经济影响以及可能的对策等客观信息来源；而 IPCC

这样一个机构的地位能够在全球范围内为决策层以及其他科研等领域提供科学依据和数据等。IPCC 的作用是在全面、客观、公开和透明的基础上，对世界上有关全球气候变化的现有最好科学、技术和社会经济信息进行评估。这些评估吸收了世界上所有地区的数百位专家的工作成果。IPCC 的报告力求确保全面地反映现有各种观点，并使之具有政策相关性，但不具有政策指示性。

　　IPCC 为政治决策人提供气候变化的相关资料，但本身不做任何科学研究，而是检查每年出版的数以千计有关气候变化的论文，并每五年出版评估报告，总结气候变化的"现有知识"。例如，1990 年、1995 年、2001 年和 2007 年，IPCC 相继四次完成了评估报告，这些报告已成为国际社会认识和了解气候变化问题的主要科学依据。

6.2.4.2　机构组成

　　IPCC 下设三个工作组和一个专题组：第一工作组，评估气候系统和气候变化的科学问题；第二工作组，评估社会经济体系和自然系统对气候变化的脆弱性、气候变化正负两方面的后果和适应气候变化的选择方案；第三工作组，评估限制温室气体排放并减缓气候变化的选择方案；国家温室气体清单专题组负责 IPCC《国家温室气体清单》计划。每个工作组（专题组）设两名联合主席，分别来自发展中国家和发达国家，其下设一个技术支持组。第一个工作小组是关于科学基础，它负责从科学层面评估气候系统及变化，即报告对气候变化的现有知识，如气候变化如何发生、以什么速度发生；第二个工作小组是关于影响、脆弱性、适应性，它负责评估气候变化对社会经济以及天然生态的损害程度、气候变化的负面及正面影响和适应变化的方法，即气候变化对人类和环境的影响，以及怎样才能减少这些影响；第三个工作小组是关于减缓气候变化，它负责评估限制温室气体排放或减缓气候变化的可能性，即研究如何才能停止导致气候变化的人为因素，或是如何减慢气候变化；第四个工作小组是国家温室气体清单专题组，负责 IPCC《国家温室气体清单》计划。IPCC 向联合国环境规划署和世界气象组织所有成员国开放。在大约每年一次的委员会全会上，就它的结构、原则、程序和工作计划做出决定，并选举主席和主席团。全会使用六种联合国官方语言。

　　中国也是联合国政府间气候变化专门委员会（IPCC）的发起国之一。IPCC 成立于 1988 年，先后发布四次评估报告，而且报告成为气候变化国际谈判的科学依据。在 IPCC 第四次评估报告中，28 名中国专家参与其中，秦大河院士还于 2002 年被选举为 IPCC 第一工作组（共 3 个工作组）联合主席，且 2008 年获得连任。

6.2.4.3　IPCC 的作用

　　IPCC 的作用是在全面、客观、公开和透明的基础上，评估与理解人为引起的气候变化，这种变化的潜在影响以及适应和减换方案的科学基础有关的科技和

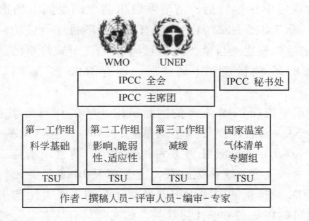

图 6-7　IPCC 机构组成

社会经济信息。IPCC 既不从事研究也不监测与气候有关的资料或其他相关参数，它的评估主要基于经过细审和已出版的科学、技术文献。IPCC 的一项主要活动是定期对气候变化的认知现状进行评估。IPCC 还在认为有必要提供独立的科学信息和咨询的情况下撰写关于一些主题的"特别报告"和"技术报告"，并通过其有关《国家温室气体清单》方法的工作为《联合国气候变化框架公约》（UNFCCC）提供支持。

6.2.4.4　IPCC 的评估报告

IPCC 的每份评估报告都包括决策者摘要，摘要反映了对主题的最新认识，并以非专业人士易于理解的方式编写。评估报告提供有关气候变化及其成因和可能产生的影响及有关对策的全面的科学、技术和社会经济信息。至今，IPCC 共发布了四次评估报告，《第一次评估报告》于 1990 年发表，报告确认了对有关气候变化问题的科学基础，它促使联合国大会做出制定《联合国气候变化框架公约》的决定，公约于 1994 年 3 月生效；《第二次评估报告》于 1995 年发表，并提交给了 UNFCCC 第二次缔约方大会，并为公约的《京都议定书》会议谈判做出了贡献；《第三次评估报告》（2001 年）也包括三个工作组的有关"科学基础"、"影响、适应性和脆弱性"和"减缓"的报告，以及侧重于各种与政策有关的科学与技术问题的综合报告；《第四次评估报告》于 2007 年年初发布，由于气候变化的明显表现，该报告在世界范围内引起极大反响。

6.2.5　清洁发展机制（CDM）

6.2.5.1　国外 CDM 的研究现状

尽管 1997 年 12 月 10 日就通过了《京都议定书》，最终生效却经历了 7 年多时间。在《京都议定书》生效后，清洁发展机制立即受到市场追捧，项目开发非常迅速。截至 2007 年 5 月 22 日，已经有 673 个项目注册成功，注册年减排量合计已达 1.43 亿吨二氧化碳当量，到 2012 年前的注册减排量已达 9.1 亿吨二氧化碳当量。另有 87 个项目正在申请注册，还有 1600 多个项目正在接受审查核实。

世界银行是最早推动 CDM 发展的国际机构，早在 1998 年就推出了 CDM 国家战略研究（NSS），随后建立了原型碳基金（PCF）、生物碳基金（BCF）、社区开发碳基金（CDCF）等，还托管意大利碳基金、荷兰碳基金、西班牙碳基金等，目前管理 8 个碳基金，统称碳融资，资金总额 10 多亿美元。世界银行目前是最大的购买 CDM 减排量的国际组织，目前还有约 3 亿美元购买额，但世界银行目前在选择项目时将更多考虑社会效益，如支持具有扶贫、促进社区发展、农业发展和环境保护等方面的 CDM 项目。

欧盟是推动保护全球气候的领头羊，在督促成员国及成员国的企业履行《京都议定书》义务方面，制定了一系列的规定，对成员国或成员国企业不能够完成减排承诺的，将采取惩罚措施。欧盟还通过了内部温室气体排放贸易条令，并于 2005 年 1 月 1 日开始实施欧盟内部的排放贸易；同时，欧盟也已经同意，满足欧盟标准要求的 CDM 项目减排量（CERs）可以进入欧盟的排放贸易体系。值得特别注意的是，欧盟成员国环境部长 2007 年 3 月 20 日在布鲁塞尔发表了《关于气候变化的声明》，承诺到 2020 年将把 CO_2 等温室气体排放量在 1990 年的基础上减少至少 20%，而且即使其他国家不减，欧盟也将采取单方面的行动；但如果其他国家采取类似行动，欧盟将考虑减排 30%；到 2050 年，欧盟希望减排50% ~ 60%。欧盟这一系列举措，将给 CDM 市场带来一个"利好"消息，也给全球的企业一个非常明显和清晰的信号：减少温室气体排放将是一个长期的战略性的行动，而不是一时冲动采取的临时行动。这也将极大地促进全球的 CDM 项目合作。

意大利是欧盟成员国中完成《京都议定书》任务较艰巨的国家。意大利政府建立了 CDM 基金，委托世界银行托管其 CDM 基金。意大利政府计划购买约 1.98 亿吨减排量。目前意大利政府在帮助意大利企业在中国开展 CDM 项目合作，科技部于 2007 年 7 月组团赴意大利介绍可能与意大利合作的 CDM 项目。国内有项目且愿意与意大利合作的机构，可以抓住这个机会，与意大利实施 CDM 项目合作。此外，荷兰、西班牙、奥地利、丹麦、爱尔兰、比利时、卢森堡、瑞典都已经建立了 CDM 基金或管理机构。荷兰政府和西班牙政府各计划购买减排量 1 亿吨，奥地利 3500 万吨，丹麦 2200 万吨，爱尔兰 1850 万吨，比利时 4200 万吨，卢森堡 1500 万吨，瑞典 500 万吨。据欧盟官员估算：到 2012 年前，欧盟成员国政府计划累计购买减排量为约 5.2 亿吨；企业另外需要购买量为 5 亿 ~ 15

亿吨。

加拿大上一届政府非常积极推动保护全球气候，但在 2006 年政府换届后，与上届相比，对保护全球气候采取了较消极的态度。尽管如此，上届政府制定并已经议会批准了应对气候变化、履行《京都议定书》义务的政府预算，该预算达 100 亿加元。该预算包括促进国内减排温室气体的行动，以及约 30% 用于支持企业与国外开展 CDM 合作的预算。此外，加拿大政府还建立了气候变化专门基金，支持发展中国家开展 CDM 实施能力建设活动。据加拿大专家预测，加拿大将需要购买约 7.5 亿吨减排量才能够完成其在《京都议定书》中的义务。

荷兰负责 CDM 事务的机构是荷兰住房、空间规划和环境部。环境部设立了 CERUPT 计划，通过招标方式购买 CDM 项目产生的 CER。环境部还与玻利维亚、哥伦比亚、哥斯达黎加、萨尔瓦多、尼加拉瓜、乌拉圭、危地马拉和巴拿马政府签订了双边 CDM 合作备忘录。2002 年 1 月，荷兰政府又与世行的国际融资集团（IFC）签订了为期三年、金额 4000 万美元的合同，通过 IFC 开发的 CDM 项目购买 1000 万吨 CO_2 的减排量。荷兰还与 IBRD、地区发展银行和荷兰私营银行 Rabo Bank 签订了购买 CER 的合同。荷兰计划在议定书第一承诺期总共投资 4.5 亿欧元购买 JI 和 CDM 的减排量。

英国政府在贸工部设立了气候变化项目办公室，为英国商界在海外实施减排项目提供支持和服务。它规定以下几类项目可以在海外实施：提高能效（能源或交通部门）、碳强度低的能源供应（能源或交通部门）、减少工艺过程排放、改进农业操作和畜牧管理、可生物降解的废弃物管理、林业和土地利用的碳汇项目、二氧化碳地下储存。

日本政府已经制定了履行《京都议定书》的计划，近年来加快了开展 CDM 合作的步伐，尤其是官方合作的步伐明显加快。日本政府委托 NEDO 负责购买政府负担的温室气体减排量，共约 1 亿吨；另外，政府主要将减排温室气体的义务分配给企业，由企业分担。据专家估算，日本企业可能需要购买约 8 亿吨左右。从总体购买量看，目前日本是最大的买家。

发展中国家 CDM 开发和合作潜力巨大。已经注册成功的 673 个项目主要集中在亚洲和南美洲及加勒比海地区，其中印度以 235 个项目、巴西以 100 个项目分别列注册项目数量的第一、二位，中国以 82 个项目名列第三。而按注册的年减排量计算，中国以约 6200 万吨二氧化碳当量/年高居榜首，遥遥领先于名列第二的印度约 2200 万吨二氧化碳当量/年和第三位的巴西约 1700 万吨二氧化碳当量/年。

分析印度、巴西等国 CDM 项目发展迅速的原因，主要包括政府的作用、市场的运作机制以及管理等多方面的内容，下面以印度为例作详细的分析。印度 CDM 项目主要集中在新型能源和废弃物转化等领域，其 CDM 市场活跃、CDM 项目发展迅速的原因有以下几点：

（1）市场潜力大。印度是世界上最大的发展中国家之一，在全球倡导可持续发展的时代背景下，印度政府也在积极寻求适合本国可持续发展的道路。随着《京都议定书》的生效，印度不失时机地抓住了这个机会，大力发展CDM市场，并不遗余力地推行。印度第九个五年计划将煤炭确定为未来五年的主要能源，而印度电力部门则在积极地推行清洁的燃煤技术以解决由于燃煤可能引发的环境问题，并且已经确定将能源部门，包括新能源技术、发电厂的改造等确定为优先发展CDM项目的部门。印度国内的主导能源类型以及政府的态度使得印度的CDM市场极具潜力。

（2）政府态度积极。印度政府支持气候变化公约，对CDM持非常积极的态度，并表示将采取一系列措施积极发掘本国CDM市场潜力。各相关部门对CDM认知度较高，都在积极努力开发CDM项目。

（3）构建了比较完善的体制框架。印度政府为了推动CDM项目的发展，建立了比较完善的体制框架。在机构建设方面，印度建立了自上而下一整套管理机构，包括CDM主管机构（DNA）和地方各级政府以及许多中介咨询机构。CDM主管机构——国家清洁发展机制管理委员会，主要成员包括新型能源部、电力部、科技部、规划委员会、外交部、财政部及工业政策与发展，负责CDM项目管理与审批，整个审批过程要求在60天内完成。国家层面上完善的管理机构、简洁的审批程序和较高的审批效率是CDM得以快速发展的重要因素。地方各级政府以及许多中介咨询机构对CDM也非常感兴趣，并且积极提高自身能力使自己成为国家发展CDM的促进单元。除了提高这些促进单元的机构的专业水平以外，部门之间和各种机构之间的联系也很重要。建立这样的促进机构或者叫节点机构是为了促进私人部门的参与，催生和发展更多的CDM项目。

印度国内对CDM的认知度很高，在阅读CDM相关文件和准备PDD等项目材料时完全没有语言障碍，CDM咨询机构非常活跃，为企业做中介和包装，种种因素使印度在实施CDM上取得了较好的成绩。但是，印度在准备CDM项目上面临数量与质量的矛盾。由于国内审批宽松，开发商、咨询中介急于求成，印度提交的方法学和PDD文件虽然数量很多但质量不高，有很多方法学被EB否决。而且，许多项目是集中在CFCs气体的减排问题上，不能从根本上帮助发展中国家提高能源利用效率，促进可持续发展。

6.2.5.2　中国的 CDM 研究现状

中国政府于1998年5月29日批准了《联合国气候变化框架公约》，2002年8月30日批准了《京都议定书》，是《框架公约》和《京都议定书》的缔约方，有资格参与清洁发展机制活动。为了规范管理中国的清洁发展机制项目开发，2005年10月12日，国家发改委、科技部、外交部和财政部联合颁布生效《清洁发展机制项目运行管理办法》。截至2007年5月10日，已有452个项目获得了由国家发改委等七部委组成的国家清洁发展项目审核理事会批准，其中 82 个项目在 2007 年 5 月 22 目前已经获得执行理事会批准注册成功。已经获得国家清洁机制审核理事会批准的 452 个项目，西南最多，占 30%；华南最少，占 6%。这 452 个项目按项目类型划分，水电、风力发电、节能和提高能效数量最多，而 HFC23 和氧化亚氮分解项目减排温室气体量最大。

虽然目前中国的 CDM 项目数排在印度、巴西之后，名列第三，但中国近期 CDM 项目发展特别快，几乎每个月都以几十个项目的数量在增长。即便如此，中国目前开发的项目数距中国的项目潜力还相差很远，一些温室气体减排项目和部门对 CDM 所提供的额外发展机遇尚不够重视，一些非常好的 CDM 项目极易在这种漠视中流失。不过，目前开发的项目大多数都有一定困难：一是方法学应用上的困难，体现在没有方法学，或方法学不适用，或方法学应用起来非常困难；二是项目减排量都比较小，减排量大、容易开发的项目很多已经被开发了或正在开发之中；三是有些项目具有很好的减排效益，但是执行起来确实太困难，减排量收入都还不足以能够克服困难使项目得到实施。总体来看，CDM 的供需市场是一个动态市场，将会随着发达国家未来几年的经济发展状况、CDM 供应市场及价格状况、东欧国家"热空气"的出让状况等的变化而发生变化。可以预计，在合适的价格和足够的 CDM 供应条件下，CDM 市场将会得到扩展。

我国获注册减排量的快速上升得益于 6 个 HFC23 分解项目的成功注册，这 6 个项目的年减排量达到 4318.9 万吨，占我国注册总减排量的 93.80%。HFC23 分解项目是"优良"的 CDM 项目，因为 HFC23 的全球增暖潜势（GWP）最高可以达到 CO_2 的 1.17 倍，而其技术和投入的要求均很低，一旦注册成功，则其减排的 CO_2 当量值非常高，但此类 CDM 项目并非属于我国所鼓励的温室气体减排领域，对促进我国的可持续发展效果不是很明显。分析其原因，主要是因为我国的宣传力度还不够，关注和了解 CDM 的部门还不多，一些领域还没有行动起来；另外，CDM 在中国的发展主要是由政府和研究人员在推动，虽然 CDM 可能给企业带来巨大的收益，但是多数企业面对如此 CDM 商机，却是应者寥寥，这方面固然有中国企业对 CDM 项目还不甚了解的因素，但是其他诸如政策的不确定性、CDM 项目复杂的程序、较大数目的前期投入以及 CDM 项目的风险等也是造成这种情况的重要原因。

此外，我国从事方法学研究和开发的机构和专家数量还比较少，没有开发出足够可用的方法学，而 CDM 执行理事会批准的 CDM 项目开发的方法学在我国应用时存在差异。建立中国自己的"经营实体"来核查和核证 CDM 项目，培养规模较大、实力雄厚的 CDM 中介服务机构也是我国加快发展 CDM 的当务之急。

但是，在清洁发展机制（CDM）项目开展方面，我国也面临着前所未有的机遇。首先，中国拥有最大的减排项目储备，据估计中国可以提供全球 CDM 所需项目的一半以上;同时,中国暂时没有减排义务,那么我国就可以通过积极参与CDM项目获得巨大的经济效益;而且,实施CDM项目,在很大程度上符合我国实施可持续发展战略的要求。由于我国能源战略的需要和环境污染的压力,我国政府高度重视节能降耗减排。国家"十一五"经济社会发展规划明确提出了"到2010年单位国内生产总值能源消耗比'十五'期末降低20%左右;主要污染物排放总量减少10%"的目标。然而,国家"十五"计划期间二氧化硫和化学需氧量为代表的主要污染物削减10%的控制目标未能实现和2006年全国没有实现年初确定的节能降耗和污染减排目标的现实表明,节能减排面临的形势相当严峻。清洁发展机制为推动中国实现节能减排目标带来了历史性机遇。

(1)清洁发展机制有利于提高能源利用效率和促进废能源利用。在清洁发展机制激励下,我国钢铁、水泥等行业提高能效及工业废热、废压、废气利用等大小各类项目已经有60多个获得了国家审核委员会批准,有的已经在联合国注册成功正式进入了实施阶段。

(2)清洁发展机制有利于新能源和可再生能源的开发,从而减轻对以煤炭为主的化石燃料能源的依赖,减少二氧化碳和二氧化硫的排放,减轻对大气的污染。全世界已经在联合国注册成功的清洁发展机制项目一半以上是新能源和可再生能源项目,已经获得中国审核理事会批准的清洁发展机制项目中,80%多是风电、水电、生物质发电、各种来源的甲烷气回收利用等新能源和可再生能源的利用项目。

(3)清洁发展机制有利于筹集资金,缓解节能减排的资金不足。中国《清洁发展机制项目管理办法》规定,对于三氟甲烷和氧化亚氮分解去除类对中国可持续发展贡献不大的清洁发展机制项目,国家要分别收取减排收益的65%和30%,对于其他项目收取减排收益的2%,以建立清洁发展机制基金,用于支持与气候变化有关的可持续发展项目活动。我国的节能减排工作正是清洁发展机制基金应该支持的重点。按照中国已经注册成功的项目粗略估算,在2012年前,清洁发展机制项目可为国家清洁发展机制基金筹集至少150亿元。

(4)清洁发展机制项目对我国节能减排工作具有示范意义。清洁发展机制是按照国际规则开展国际合作的机制,开展清洁发展机制的项目必须与国际接轨,按照国际标准开发、实施和管理,在减少温室气体排放的同时,还要对当地可持续发展做出贡献,不能在减少温室气体排放时造成其他方面新的环境破坏。

此外,清洁发展机制项目的监督、审核、减排量监测等,有一系列按照国际规则制定的程序和方法。这些都对我国的节能减排工作具有很好的示范作用。

中国具有良好的投资环境,开展CDM合作的市场前景广阔,我们应该合理利用国际环保大环境下的各种有利条件,充分利用现在的豁免期,积极开展和有效利用 CDM 项目，促进发达国家履行资金和技术转让的承诺的同时，使我国走出一条科技含量高、经济效益高、资源消耗低、环境污染少、人力资源优势得到充分发展的新兴工业化道路，促进中国社会的可持续发展。

为促进我国 CDM 开发与对外合作的健康和快速发展，下面几项工作应该成为国家的工作重点：

（1）加速推进 CDM 能力建设，加快项目开发、加快培训地方政府官员和企业领导、扶持地方 CDM 技术服务中心建设，把符合 CDM 要求的项目尽快开发出来。应重点开发那些已经有方法学的项目。

（2）保障全球 CDM 市场的稳定关键是保障足够的 CDM 项目供应给市场，以及维持和稳定合理的 CDM 减排量转让价格，从而稳定和扩大 CDM 减排量的需求。

（3）搭建交易平台，便利中外企业合作，目前有项目的找不到买家、愿意买的又找不到合适的项目的情况非常普遍，主要是信息不通畅、缺乏交易平台。可以用多种方式搭建 CDM 中外合作的交易平台，使有意愿合作的中外企业能够进行充分的合作讨论。

（4）提高项目质量和 PDD 文件质量，使项目少走弯路，项目质量有问题、尤其是不能够充分论证具有额外性的项目，将可能面临被否决的可能，因此，初步判断不具有额外性的项目，就不必去开发了。对于确实具有额外性的项目，必须花大力气解决项目 PDD 文件的质量问题，主要是要提高 B4（基准线论述）、B5（额外性论证）和 B7（监测计划）部分的质量；同时，还要特别重视 PDD 文件的英文质量，已经很多反映说我国的 PDD 文件看不懂。

（5）为项目开发、批准和执行创造更好的条件，主要是创造和完善更好的政策环境和平台、开展更多的培训和交流活动，使有用的信息和经验得到充分共享。

（6）推动 CDM 作为未来国际制度的组成部分，CDM 作为受各缔约方欢迎和支持的合作减排温室气体的机制，理应在未来的国际气候变化制度中占据重要位置。同时，应该继续维持 CDM 的基本原则和基本规则不变，以保持其连续性。

（7）加大对清洁发展机制的宣传力度，迅速培养一批 CDM 项目开发人才和服务机构，尽快建立有一定规模和权威的 CDM 项目库。

（8）建立各地的 CDM 项目统一管理部门，防止出现各个部门都想参与，但各个部门的行动和力度都不够的问题；大力推动地方 CDM 的开展，成立地方 CDM 管理协调小组加强对地区 CDM 项目的管理；组建科研机构，开展对 CDM 的科研工作；成立清洁发展机制（CDM）技术服务中心，专业从事 CDM 项目开发与技术服务，推进 CDM 能力建设；建立行业 CDM 技术服务机构与示范项目，扩大中国 CDM 项目涉及领域。

6.2.6　林业与清洁发展机制

《京都议定书》的重要内容之一是减少 CO_2 的排放，而且规定，减少 CO_2 的排放与碳封存可以互换。碳封存的途径有三种:

（1）自然碳封存，陆地生态系统对 CO_2 的吸收是一种自然碳封存过程，由于森林吸收 CO_2 是以生物量作为能源替代化石燃料，减少温室气体的排放，因此森林固碳相比其他减排措施在经济上占有优势，各国对森林固碳都非常重视。

（2）人工碳封存，即人工捕获和分离 CO_2，然后将其注入海洋或是深地质结构层，目前使用这项技术比较昂贵。

（3）资源化技术，是利用化学和生物技术对 CO_2 进行回收和再利用，也是碳封存技术的一种。

CDM 机制是发达国家的灵活履约机制，也就是说，对《京都议定书》负有减少 CO_2 排放义务的发达国家，既可以在本国也可以在其他国家，既可以通过减少 CO_2 排放也可以通过碳封存来履行自己的减排义务，这样一来，将有许多发达国家要在我国以碳封存方式履行自己的义务。同时，由于自然碳封存的优越性，以与中国合作造林或购买中国森林的固碳量将成为他们的首选，这将给我国林业的发展从资金、技术等方面带来巨大的机遇与挑战。

6.2.6.1　清洁发展机制带给中国林业的机遇和挑战

林业生物质能源 CDM 可以激励企业参与林业生物质能源生产和销售，逐步推动林业生物质能源产业化市场发育，并进一步推动国家建立有利于林业生物质能源发展的机制和政策法规，提高我国企业参与国际气候变化进程的能力，推进我国应对全球气候变暖战略的实施。加上中国是《联合国气候变化框架公约》缔约国和《京都议定书》批准国，因此，我国政府对林业生物质能源给予了高度重视。

2004 年 5 月 31 日，国家发改委、科技部、外交部共同签署发布《清洁发展机制项目运行管理暂行办法》。2005 年 7 月，国家林业局成立了林业生物质能源领导小组办公室，安徽、辽宁、四川、河北、山东、云南等省林业部门也相继成立了相应的领导机构。2006 年 11 月 1 日我国《可再生能源法》颁布实施，随后国家发改委编制了《可再生能源中长期发展规划》，国家林业局也已将发展林业生物质能源列入"十一五"林业发展规划。2006 年 11 月 1 日，国家林业局会同财政部、发改委、农业部、税务总局联合下发了关于发展生物能源和生物化工减税扶持政策的实施意见，明确今后将通过实施减税扶持政策，支持地方发展包括林业生物质能源在内的生物能源与生物化工产业。2007 年 2 月，国家林业局和中国石油天然气股份有限公司签署协议，在林业生物质能源资源培育、开发等方面进行全面合作，在云南、四川等省启动第一批 60 多万亩生物质能源林基地建设，可实现约 60 多万吨生物柴油原料供应能力。根据国家林业局的规划，国家"十一五"规划期间，我国将通过培育生物质能源林满足 600 万吨生物柴油的供应和装机容量 1500 万千瓦机组发电所需原料。自广西、内蒙古碳汇造林项目开始，现已批准生物质能源开发利用和碳汇造林项目 30 多个，占已批准的 CDM 项目总数的 2.9%，有 10 个生物质能源开发利用和碳汇造林项目在联合国 CDM 执行理事会注册成功，从联合国 CDM 执行理事会公布的成功注册项目看，生物质能源 CDM 项目审批速度加快、项目数量增多，可以预见林业生物质能源 CDM 项目发展潜力巨大。

我国林业生物质能源开发利用技术进步也较快，一部分科研成果已达到国际先进水平。在油料能源树种上，如麻风树、黄连木等，从良种选择、培育及其转化利用的工艺与设备等，都相继开展了较为系统的研究，并取得了阶段性成果。如中国林科院王涛院士领导的黄连木种子生产生物柴油的项目，通过了国家经贸委组织的鉴定；在林业生物质发电方而，国内一些大型能源开发企业正通过投资原料基地建设、设备研发和建设热电联产发电厂等形式，积极主动参与到利用木质燃料发电的领域中，呈现出较快发展的势头；另外，清华大学、北京林业大学等，简化和改进了现有的热压缩颗粒成型技术和设备，为林业生物质固体燃料加工应用提供了很好的发展前景。

森林的碳汇作用主要是指森林吸收并储存 CO_2 的多少，或者说是森林吸收并储存 CO_2 的能力。有关资料表明，森林面积虽然只占陆地总面积的 1/3，但森林植被的碳储量几乎占到了陆地碳库总量的一半。当然，这一作用十分抽象，不容易被人们认识和理解，但是 CDM 机制将这一作用以交易的方式经济化了，这样森林的价值和作用就非常容易被人们接受。同时，国际社会对森林吸收 CO_2 的汇聚作用越来越重视。《波恩政治协议》、《马拉喀什协定》将造林、再造林等林业活动纳入《京都议定书》确立的清洁发展机制，鼓励各国通过绿化、造林来抵消一部分工业源 CO_2 的排放；原则同意将造林、再造林作为第一承诺期合格的清洁发展机制项目，意味着发达国家可以通过在发展中国家实施林业碳汇项目抵消其部分温室气体排放量，也将促进我国对森林作用的认识。

CDM 机制的碳汇交易给我国林业发展带来巨大的筹、融资机遇。清洁发展机制下的造林再造林碳汇项目，是《京都议定书》框架下发达国家和发展中国家之间在林业领域内的唯一合作机制，是指通过森林固碳作用来充抵减排 CO_2 量的义务，通过市场实现森林生态效益价值的补偿。同时，《京都议定书》为国际碳汇交易和造林再造林项目的发展提供了国际法的保障。世界银行启动了生物碳基金，为国际碳汇交易中造林再造林项目的发展提供了有力的资金支持。在这样的环境条件下，CDM 的造林再造林碳汇项目将会快速发展。根据国际碳汇市场的交易情况，欧美每吨 CO_2 排放权高的可卖 10 欧元，相关市场潜力高达 500 亿欧元。在其他工业发达地区，初步形成的"碳汇"价格达 4～11 美元。据有关专家估计，如果完全开放 CDM 市场，在第一承诺期，中国就有获得出让 3300 万吨碳排放权的可能，按世界银行生物碳基金的碳汇价格计算（每吨 CO_2 约 3～4 美元），相当于 0.99 亿～1.32 亿美元的交易。

清洁发展机制在给我国林业带来机遇的同时也带来了不少挑战，如何增加我国森林的碳汇功能是我国林业面对的挑战之一。通过采取有力措施，如造林、恢复被毁生态系统、建立农林复合系统、加强森林可持续发展等，可以增强陆地碳吸收量。CDM 造林项目的关注点是森林吸收 CO_2 的量，也就是森林的固碳能力，项目在国际碳汇市场上进行交易时是以固碳量为标准进行的，而不是按照森林面积或其他指标进行，因此，碳汇森林建设的经济、政策、技术的研究和实施将直接决定我国 CDM 项目的发展。据研究，沿海红树林湿地系统的碳汇能力是温带森林的数倍。我国现有的红树林滩涂目前得到了较好的保护，但总量不大，我国南部沿海地区还有许多适宜红树林生长或以前生长过红树林的滩涂有待恢复和营造。在这些地区，应将红树林作为沿海防护林建设的重点。

此外，CDM 造林项目期限相对较长，随着世界经济的发展变化，国际碳汇市场也将会发生巨大的变化，这要求我们必须认真研究世界经济发展的趋向，国际碳汇市场的变化，从长远的角度看待 CDM 合作造林项目的发展，应有长远规划，防止在开始阶段全面进行，由于管理上、认识上、经验上的问题给我们带来不应有损失。因此，有专家认为中国在《京都议定书》规定的第一承诺期内，迅速实施 CDM 下的造林再造林碳汇项目，复杂的规则和程序是阻挡在政府和企业面前的一个障碍。

要全面实施 CDM 造林项目，为林业发展赢得更多的资金，还要求我们必须对现有的林业政策法律进行调整。我国现有的许多林业政策是不利于 CDM 项目实施的，因此，是否能够尽快实现相关政策法律的调整，也是对我们的一种考验。当然，还有"碳汇"市场培育、交易和实施经验的积累、项目实施主体和人才培训等都是挑战。

目前很多地方大量缺乏林业生物质能源开发利用和 CDM 方面的专业人才，也缺乏设备和科学可行的工艺流程，虽然国家成立了 CDM 项目主管机构、建立了国家官方网站传播信息、制定了项目申报要求和程序，但是许多地方仍无法发现和利用本地的资源优势和潜在的价值，这也是林业生物质能源产业化发展和 CDM 运行初期面临的问题。此外，在燃料酒精开发方面，目前我国规模生产的生物乙醇主要是通过陈化粮、秸秆、甜高粱等农产品生产，林业生物质燃料醇类加工生产技术和工艺还需进一步改进和提高，主要瓶颈是纤维素原料预处理以及降解纤维素酶等生产成本过高。在林业生物质燃料气体开发方面，通过高温热解技术将林业生物质转化为一氧化碳为主的可燃气体，用于居民生活和发电燃料，但目前由于生物质热解气体的焦油问题还难以处理，致使此项技术还难以实际应用。

6.2.6.2 我国林业清洁发展机制运行对策

A 加大官方宣传力度，纳入政府常规工作

政府应该加大官方宣传力度，将林业等生物质能源CDM纳入政府常规工作。通过多渠道宣传，让人们意识到：林业生物质能源产业化发展是维护能源安全、调整能源结构、缓解能源资源矛盾的战略举措，其能源产品本身和其战略地位将带来巨大的经济效益；林业生物质生产、收购、初加工、运输、销售和林业生物质能源产品的生产、交易等各环节，解决大量农村劳动力在当地就业问题，大幅增加农民收益，对提高农民生活质量和幸福指数有很大帮助；林业生物质能源CDM项目符合科学发展规律，是实现生态、社会、经济效益完美结合的生态型经济，是社会主义新农村与和谐社会建设的绿色产业经济。

B 培育专业推介市场

林业等生物质能源CDM项目的申报要求高、程序多、费用大，外部效益又很显著。因此，政府应着力培育规范化的专业推介组织，为具备项目条件的地方提供全面的咨询服务和申报工作，减少项目准备的盲目性，节省宝贵的时间、精力和经费。

C 技术引进与研发相结合

针对人才、设备匮乏，建议国家专款投资，采取引进与本土研发相结合的办法，聘请国内急需的国际林业生物质能源和CDM高级专业人才或通用人才，抓紧培养本土人才；向国外采购紧缺的技术和机器设备，研发、完善成适合中国林业生物质纤维品种、水分含量、油脂含量等特性的技术、设备和工艺流程，制定出我国林业生物质能源CDM项目技术标准。

D 建立国家碳基金与碳交易库

针对林业生物质能源CDM项目单一对接投资方和减排量交易、碳交易购买方会造成项目效益明显损失和潜在损失的实际情况，建议国家制定林业生物质能源CDM项目投资标准和减排量、碳汇交易标准，建立国家碳基金和国家碳交易库，国际组织、国内外企业投资进入国家碳基金，对被批准的林业生物质能源CDM项目进行标准化投资，解决项目投资中存在的各种问题；项目产生的碳汇额度和减排量指标进入国家碳交易库，由国家碳交易库在国际减排量交易、碳汇交易市场出售，争取最大利益。

6.2.7 我国工业领域的清洁发展机制

工业是我国主要的经济部门（工业产值在GDP中所占的份额最大，工业制成品贸易份额在进出口中所占比重都在80%以上），同时工业又是最大的污染部门。2002 年，全国工业废水排放量 207.2 亿吨比上年增长了 3.2%，占废水排放总量的 47.1%；工业一氧化硫排放量为 1562 万吨占一氧化硫排放总量的 81.1%；工业烟尘排放量 804 万吨占烟尘排放总量的 79.4%；工业固体废物产生量 9.5 亿吨比上年增长了 6.5%。这些污染给环境造成的损失是巨大的，约占到 GDP 的 10%，这些污染成本少部分通过一些政府行为（例如罚款、赔款等）得到了补偿，但是，绝大多数的污染成本却转嫁给了社会。以工业污染事故造成的直接损失和相应的赔款数据为例，2002 年工业污染直接损失为 4640.9 万元，赔罚款总额为 3140.7 万元，两者的差额是 1800.2 万元，占 38.79%。这还没有考虑污染的间接损失，以及未被纳入统计的污染情况（实际上这部分污染造成的损失可能更大）。

6.2.7.1 我国工业领域的温室气体减排潜力

作为最大的发展中国家缔约方和温室气体排放大国，中国被视为最有潜力实施 CDM 的国家之一。根据研究结果，CDM 能源项目在 6 个发展中国家地区之间的分布情况，中国 CDM 的市场份额占 40%，每年的 CDM 收入约 46 亿美元，除去减排项目的实际成本，在 7.6 美元/tc 的 CER 价格下每年的利润收入 1.5 亿美元，第一承诺期（2008～2012 年）总利润 7.5 亿美元左右。而根据对我国各部门的 CDM 市场潜力分析，重工业和轻工业 CERs 市场份额分别约占 41% 和 3%。这两个部门在第一承诺期内，每年可从 CDM 项目中分别获得约 1 亿和 0.07 亿美元的净收入。

由于我国目前还处于工业化迅速发展的时期，工业总体上仍是处于一种高能耗的状态，国民经济的高速发展是以消耗巨大的能源为代价的。由于这一重大弊端，我国能源尽管供给量较大，而实际却不能充分利用。不断扩大能源的供给，靠高耗低效维持经济发展速度，这在很大程度上增加了资源支持系统的负担，加剧了资源的稀缺程度，同时也造成了生态环境的破坏。中国"十一五"发展目标要把单位 GDP 能耗降低 20%，这就要求在新一轮产业革命中，要着眼于旨在节约资源、减少污染促进废弃物量最小化和无损、少损生态环境的绿色技术的采用和推广。而中国作为一个全球 CDM 能源项目最具潜力的国家之一，通过 CDM 项目的国际合作，无疑给我国工业企业提高能效降低污染提供了一个广阔的空间。目前，中国作为最大的发展中国家，由于低廉的劳动成本，较好的政策环境和经济发展潜力，在 CDM 的卖方市场中具有较强的竞争力。

在我国工业领域，必须从温室气体减排的潜力与效益出发，并同我国工业经济发展的优先领域与技术政策相结合，利用清洁发展机制（CDM）国际合作模式，推动我国工业行业节能降耗工作的进程。

在当前有可能实施的减排方案中，最有希望的是提高能源的终端利用和煤炭燃烧的效率。在提高能源效率方面，下面的项目有较大的潜力，也符合国家发展的优先领域，如：高效的清洁燃煤技术；高耗能工业的工艺技术流程的节能改造；工业燃煤锅炉、窑炉，包括炼焦窑炉的技术改造；水泥工业过程减排一氧化碳的技术改造；工业终端通用节能技术，如变频调速高效马达、高效风机水泵等；工业过程减排一氧化碳项目，减排氢氟碳化物或六氟化硫的项目。

6.2.7.2 我国工业领域参与 CDM 的对策

我国是发展中国家，因而积极参与清洁发展机制更具有现实意义。虽然我国作为发展中国家在现阶段不必承担减排义务，但我国政府从负责任的大国角度，一直坚持工业要走可持续发展的道路，开展了卓有成效的主动减排行动，为世界环境的保护做出了重要的贡献。

我国重点工业行业（如钢铁、冶金、煤炭、火电、水泥、化工等）能耗高排放多污染大，具有较大的减排空间，并有潜力作为 CDM 项目开展国际合作。但是，我国这样巨大的市场潜力尚未转化为现实。虽然我国目前的 CDM 项目减排总量位居全球前列，但主要的贡献来自于 HFC-23 项目，而真正有益于工业节能降耗的项目还寥寥无几。这与我国所拥有的全球第一的减排市场潜力差距非常大，我国工业也因此流失了大量潜在的 CDM 项目及其带来巨额外资和高新技术合作机会。

6.2.7.3 我国工业领域微观层面的 CDM 管理方法

工业企业在开展 CDM 项目以前，应当就其要点问题有一个深入的了解，特别是有关 CDM 项目优先领域、技术转让与可持续发展、CDM 参与资格等重要条款，并与国内 CDM 项目管理机构以及有关专家进行磋商，尽可能在中国政府感兴趣的领域里开展项目，以保证所选项目能够得到必需的支持，降低国内审批的风险。

企业要与国内有关研究机构进行充分的合作，进行 CDM 项目的规模、类型、减排方式等的选择，并进行全面综合考虑，结合项目投资、技术分析、买方状况、国内审批要求、减排额外性与基准线方法学、企业成本效益等重要影响因素，来确定项目有关指标，降低各种项目风险。

A   提高项目的成功率

企业应在工业 CDM 项目优先领域中，选择具有明显减排额外性以及可以采用国际上公认的、成熟的基准线方法学，并与国内有关研究机构相结合，对 CDM 执行理事会（EB）已批准的以及未批准的与该类项目相关的 CDM 项目基准线方法论进行深入全面的分析，吸取经验教训，再结合企业的成本效益等因素，来确定该项目的基准线及监测计划，以提高 CDM 项目的申请成功率。

B   选择合适的融资方式

根据国内目前的研究，CDM 项目有七种融资方式：远期购买的 CERs、购买协议或合同、定金-CERs、购买协议、国际基金、期货、直接投资融资租赁。这几种方式各有其特点和应用范围,具体选择时要根据国际国内环境的变化、项目的行业特征、投资结构方面的差异以及投资者对项目的信用支持和融资战略方面的不同考虑进行选择和组合,通过平衡风险和收益决定最满意的融资方案。根据国际发展趋势,国际基金投资和CERs购买协议是近期最适宜的方式,同时国际基金投资也将成为未来主流,未来的CDM项目融资方式将会出现以一两种方式为主,多种融资方式并存的局面。

C 提高国际谈判能力

目前从事CDM投资的国际基金一般都具有发达国家政府大银行及大公司背景,项目评估能力、风险控制能力和国际谈判能力都很强。从国内外项目谈判的经验来看,谈判能力对项目收益和成本的分配有着重要的作用,AIJ项目经济研究及京都机制的实验经济学研究都表明,谈判能力与所得收益呈很强的正相关关系。我国大多数企业在国际谈判方面能力较为薄弱,在谈判中很难有效地保障自身利益。因此,加强我国相关工业企业和高耗能行业的国际谈判能力应成为目前我国进行温室气体减排合作能力建设的一个重点内容。

D 提高企业在技术转让中吸收、消化和创新的能力

我国引进技术的经验教训主要集中在发展配套技术能力和专业技术培训上,因为技术能否尽快国产化,能否尽快适应我国特殊的社会经济环境,得看国内配套技术能力和技术人员储备。CDM为技术引进之前的配套技术能力发展和专业技术培训提供了一个很好的机会,能更快地消化、吸收转让的技术。另外,在对引进技术进行消化、吸收的基础上结合我国的国情对其进行改进创新,并进而发展更强的生产力和竞争力。

6.2.7.4 我国工业领域宏观层面的CDM管理方法

A 提出行业指导意见并组织好CDM的培训工作

有关主管部门应尽快对受影响或即将受到影响的重点工业行业(如钢铁冶金、煤炭、火电、水泥、化工等)提出应对《京都议定书》利用CDM机遇的行业指导意见,引导企业根据自身情况研究如何利用CDM所提供的引进外资和技术转让的重大机遇,并组织全国范围的系统性的CDM知识培训。

B 建立CDM的联系机制

建立各有关部门CDM项目联系机制,研究、筛选和包装一批有前途的项目,尽快建立有一定规模的权威项目库,并利用商务部门在国内外的专业投资贸易平台向国际发布。首先在"中国国际投资贸易洽谈会"上组织专门的"CDM项目论坛"和"CDM项目专场洽谈会",宣传CDM知识,吸引发达国家的CDM项目投资者;其次,在有CDM项目需求的主要发达国家,由我驻当地经商参处组织或帮助国内有关主管部门组织"中国CDM项目"路演,有针对性地吸引当地的潜在CDM项目投资者。

C 组建 CDM 的专业研究机构

CDM 作为一种国际环境与经济合作模式，属于新生事物，CDM 的运作涉及复杂的环境、经济、管理、技术、法律等问题，为了实现 CDM 促进可持续发展的目标，需要对该机制进行多学科、多层次的研究。近两年德国、瑞士、荷兰、加拿大、日本等国家和世界银行、亚洲开发银行、联合国环境署等国际机构与我国一些政府部门和科研机构等合作，在电力、钢铁化工、交通等行业开展了实施 CDM 的可行性研究和能力建设项目。但总体来看，国内有关的研究机构还较少，有关主管部门应尽快牵头组织建立专业研究机构，需要对 CDM 的运行机制、我国工业实施 CDM 项目面临的问题、CDM 与可持续发展目标的实现等一系列问题进一步开展研究。

D 建立 CDM 的中介机构

有关主管部门尽快牵头组织、协调管理专业咨询中介机构。利用中介组织为企业提供专业服务，学习温室气体减排知识与技术，了解国际温室气体减排形势与意义，帮助企业解决 CDM 项目操作中的困难，提高工业领域 CDM 项目的参与程度。

E 做好 CDM 的推介工作

对绝大多数中国企业来说，CDM 是一个陌生的概念，大部分企业还没有真正了解有这样一种帮助企业转型发展的机制，很多企业错过了申请 CDM 项目的最佳时机。CDM 项目的外国投资一方面是来自承担温室气体减排义务的经济发达国家企业，这些企业通过在中国投资 CDM 项目，降低本企业履行排放义务的成本；另一方面是金融或商业投资机构，这些机构虽然本身没有控制温室气体排放的义务，但期望从国际温室气体排放交易中获利。绝大多数 CDM 项目都将通过与国内企业进行合作的方式进行。CDM 项目的成功运作，不仅会产生国际国内环境效益，而且能为项目参与方带来可观的经济利益。CDM 产生的 CERs 的市场价值将提升项目在经济和财务方面的可行性，拓宽国际经济合作的互利基础。加强对 CDM 的宣传推广，让企业界增进对 CDM 的了解，有助于有关企业拓宽思路，增加利用外资渠道，引进有利于环境的先进技术，为保护环境和实现经济的可持续发展做出贡献。

6.2.8 遏制气候变暖：我国采取的行动

气候变化是当今全球面临的重大挑战，遏制气候变暖，拯救地球家园，是全人类共同的使命，每个国家和民族，每个企业和个人，都应当责无旁贷地行动起来。要想减少温室气体排放和治理空气污染就要做到：工业合理布局，搞好环境规划；改变能源结构、推广清洁燃料、使用清洁生产工艺，减少污染物排放；强化节能，提高能源利用率、区域集中供暖供热；强化环境监督管理和老污染源的治理，实施总量控制和达标排放；严格控制机动车尾气排放等。作为一个发展中的大国，虽然并未被强制减排，但针对全球变暖的问题，我国近年在节能减排方面采取了一系列重大举措，为全球应对气候变化作出了巨大贡献，主要有以下几个方面。

6.2.8.1　制定和实施相关的政策、法规和措施

国家制定和颁布了一些专门的气候变化政策和法规，如 2005 年国家发改委、科技部、外交部和财政部四部门以部长令发布的"清洁发展机制运行管理办法"；以及由国家发改委牵头、各相关部门参加制定的"应对气候变化国家方案"，全面部署了"十一五"期间国家应对气候变化的行动。

2007 年 10 月，"建设生态文明"写进中国共产党的十七大报告，为中国环保掀开了崭新一页。2007 年 6 月，中国政府发布《中国应对气候变化国家方案》，全面阐述了中国在 2010 年前应对气候变化的对策，这不仅是中国第一部应对气候变化的综合政策性文件，也是发展中国家在该领域的第一部国家方案。2008 年 10 月，中国政府又发布了《中国应对气候变化的政策与行动》白皮书，全面介绍中国减缓和适应气候变化的政策与行动，成为中国应对气候变化的纲领性文件。

国家还制定了一系列有利于减缓温室气体排放的政策和法规，比较典型的政策法规包括：由人大颁布的《节能法》、《可再生能源法》等；由有关政府部门组织实施的政策和措施，如推动循环经济的发展、行业节能规划、造林工程等；国家科技部门还组织开展了大量的具有温室气体减排效果的技术研究、开发和应用，如高效的发电技术、可再生能源技术、建筑节能技术、二氧化碳收集和存储技术等。

国家发展和改革委员会数据显示，在中国政府针对金融危机推出的 4 万亿元投资计划中，有 2100 亿元投向节能减排和生态建设工程；用于自主创新和产业结构调整的资金达 3700 亿元；而经国务院批准出台的 10 大产业调整和振兴规划也都对节能减排提出了明确要求。

中国还有部分人口没有脱贫，中国政府担负着发展经济、改善民生，以及减缓气候变化并提高适应气候变化能力的艰巨任务，在相同发展阶段所面临的挑战比发达国家大得多。

6.2.8.2　推动清洁发展机制（CDM）项目

《京都议定书》规定 CDM 包含双重目的：帮助发展中国家实现可持续发展、帮助发达国家实现其减限排承诺。CDM 规定发达国家通过提供资金和技术的方式，与发展中国家开展项目级的合作，将项目所实现的"核证减排量（CERs）"用于发达国家缔约方完成他们在议定书中的减排承诺。CDM 被普遍认为是一种"双赢"机制，发展中国家通过合作可以获得资金和技术，而且有助于实现自己

的可持续发展；发达国家可以大幅度降低其在国内实现减排所需的高昂费用，清洁发展机制为发达国家实现承诺提供了另一种可行的途径。在全球范围内，无论在哪里进行减排，效果都是一样的，但在发展中国家减排所需的成本与难度相对更低些。CDM 模式的主要内容是发达国家可以在发展中国家的项目中投入资金、技术，帮助其减少温室气体的排放量，然后向发展中国家购买其减排量，这样发达国家就能以比较低的成本完成减排承诺。CDM 在发达国家和发展中国家之间提供了一种商机，使温室气体的减排量可以作为商品在国际上交易，发展中国家可以通过 CDM 项目获得一定的资金和较先进的技术。

CDM 开辟了新的国际融资渠道，而且使节能不再是企业的负担，相反企业还可以从中获利；并进一步推动了中国企业的国际化，提供了企业与国际资本合作平台，提升企业的社会形象。为了推进我国的 CDM 对外合作，国家科技部、发改委等部门做了大量的促进工作，通过制定 CDM 项目运行管理办法、建立 CDM 技术服务中心、开展广泛的 CDM 专业和普及培训、举办 CDM 国际合作交流和博览会，极大地促进了我国 CDM 开发和合作。

A　管理和实施机构

中国清洁发展机制管理方面涉及多个政府机构，整个管理体系可以分成 3 个层次：国家气候变化对策协调小组、国家清洁发展机制项目审核理事会以及清洁发展机制国家主管机构。1990 年 2 月，国务院专门成立了"国家气候变化协调小组"，负责协调、制订与气候变化有关的政策和措施。在 1998 年的政府机构改革中，国务院对原国家气候变化协调小组进行了调整，成立了由国家发展计划委员会牵头，外交部、国家经贸委、财政部、科技部、农业部、水利部、交通部、国家环保总局、中国气象局、建设部、国家林业局、国家海洋局、中国科学院等 13 个部门参加的"国家气候变化对策协调小组"。2003 年根据政府部门改革，协调小组的组成又进行了调整，由 15 个政府部门组成。协调小组是中国政府协调气候变化领域重大活动和对策的领导机构，每年定期召开一次协调小组全体成员会议，同时根据需要就气候变化领域的重大问题随时召集协调小组成员单位进行商议。

国家气候变化对策协调小组下设办公室，为常设机构，具体负责协调小组交办的各项工作，并负责国内气候变化相关活动的统一协调和管理，特别是与中国履约相关的活动，例如编制国家信息通报、开展清洁发展机制项目合作、与其他国家和国际组织开展能力建设合作等。

此外，设立了四个工作组，第一工作组组长单位为中国气象局和中国科学院，主要负责气候变化的科学评价问题；第二工作组组长单位为科技部和国家环保总局，主要负责研究气候变化的影响问题；第三工作组组长单位为国家发展和改革委员会，主要负责气候变化的社会经济评价与对策研究；第四工作组组长单位为外交部和科技部，主要负责国际谈判。

国家发展和改革委员会作为气候变化对策协调小组组长单位，负责统一协调与气候变化问题相关的政策和行动。与《联合国气候变化框架公约》及其议定书秘书处的联络工作由外交部归口负责。与政府间气候变化专门委员会（政府间气候变化专门委员会）有关的工作由中国气象局负责。气候变化领域的对外合作项目，由协调小组统一对外立场，确定对外合作的原则、方向和领域，具体项目经协调小组办公室统筹安排后，由各有关部门负责实施。

根据《清洁发展机制项目运行管理暂行办法》，中国清洁发展机制的管理机构分为3个层次：国家气候变化对策协调小组为清洁发展机制重大政策的审议和协调机构；国家气候变化对策协调小组下设立国家清洁发展机制项目审核理事会（以下简称项目审核理事会），其下设一个国家清洁发展机制项目管理机构。项目审核理事会联合组长单位为国家发展和改革委员会、科学技术部，副组长单位为外交部，成员单位为国家环境保护总局、中国气象局、财政部和农业部；国家发展和改革委员会是中国政府开展清洁发展机制项目活动的主管机构。

清洁发展机制项目的实施机构是指在中国境内实施清洁发展机制项目的中资和中资控股企业。

B　管理机构的权限与职责

国家气候变化对策协调小组在清洁发展机制方面的主要职责是审查和协调重要的清洁发展机制政策和措施，包括：

（1）审议清洁发展机制项目的相关国家政策、规范和标准；

（2）批准项目审核理事会成员；

（3）审议其他需要由协调小组决定的事项。

项目审核理事会的主要职责包括：

（1）审核清洁发展机制项目，主要审核内容包括相关实施机构的参与资格、提交的设计文件、确定基准线的方法学问题和温室气体减排量、可转让温室气体减排量的价格、资金和技术转让条件、预计转让的计入期限、监测计划、预计促进可持续发展的效果等。

（2）向国家气候变化对策协调小组报告清洁发展机制项目执行情况和实施过程中的问题及建议。

（3）提出和修订国家清洁发展机制项目活动的运行规则和程序的建议。

国家发展和改革委员会作为中国政府开展清洁发展机制项目活动的主管机构，其主要职责包括：

（1）受理清洁发展机制项目的申请。

（2）依据项目审核理事会的审核结果，会同科学技术部和外交部批准清洁发展机制项目。

（3）代表中国政府出具清洁发展机制项目批准文件。

（4）对清洁发展机制项目实施监督管理。

（5）与有关部门协商成立清洁发展机制项目管理机构。

（6）处理其他涉外相关事务。

清洁发展机制项目实施机构的义务包括：

（1）承担清洁发展机制项目的对外谈判。

（2）负责清洁发展机制项目的工程建设，并定期向国家发展和改革委员会报告工程建设情况。

（3）在国家发展和改革委员会的监督下实施清洁发展机制项目，编制并执行清洁发展机制项目温室气体减排量的自我监测计划，保证该温室气体减排量是真实的、可测量的、长期的和额外的。

（4）在国家发展和改革委员会的指导下，接受经营实体对项目、合格性和项目减排量的核实；提供必要的资料和监测记录并报国家发展和改革委员会备案；在信息交换过程中，应依法保护国家秘密和正当商业秘密。

（5）向国家发展和改革委员会报告清洁发展机制项目产生的经核证的温室气体减排量。

（6）协助国家发展和改革委员会和清洁发展机制项目审核理事会就有关问题开展调查，并接受咨询。

（7）承担应由其履行的其他义务。

C 对清洁发展机制项目的基本要求

根据中国政府发布的《清洁发展机制项目运行管理暂行办法》，中国对清洁发展机制项目的基本要求包括以下几个方面：

（1）在中国开展清洁发展机制项目合作须经国务院有关部门批准。

（2）根据缔约方大会的有关决定，清洁发展机制项目的实施应保证透明、高效和可追究的责任。

（3）开展清洁发展机制项目应符合中国的法律法规和可持续发展战略、政策，以及国民经济和社会发展规划的总体要求。

（4）实施清洁发展机制合作项目必须符合《框架公约》、《京都议定书》和有关缔约方会议的决定。

（5）实施清洁发展机制项目不能使中国承担《框架公约》和《京都议定书》规定之外的任何新的义务。

（6）发达国家缔约方用于清洁发展机制项目的资金，应额外于现有的官方发展援助资金和其在《框架公约》下承担的资金义务。

（7）清洁发展机制项目活动应促进有益于环境的技术转让。

（8）只有中国境内的中资、中资控股企业具有中国清洁发展机制项目开发者的参与资格，可以对外开展清洁发展机制项目。

（9）实施清洁发展机制项目的企业必须提交清洁发展机制项目设计文件、企业资质状况证明文件及工程项目概况和筹资情况的相关说明。

另外，《清洁发展机制项目运行管理暂行办法》还对清洁发展机制项目的收益分配问题进行了规定。根据该办法，项目因转让温室气体减排量所获得的收益归中国政府和实施项目的企业所有，但分配比例在暂行办法中尚未明确给出。在中国政府确定分配比例前，项目因转让温室气体减排量所获得的收益全部归该企业所有。在中国开展清洁发展机制项目的重点领域是以提高能源效率、开发利用新能源和可再生能源及回收利用甲烷和煤层气为主。

D　中国开发、实施、审批清洁发展机制项目的程序和要求

《清洁发展机制项目运行管理暂行办法》详细地描述了中国开发、实施、审批清洁发展机制的程序及管理办法，清洁发展机制项目申请、审批、开发、实施监督与核查程序包括：

（1）申请。在中国境内申请清洁发展机制项目的实施机构应当向国家发展和改革委员会提出申请，有关部门和地方政府可以组织企业提出申请，并提交清洁发展机制项目设计文件等相关支持文件。

（2）初评。国家发展和改革委员会委托有关机构对申请项目组织专家评审，并将专家评审合格的项目提交项目审核理事会。

（3）审核。项目审核理事会对受理申请的项目进行审核，并将通过审核的项目告知国家发展和改革委员会。

（4）批准。国家发展和改革委员会会同科学技术部和外交部共同批准项目，并由国家发展和改革委员会出具相关的政府批准文件，同时将结果通知项目实施机构。

（5）评估。实施机构邀请经营实体对项目设计文件进行独立评估。

（6）登记。将经营实体评估合格的项目报清洁发展机制执行理事会登记注册。

（7）报告。实施机构在接到清洁发展机制执行理事会批准通知后，在 10 天内向国家发展和改革委员会报告执行理事会的批准状况。

（8）报告。实施机构按照有关规定，负责向国家发展和改革委员会、经营实体提交项目实施和监测报告。

（9）监督。为保证清洁发展机制项目实施的质量，国家发展和改革委员会对清洁发展机制项目的实施进行管理和监督。

（10）核证、签发、登记。经营实体对清洁发展机制项目产生的减排量进行核实和证明，将核证的温室气体减排量及其他有关情况向清洁发展机制执行理事会报告。经清洁发展机制执行理事会批准签发后，进行核证的温室气体减排量的

登记和转让，并通知参加清洁发展机制项目合作的参与方。国家发展和改革委员会或受其委托机构将经清洁发展机制执行理事会登记注册的清洁发展机制项目产生的核证的温室气体减排量登记。

其中具体工程建设项目的审批程序和审批权限，按国家有关规定办理。

E　中国对建设项目的环境影响评价要求

国际社会普遍认可应对气候变化的行动，应当在可持续发展的框架内进行。在具体的操作过程中，譬如执行一个清洁发展机制项目，除了计算清洁发展机制项目产生的温室气体减排量，还需要评估该项目对当地环境和社会发展的影响，清洁发展机制项目的项目设计文件（PDD）对此有相应的规定。其他如世界银行运作的原型碳基金（PCF）等，也提出了类似要求。

中国政府在颁布的《清洁发展机制运行管理暂行办法》中对清洁发展机制项目的环境影响评价（发展机制）没有提出额外要求。但是，我国法律规定所有在中国开展的建设项目都应当进行环境影响评价。这些常规的环境影响评价程序首先是为了避免清洁发展机制项目对环境可能造成的重要不良影响。在此基础上，再进一步考虑清洁发展机制项目对当地环境可能产生的正面效果，也就是评估该项目的共生效应。因此，在中国实施的清洁发展机制项目，设计阶段除了参照《清洁发展机制运行管理暂行办法》还必须考虑环境影响评价的要求。制定预算时，需要计入环境影响评价的成本；设计项目的时间表时，要将环境影响评价所需要的时间计算在内；在准备项目文件时需提交环境影响评价报告；环境影响评价的结论，是项目是否可以实施的重要制约因素。

目前，我国与环境影响评价相关的法律法规主要包括：2003 年 9 月 1 日开始生效的《中华人民共和国环境影响评价法》、1998 年 11 月 29 日开始生效的《中华人民共和国建设项目环境保护管理条例》和《中华人民共和国环境保护法》，涉及具体污染物，还需要遵守相应的水污染防治法、大气污染防治法等等。

中国建设项目的环境影响评价主要考虑以下几个方面：

（1）根据环境影响评价的概念和内容确定项目的环境影响报告书的内容；

（2）依据《环境影响评价法》确定环境影响评价的工作程序；

（3）公众参与；

（4）社会影响评价；

（5）CDM 项目的技术选择。

6.2.8.3　参与各种国际气候环境保护会议

我国从一开始就参加了《联合国气候变化框架公约》和《京都议定书》的谈判，以及其他涉及气候变化领域的谈判，如政府间气候变化专门委员会、亚太清洁发展和气候伙伴关系、碳收集领导人论坛等。实际上，中国一直是气候变化多边谈判的核心成员，为推动气候变化的国际进程发挥了重要的建设性作用。

尽管在《联合国气候变化框架公约》对发展中国家没有任何强制和约束性要求的情况下，中国充分认识到应对气候变化的重要性和紧迫性，于 2009 年 11 月 26 日提出控制单位 GDP 二氧化碳排放行动目标。这不仅显示了中国努力应对人类共同挑战的积极姿态，也为中国未来的经济发展带来新挑战。

从 1990 年到 2005 年，发达国家单位 GDP 的二氧化碳排放只下降 26%，根据它们作出的承诺，到 2020 年这一指标也只会下降 30% 到 40%。中国却承诺到 2020 年单位 GDP 二氧化碳排放降低 40% 到 45%，这种努力没有前提条件，也不与其他国家减排行动挂钩。从中可以看出，中国为全球应对气候变化作出了巨大努力。

6.2.8.4 中国科学家寻找二氧化碳减排之路

随着人类对化石能源的依赖越来越大，二氧化碳减排成为人类必须解决的、不可回避的重大问题。二氧化碳排放源分布广泛，涉及工业、交通、建筑、农业和管理等各个领域，由于各二氧化碳排放源不同，很难用单一的方法分离回收。传统分离和回收二氧化碳的技术主要有吸收法、吸附法、膜分离法和深冷法等，但不论采用哪种二氧化碳分离方法，分离过程的能耗都很高，这不仅意味着额外增加了单位发电量或产品的二氧化碳排放量，而且大幅降低了能源系统效率。如吸附法中包含了一个解吸过程，需要依靠压力或温度的改变将二氧化碳与吸附剂分离，压力变化或温度变化不可避免地带来大量的能量损失；而膜分离技术的难点在于受到膜材料的限制，导致膜成本较高，致使该方法目前不能大规模推广使用。

二氧化碳被分离后，需要存储起来，才能达到与大气隔离的目的。由于二氧化碳量巨大，每年达百亿吨，如此大量的二氧化碳安全存储，也是二氧化碳减排的难点之一。2003 年，全球二氧化碳的排放总量约为 237 亿吨，对如此大量的二氧化碳进行捕获和封存是一件非常困难的事。二氧化碳的储存技术主要有深海储存等多种形式，但目前许多研究工作才刚刚开始，二氧化碳的储存技术有可能产生的一些新问题尚有待深入研究。由于二氧化碳排放的范围广、涉及的领域多，问题复杂，并不是靠一两个方法就可以得到解决。

在对二氧化碳减排途径进行研究时需要关注的几个关键科学问题有：

（1）化石能源高效利用新方法和新机理研究，要打破传统化石能源利用模式，开拓化石能源利用的新方法和新机理，以进一步提高能源转化与利用效率、减少化石燃料消耗和二氧化碳的排放。

（2）可再生能源与化石能源互补利用的方法和机理研究，将可再生能源与化石能源利用结合起来，通过化石能源和可再生能源的互补，不但可以克服可再生能源不连续的缺点，还可以促进可再生能源的利用，减少化石能源的消耗。

（3）生物固碳方面的研究，我国林地覆盖面积和生物量相对较低，研究造林、林地恢复、丰产林管理、采伐管理、森林防火和病虫害控制等方面的科学问题，将有助于森林固碳量，减少碳排放。

将二氧化碳从固定排放源排放的尾气或其他气体中分离并存储，是减少二氧化碳排放的重要方法。但现有的二氧化碳分离技术消耗大量的能量，研究新型二氧化碳分离方法，降低二氧化碳分离能耗是减少固定排放源二氧化碳排放量所需解决的关键问题之一；另外二氧化碳资源化利用方法的创新、系统整合控制二氧化碳排放的方法和机理等都有待进行深入的研究。

到 2020 年，中国应对气候变化的总体目标设想为：减缓温室气体排放取得显著成效，适应气候变化的能力不断增强，气候变化相关的科技与研究水平取得新的进展，公众的气候变化意识明显提高，气候变化领域的机构和体制建设得到进一步发展。国家将大力推进技术开发和推广利用力度，加强煤的清洁高效开发和利用的技术研究，加强油气资源勘探开发利用技术和可再生能源技术等方面的研究，增强自主创新能力，促进能源工业可持续发展，增强应对气候变化的能力。针对我国能源利用现状，目前我国减少二氧化碳排放可以有多种途径，如提高能源转化与利用效率，降低化石能源的消耗；改变能源消耗结构；提高可再生能源和核能在能量供应中的份额；增强生物固碳和二氧化碳资源化利用等。

如针对我国能源转化与利用效率低下的现实，提高我国能源利用水平，特别是煤炭的能源利用效率，达到国际先进水平是实现我国减少二氧化碳排放的短期途径，具有非常大的潜力和可行性。从中长期来看，还要继续研究先进的能源转化与利用装置和系统，进一步提高系统的能源转化效率。单位能量的化石燃料中煤的含碳量最高，石油次之，天然气最少，用含碳量较少的天然气和石油替代煤，必然减少二氧化碳的排放，应鼓励用天然气和石油等相对低碳燃料替代高碳燃料煤，改变能源结构是解决我国二氧化碳减排问题的重要途径之一。

可再生能源属于低碳或非碳能源，可有效减少二氧化碳的排放量。提高可再生能源在能源供应中的份额，有助减少化石能源的消耗量。如我国太阳能资源非常丰富，我国 2/3 以上地区年日照时数都大于 2000 小时，太阳能一年的理论储量高达 17000 亿吨标准煤。

植被可以吸收空气中的二氧化碳，并将它固定在植物体内和土壤中，例如每公顷丰产速生林可以固定 56 吨二氧化碳。因此，可以通过增加丰产速生林的面积降低大气中二氧化碳的含量，缓解温室效应。有关研究表明，中国陆地生态系统的碳贮量目前处于一种低水平状态，因此中国陆地生态系统的碳库贮存潜力很大，生物固碳成为短期二氧化碳控制的最切实可行的途径之一。但是生物固碳要占用大量土地，而我国人地矛盾突出，因此受到环境条件的制约。而二氧化碳的捕获和存储被认为是从根本上解决二氧化碳减排问题的途径之一，受到了广泛的重视。

我国是较早批准《京都议定书》的国家之一，作为一个负责任的大国，对全球温室气体减排做出了应有的贡献。未来，随着我国经济的高速发展，能源消耗量还会继续增加，"后京都时代"我国将面临更大的压力，积极开展二氧化碳减排方面的基础性研究，探索符合我国国情的二氧化碳减排之路迫在眉睫。

6.2.8.5 我国在环保方面取得的成就

我国是最早制定实施《应对气候变化国家方案》的发展中国家，先后制定和修订了节约能源法、可再生能源法、循环经济促进法、清洁生产促进法、森林法、草原法和民用建筑节能条例等一系列法律法规，把法律法规作为应对气候变化的重要手段。

我国也是近年来节能减排力度最大的国家。我国不断完善税收制度，积极推进资源性产品价格改革，加快建立能够充分反映市场供求关系、资源稀缺程度、环境损害成本的价格形成机制。全面实施十大重点节能工程和千家企业节能计划，在工业、交通、建筑等重点领域开展节能行动。深入推进循环经济试点，大力推广节能环保汽车，实施节能产品惠民工程。推动淘汰高耗能、高污染的落后产能，2006～2008年共淘汰低能效的炼铁产能6059万吨、炼钢产能4347万吨、水泥产能1.4亿吨、焦炭产能6445万吨。截至2009年上半年，中国单位国内生产总值能耗比2005年降低13%，相当于少排放8亿吨二氧化碳。

我国还是新能源和可再生能源增长速度最快的国家。我国在保护生态基础上，有序发展水电，积极发展核电，鼓励支持农村、边远地区和条件适宜地区大力发展生物质能、太阳能、地热、风能等新型可再生能源。2005～2008年，可再生能源增长51%，年均增长14.7%。2008年可再生能源利用量达到2.5亿吨标准煤，农村有3050万户用上沼气，相当于少排放二氧化碳4900多万吨。水电装机容量、核电在建规模、太阳能热水器集热面积和光伏发电容量均居世界第一位。

中国是世界人工造林面积最大的国家。我国持续大规模开展退耕还林和植树造林，大力增加森林碳汇。2003～2008年，森林面积净增2054万公顷，森林蓄积量净增11.23亿立方米。目前人工造林面积达5400万公顷，居世界第一。

中国有13亿人口，人均国内生产总值刚刚超过3000美元，按照联合国标准，还有1.5亿人生活在贫困线以下，发展经济、改善民生的任务十分艰巨。我国正处于工业化、城镇化快速发展的关键阶段，能源结构以煤为主，降低排放存在特殊困难。但是，我们始终把应对气候变化作为重要战略任务，1990～2005年，单位国内生产总值二氧化碳排放强度下降46%。在此基础上，我们又提出，到2020年单位国内生产总值二氧化碳排放比2005年下降40%～45%，在如此长时间内这样大规模降低二氧化碳排放，需要付出艰苦卓绝的努力。我们的减排目标将作为约束性指标纳入国民经济和社会发展的中长期规划，保证承诺的执行受到法律和舆论的监督。我们将进一步完善国内统计、监测、考核办法，改进减排信息的披露方式，增加透明度，积极开展国际交流、对话与合作。

在当前发展阶段，中国也遇到国内环境制约和资源短缺问题，国内的可持续发展也要求节能减排和环境保护。因此，应对气候变化与国内可持续发展的内在需求在政策和措施上具有高度协同性。中国节能减排，促进环境保护，既是为全人类作出重大贡献，也是对自身负责。

6.2.9　遏制气候变暖：我们的行动

气候变化，不仅仅和南极的冰、北极的熊有关，更是我们身边的事儿。怎么出行，怎么吃饭，都和气候变化息息相关。对于气候变化，政治家谈他们的，科学家辩他们的，公民行动自己的。自家随手关灯，节约用水，省的是自己家的钱，但就是这些小行动也可以拯救了像马尔代夫那些怕淹掉的国家。目前全社会都在倡导"低碳"，也就是降低二氧化碳的排放量，以低碳排放为目标的低碳生活离我们到底有多远？降低二氧化碳排放量任务如此紧迫，我们每一个人应该做些什么？如何才能挽救我们赖以生存的地球？其实这不难，从身边小事做起，做个低碳"达人"，随时都可以行动起来。低碳生活以勤俭为核心，适度的吃、住、行、用，不浪费、多运动。中国古人有句话叫"勿以善小而不为，勿以恶小而为之"。低碳生活其实只需要你稍微改变自己的生活方式，这些都是我们能够做到的。

6.2.9.1　衣

服装在生产、加工和运输过程中，要消耗大量的能源，同时产生废气、废水等污染物。在保证生活需要的前提下，每人每年少买一件不必要的衣服可节能约2.5kg 标准煤，相应减排二氧化碳 6.4kg。如果全国每年有 2500 万人做到这一点，就可以节能约 6.25 万吨标准煤，减排二氧化碳 16 万吨。如果全国上万家星级宾馆采纳"绿色客房"标准的建议（3 天更换一次床单），每年可综合节能约1.6 万吨标准煤，减排二氧化碳 4 万吨。

随着人们物质生活水平的提高，洗衣机已经走进千家万户。虽然洗衣机给生活带来很大的帮助，但只有两三件衣物就用机洗，会造成水和电的浪费。如果每月用手洗代替一次机洗，每台洗衣机每年可节能约 1.4kg 标准煤，相应减排二氧化碳 3.6kg。如果全国 1.9 亿台洗衣机都因此每月少用一次，那么每年可节能约26 万吨标准煤，减排二氧化碳 68.4 万吨。

洗衣粉是生活必需品，但在使用中经常出现浪费；合理使用，就可以节能减排。比如，少用 1kg 洗衣粉，可节能约 0.28kg 标准煤，相应减排二氧化碳0.72kg。如果全国 3.9 亿个家庭平均每户每年少用 1kg 洗衣粉，1 年可节能约10.9 万吨标准煤，减排二氧化碳 28.1 万吨。节能洗衣机比普通洗衣机节电

50%、节水 60%，每台节能洗衣机每年可节能约 3.7kg 标准煤，相应减排二氧化碳 9.4kg。

6.2.9.2　食

"谁知盘中餐，粒粒皆辛苦"，可是现在浪费粮食的现象仍比较严重。而少浪费 0.5kg 粮食（以水稻为例），可节能约 0.18kg 标准煤，相应减排二氧化碳 0.47kg。如果全国平均每人每年减少粮食浪费 0.5kg，每年可节能约 24.1 万吨标准煤，减排二氧化碳 61.2 万吨。如果全国平均每人每年减少猪肉浪费 0.5kg，每年可节能约 35.3 万吨标准煤，减排二氧化碳 91.1 万吨。

"做个素食者"这个建议听起来有些难，但科学家指出，绵羊和奶牛打嗝或放屁会导致全球变暖，这绝非耸人听闻。我们并非日夜不停地使用空调或者不停驾车，但牛羊通过其肠道发酵和细菌作用却在不间断产生甲烷。在澳大利亚，牛的畜养数量比总人口还多，每人平均畜养五只绵羊。澳大利亚牲畜每年产生 300 万吨甲烷，相当于 6300 万吨二氧化碳。作为比较，澳大利亚全部客运车辆的二氧化碳排放量约为 4300 万吨。根据政府间气候变化专业委员会第四次评估报告，这 300 万吨甲烷相当于 2.16 亿吨二氧化碳。很明显，这 300 万吨甲烷在未来 20 年里足以影响全球暖化。这比澳大利亚所有燃煤发电站排放的二氧化碳造成全球暖化还要多得多！又比如新西兰，那里的 3420 万头绵羊、970 万头牛、140 万头鹿和 15.5 万只山羊，以甲烷和氮氧化物的形式排放了该国 48% 的温室气体。全世界牲畜排气占到温室气体排放总量的 18%，比所有交通工具排放的总和还多。

对于肉食者而引起的畜牧业的发展所带来的温室效应大家已经清楚了，对此也有很多想法和科研来解决此问题，其一就是停止畜牧业，此举除了可以大量减少甲烷的排放外，还有其他几点好处：

（1）可以减少其他毒气。畜牧业是全球氧化亚氮最大的来源，占 65%，这种温室气体的暖化威力比二氧化碳强三百倍；畜牧业排放的氨气，占总量的 64%，是造成酸雨的重要因素；还产生致命气体——硫化氢，因此废除畜牧业，能完全消除甲烷和这些致命气体。

（2）防止死亡海疆。海洋的死亡海域主要是由于种植动物饲料的肥料径流造成的，死亡海域严峻威胁海洋生态系统，假如我们停止畜牧活动的污染，这些海域将能起死回生，如果再停止捕鱼，海洋生物将再度丰饶。

（3）防止沙漠化。沙漠化也是因为畜牧业导致气候变迁所造成的，例如在墨西哥最近研究显示，国家 47% 的土地被养牛业破坏，已经沙漠化成为荒漠；墨西哥 50%～70% 的地区也遭受旱灾之苦，全球地表过度放牧的土地占了将近三分之一，这是沙漠化以及其他破坏的主因，这还造成逾 50% 的地表侵蚀。

（4）防止水源短缺。生产肉食耗费大量的水，生产一份牛排需耗费高达 1200 加仑新鲜纯净的水，相对的，一份纯素餐点只需 98 加仑的水，不到牛排的十分之一，如果我们想要水源不短缺，维护珍贵的水源，就必须停止生产动物制品。

（5）禁止森林砍伐。森林砍伐也大多是为了生产肉食，根据联合国统计，伐林约造成20%温室气体排放，几乎所有伐林活动都和生产肉食有关，亚马逊森林80%遭清垦，被开发成放牧肉牛的地方，其余的土地种植大豆，也主要作为动物饲料，因此不食用动物制品，等于保护贵重的森林，森林是地球的肺，是关系我们存亡的要害因素。

（6）降低医疗支出。近来吃肉的健康风险，日益显而易见，牲畜定期被施打过量荷尔蒙与抗生素，人们吃这种肉食，会危害自身健康；屠宰场也会连带制造其他毒物，例如氨气和硫化氢，接触这些剧毒物质，导致肉品业员工丧生；虽被称为食品，肉类却是人类摄取的食物中最不健康、有毒又不卫生的，科学已证明，肉食引发各种癌症、心脏病、高血压、中风与肥胖，其坏处不胜枚举，这些疾病，每年夺走数百万人命，数百万人死于肉食相关疾病，并造成数百万人罹患重病、残疾。

还有就是用不产甲烷的动物替代。两位澳大利亚生物学家提出一个无需求助复杂的生物科技，却保证立竿见影的主意：减少牛羊存栏数，代之以有袋类动物。袋鼠几乎不产生甲烷（见图6-8），因为它们胃肠菌群以产乙酸菌为主，而不是产甲烷菌。这种菌把氢气转化为乙酸盐，这是一种牛也可以利用作能量来源的脂肪酸。堪培拉澳大利亚野生生物局曾计算过，如果用袋鼠代替澳大利亚三分之一的牛羊以削减牲畜排放，可以降低全国温室气体排放总量的3%。这并不是个荒谬的主意，因为袋鼠肉已经在澳大利亚全国的超市上架了。

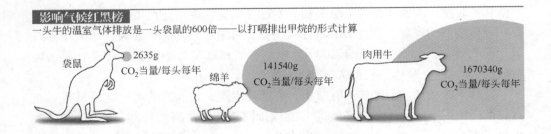

图6-8 袋鼠和绵羊、牛排放甲烷的比较

做一个不食肉的素食者能大量减少碳足迹，与肉食者比较，每人每年的碳足迹如下：肉食者的碳排相当于驾驶着中型汽车行驶4758公里；而素食者的碳排相当于驾驶中型汽车行驶2427公里，几乎减少了一半；纯素饮食者的碳排相当于中型汽车行驶629公里，是肉食者的1/7，少了87%；有机纯素的碳排相当于中型汽车行驶 281 公里，比肉食者少 94%；有机纯素能减少碳排 94%，降低温室气体，吃素，环保，拯救地球家园。如果你做不了素食者，即使每周减少一餐肉食摄入，您的温室气体排放足迹也会有显著改变。

　　酷暑难耐，啤酒成了颇受欢迎的饮料，但"喝高了"的事情时有发生。在夏季的 3 个月里平均每月少喝 1 瓶，1 人 1 年可节能约 0.23kg 标准煤，相应减排二氧化碳 0.6kg。从全国范围来看，每年可节能约 29.7 万吨标准煤，减排二氧化碳 78 万吨。白酒丰富了生活，更成就了中华民族灿烂的酒文化，但醉酒却最容易酿成事故。如果全国 2 亿"酒民"平均每年少喝 0.5kg，每年可节能约 8 万吨标准煤，减排二氧化碳 20 万吨。吸烟有害健康，香烟生产还消耗能源，如果全国 3.5 亿烟民都这么做，那么每年可节能约 5 万吨标准煤，减排二氧化碳 13 万吨。

6.2.9.3　住

　　铝是能耗最大的金属冶炼产品之一，减少 1kg 装修用铝材，可节能约 9.6kg 标准煤，相应减排二氧化碳 24.7kg。如果全国每年 2000 万户左右的家庭装修能做到这一点，那么可节能约 19.1 万吨标准煤，减排二氧化碳 49.4 万吨。钢材是住宅装修最常用的材料之一，钢材生产也是耗能排碳的大户，减少 1kg 装修用钢材，可节能约 0.74kg 标准煤，相应减排二氧化碳 1.9kg。如果全国每年 2000 万户左右的家庭装修能做到这一点，那么可节能约 1.4 万吨标准煤，减排二氧化碳 3.8 万吨。适当减少装修木材使用量，不但保护森林，增加二氧化碳吸收量，而且减少了木材加工、运输过程中的能源消耗。少使用 0.1m³ 装修用的木材，可节能约 25kg 标准煤，相应减排二氧化碳 64.3kg。如果全国每年 2000 万户左右的家庭装修能做到这一点，那么可节能约 50 万吨标准煤，减排二氧化碳 129 万吨。家庭装修时使用陶瓷能使住宅更美观。不过，浪费也就在此产生，部分家庭甚至存在奢侈装修的现象。节约 1m² 的建筑陶瓷，可节能约 6kg 标准煤，相应减排二氧化碳 15.4kg。如果全国每年 2000 万户左右的家庭装修能做到这一点，那么可节能约 12 万吨，减排二氧化碳 30.8 万吨

　　与黏土砖相比，节能砖具有节土、节能等优点，是优秀的新型建筑材料。在农村推广使用节能砖，具有广阔的节能减排前景。使用节能砖建一座农村住宅，可节能约 5.7t 标准煤，相应减排二氧化碳 14.8t。如果我国农村每年有 10% 的新建房屋改用节能砖，那么全国可节能约 860 万吨标准煤，减排二氧化碳 2212 万吨。

　　炎热的夏季，空调能带给人清凉的感觉，不过，空调是耗电量较大的电器，设定的温度越低，消耗能源越多，适当调高空调温度，并不影响舒适度，还可以节能减排。如果每台空调在国家提倡的 26℃ 基础上调高 1℃，每年可节电 22 千瓦·时，相应减排二氧化碳 21kg。如果对全国 1.5 亿台空调都采取这一措施，那

么每年可节电约 33 亿千瓦·时，减排二氧化碳 317 万吨。一台节能空调比普通空调每小时少耗电 0.24 千瓦·时，按全年使用 100h 的保守估计，可节电 24 千瓦·时，相应减排二氧化碳 23kg。如果全国每年 10% 的空调更新为节能空调，那么可节电约 3.6 亿千瓦·时，减排二氧化碳 35 万吨。空调房间的温度并不会因为空调关闭而马上升高。出门前 3min 关空调，按每台每年可节电约 5 千瓦·时的保守估计，相应减排二氧化碳 4.8kg。如果对全国 1.5 亿台空调都采取这一措施，那么每年可节电约 7.5 亿千瓦·时，减排二氧化碳 72 万吨。

通过调整供暖时间、强度，使用分室供暖阀等措施，每户每年可节能约 326kg 标准煤，相应减排二氧化碳 837kg。如果每年有 10% 的北方城镇家庭完成供暖改造，那么全国每年可节能约 300 万吨标准煤，减排二氧化碳 770 万吨。

以高品质节能灯代替白炽灯，不仅减少耗电，还能提高照明效果。以 11W 节能灯代替 60W 白炽灯、每天照明 4h 计算，1 支节能灯 1 年可节电约 71.5 千瓦·时，相应减排二氧化碳 68.6kg。按照全国每年更换 1 亿支白炽灯的保守估计，可节电 71.5 亿千瓦·时，减排二氧化碳 686 万吨。养成在家随手关灯的好习惯，每户每年可节电约 4.9 千瓦·时。如果全国 3.9 亿户家庭都能做到，那么每年可节电约 19.6 亿千瓦·时，减排二氧化碳 188 万吨。

如果全国所有的商场、会议中心等公共场所白天全部采用自然光照明，可以节约用电量约 820 亿千瓦·时。即使其中只有 10% 做到这一点，每年仍可节电 82 亿千瓦·时，相应减排二氧化碳 787 万吨。同样亮度下，半导体灯耗电量仅为白炽灯的十分之一，寿命却是白炽灯的 100 倍。如果我国每年有 10% 的传统光源被半导体灯代替，可节电约 90 亿千瓦·时，相应减排二氧化碳 864 万吨。

6.2.9.4　行

每月少开一天车，每辆车每年可节油约 44L，相应减排二氧化碳 98kg。如果全国 1248 万辆私人轿车的车主都做到，每年可节油约 5.54 亿升，减排二氧化碳 122 万吨。汽车耗油量通常随排气量上升而增加，排气量为 1.3L 的车与 2.0L 的车相比，每年可节油 294L，相应减排二氧化碳 647kg。如果全国每年新售出的轿车排气量平均降低 0.1L，那么可节油 1.6 亿升，减排二氧化碳 35.4 万吨。混合动力车可省油 30% 以上，每辆普通轿车每年可因此节油约 378L，相应减排二氧化碳 832kg。如果混合动力车的销售量占到全国轿车年销售量的 10%，那么每年可节油 1.45 亿升，减排二氧化碳 31.8 万吨。汽车车况不良会导致油耗大大增加，而发动机的空转也很耗油。通过及时更换空气滤清器、保持合适胎压、及时熄火等措施，每辆车每年可减少油耗约 180L，相应减排二氧化碳 400kg。

骑自行车或步行代替驾车出行 100km，可以节油约 9L；坐公交车代替自驾车出行 100km，可节省燃油 5/6。按以上节能方式出行 200km，每人可以减少汽油消耗 16.7L，相应减排二氧化碳 36.8kg。

6.3 全球气候变暖的争议

全球气候变暖及人类活动的影响是目前全世界最热门的话题之一，特别是在2009年12月"哥本哈根气候大会"前后达到了一个高峰。自人类活动（大量的温室气体排放）加剧了地球温室效应使地球升温的理论被提出之后，科学界关于工业革命以来的大气温室效应对地球气候影响产生了强烈的争论，争议的焦点在于人为因素对全球变暖是否占主导地位。有部分人士认为：气候变暖的过程，事实上是地球气候正常的变迁，地球上曾出现过比现在更温暖的时期。近百多年来，全球的平均气温经历了冷、暖、冷、暖两次波动，总的看来气温是上升趋势，进入20世纪80年代后明显上升。1981～1990年全球平均气温比100年前上升了0.48℃。但是有科学家认为人为因素并不能改变地球的气候周期性变化规律，全球气候变化主要来源于自然因素。

6.3.1 自然因素导致全球气候变化的主要假说

6.3.1.1 地球气候的周期性

现有的资料和处理的数据包含的时间太短，地球气候变化是一个漫长而又复杂的过程，要研究气候变化的规律必须从地球有资料以来75万年的气候变化开始研究。地球温度最长的周期性变化是2.5亿年，即地球的黄赤交角15°→30°→15°的变化周期。太阳是银河系的一员，银河系的中心（简称为银心）是太阳的"太阳"。它是一个半径约1光年的炽热的核，离它越近，温度越高，反之，则温度变低。太阳每2.25亿～2.50亿年绕银心一周，称为银年。把一银年分为春夏秋冬四季，那么每银季约为5625万～6250万年。太阳绕银心的轨道是一个扁长的椭圆，当太阳公转到接近银心的位置时，公转速度加快，动能增大，热量增加，蒸发加剧，太阳风增强，这便是太阳的"盛夏"了；在太阳远离银心时，公转速度减慢，动能减小，热量降低，蒸发减弱，太阳风减小，太阳也便进入了严冬。银心是比太阳大得多的恒星，它对太阳有非常大的引力作用，而银心对地球的作用力是很小的，原因在于地球的质量远远小于太阳，但这不等于没有。地球气候的周期性变化与地球、太阳之间的距离和倾斜度的周期性变化是密切相关的，偶尔的超级火山爆发和小行星撞击地球对地球气候变化也有影响。地球周期性公转轨迹由椭圆形变为圆形轨迹，距离太阳更近。地球温度曾经出现过高温和低温的交替，是有一定的规律性的。目前全球温度升高仍处在属于地球周期性温度变化范围内，地球现在正处于大春季的开始，温度在逐渐地升高，不管人类如何控制温室气体给气候带来的影响，都改变不了地球温度升高这一大的变化趋势。太阳系运转到宇宙空间某个特定位置时，地球上将会周期性地出现不适应人类生存的气候。6500万年前恐龙的灭绝便是一个例证。

6.3.1.2　冰川期的到来

早在 20 世纪后期就有人预测在 21 世纪 20 年代到 30 年代会出现另一个冷期，其主要依据就是太阳活动的准世纪周期性。有过多少次冰川期，学者意见不一致，但大部分学者认为在几十亿年里，全球至少出现过三次大冰期，即前寒武纪晚期大冰期、石炭纪-二叠纪大冰期和第四大冰期。前寒武纪晚期大冰期出现在 5.7 亿~6.8 亿年前，是地球经历过的第一纪冰川期，这次的冰川期大规模地覆盖了澳洲、欧洲、美洲和亚洲部分地区；在 4.1 亿~4.7 亿年前，地球遭遇到了第二纪冰川期，它几乎覆盖了非洲、美洲、欧洲所有地区；2.3 亿~3.2 亿年前第三纪冰期袭击了整个南半球；而第四纪冰川期从 250 万年前开始持续至今，并且覆盖了整个北半球，目前我们就正处在第四纪冰川期后期的温期。由于生物不能适应大规模冰川来临带来的气候变化，第四纪冰川期的到来导致了大量的生物物种的灭绝，比如我们在化石中看到的长毛象，就曾是第四纪冰川期来临前的间冰期的繁荣生物。因此第五冰期的到来是人类面临的生死挑战，6500 万年前的冰河世纪，让恐龙全面灭绝；如果新冰河世纪来临，人类会在哪里？

有专家指出，全球变冷而非变暖将是今后百年内的发展趋势，主要原因是太阳活动周期性和辐射角度发生变化，使太阳释放到地球表面的能量在慢慢地减少。全球气温将会在未来不久逐步降温，最终很可能是新一轮的冰川期到来。地球存在一个规律性冰期循环模式，大约每十万年冰期出现一次，而两大冰期之间有大约持续 1.2 万年的暖期。根据天文台的数据分析，由于太阳辐射的变化，地球温度很快就会达到一个峰值，峰值过后下一个冰期就将来临。他认为，全球降温，主要是由于太阳活动的变化，即使大气中二氧化碳浓度增加了 4%，在未来 10 年内，全球变暖将逐渐停止。

6.3.1.3　水蒸气作用

我们都知道在地球上有大量的水蒸气，在空气中储存热量的能力相当巨大。水蒸气也是一种温室气体，H_2O 和 CO_2 分子中的碳氧双键与氧氢键都是极性键，且氧氢键极性更强。所以水蒸气是更强的温室气体分子，而且水蒸气在大气中的含量要远远超过二氧化碳的含量。瑞典科学家认为水蒸气对温室效应的贡献率占 60%，而二氧化碳只占 25% 左右。因此有很多科学家认为水蒸气是导致全球变暖的主要因素。水蒸气的扩散效果非常强，足以让空气中的二氧化碳所致的温室效应加倍。

不断增加的水蒸气导致温度的上升，而温度的上升又使得更多的水蒸气被大气层所吸收，温室气体的排放让大气更湿了。如果地球上升 1.8℃，相应增加的水蒸气将会吸收 $2W/m^2$ 的热量。

6.3.1.4　热岛效应

热岛效应（effect of heat island）是城市气候的主要特征之一。由于城市中辐射状况的改变，工业余热和生活余热的存在，蒸发耗热的减少，而形成的城市市区温度高于郊区温度的一种小气候现象。由于中国人口量大，城市化的速度加快，城市建筑群密集、交通路面比郊区的土壤、植被具有更大的热容量和吸热率，使得市区储存了大量的热量，并向周围环境中大量辐射，造成在同一时间城区气温普遍高于郊区的气温，这就如汪洋中的一座岛屿。城市热岛中心一般要比郊区的温度高1℃左右，最高可达6℃以上。形成热岛效应的还有一个原因就是人工热源的影响，工厂加工、交通运输、居民日常生活都需要向外排出大量的热源。为了使自己有一个舒适的环境，降低室内的温度和增加室内空气的流通量，我们就长时间使用空调、电扇等电器，而这些都需要向环境中排放大量的热量。热岛效应使得我们对全球气温进行监测的数据不能完全反映全球的气候变化情况，而且很多人都生活在人口稠密或在处于正在发展的地区，"热岛效应"给人的感觉夸大了全球气候变暖。即使没有温室效应，单单"热岛效应"就足以给人地球变暖印象。有科学家怀疑目前监测数据的准确性，由于热岛效应的作用，固定地面站测的温度在未来几十年内还会越来越高，而且还指出全球总体气温并没有上升。在美国对全球气候的研究就必须避开热岛效应，曾经研究了63个空中气象观测点自1958～1996年的相关数据和1979～1997年卫星红外线的数据，发现全球温度从1979年以来还微有下降，这些还包括很多联合国IPCC报告中涵盖的地区。但是有很多关于全球气温上升的自然现象正在发生，因此这一观点还有待进一步查证。

为了减轻热岛效应对人们生活的影响，城市的绿化要采取高效美观的绿化形式，居住区的绿化管理建立相关的地方性行政法规，提倡少使用空调等放热量大的电器，形成环市水利系统，调节市区气候。

6.3.1.5　热盐环流

热盐环流是海水由于受盐变化而导致密度分布不均匀所产生的大洋环流。全球增温令北大西洋高纬热盐环流的下沉区海温升高，海水变淡，海水密度降低，海水下沉减弱。有人认为全球变暖可以通过关闭或减缓大洋的热盐循环，从而导致大洋局部降温，使得平均气温不发生大的变化。全球变暖造成冰川融化，例如地球南北极地冰层的融化、格陵兰冰盖的融化、中国西部冰川的融化，降水量也增加，从而使注入海洋的淡水量大大增加，导致热盐交换的停止或趋向于减弱。而导致北大西洋热盐循环减弱的原因是大洋径向密度梯度的减弱，北大西洋气候的不稳定性与热盐环流变化密切相关。中国海域辽阔，海洋对大陆的气候有着至关重要的作用。

6.3.1.6　火山作用

还有部分观点认为火山的爆发对环境有制冷作用。1991年菲律宾皮纳图博火山的爆发，释放了大量的硫酸盐烟雾，降低了阳光直射强度，增加了反射强度。而且有报道称这种变化有利于提高植物对二氧化碳转化为能量的能力。认为火山灰挡住了阳光，降低了温度，减少了动植物呼吸释放的二氧化碳含量，这一可能主要因为增强了植物的光合作用。

对于这些假说，它们有一个共同特点就是，对温室气体和温室效应的强度有着不同的看法。不可否认，人类的存在改变了大气中的气体成分，特别是大气中温室气体的增多，这种效应在工业革命以后尤为突出。但是这些都不足以说明温室气体是全球气候变暖的主要原因。据研究发现历史上全球温度是在不断变化的，但这种变化不是人为能够控制的。在中国汉朝和隋朝，都发生过在一段时间内气温呈明显上升趋势的现象。

6.3.2 全球气候变化与自然规律

自然规律永远不可能改变，人类活动只能加速或延迟自然的进程、永远不可能逆转自然的发展方向。人类仅仅依据百年来的全球温度上升 0.6℃ 表象，就一相情愿地认为是人类温室气体排放的结果。这些结论是否经得起科技常识的推敲结论呢？

6.3.2.1 人类的发展成长史似乎证明过去的气温比今天更高

百年温度的变化的历史相对于地球 45 亿年漫长演化史，真可谓沧海一粟、短短的一瞬间，用极短的一瞬间发生的事就想推断出全球暖化可怕的未来，是否显得结论过于轻率、极不严谨和极不负责任。气候规律是不以人们意志为转移的，如果仅从百年气候变化史看，尤其是几十年来看，全球气候确实在变暖，趋势似乎也明显，但遗憾的是我们的气温参考标杆是气候冷周期的气温，那又有什么意义呢？

据竺可桢的"中国过去五千年的温度变化"，5000 年前仰韶文化到 3000 年前的殷墟时代平均气温 15～16℃，比现在平均气温高 2℃ 左右。众所周知工业革命以前人类几乎没有温室气体的排放，但为什么气温却能比今天高呢？如果我们把时间的尺度再继续大跨度地延伸到 6500 万年前的恐龙时代，那个时代的气候似乎更加温暖。中国北方多个恐龙化石群的发现，无疑表明了中国北方曾是一个植被茂盛、雨水充沛的美好乐园。如果没有丰盛充足的食源就不可能维持恐龙这样庞大动物的生存，就像今天生活在非洲大草原和东南亚热带雨林的大象一样，不可能生活在没有食物保障的中国北方大草原。有充足的食物来源的前提条件必然是适宜生物生长的温暖气候和充沛的雨水，并且温度又不能太高，因为高温是不适宜像恐龙这样的庞然大物散热的；显然温度也不能太低，无霜期不能太短，因为那样的话是不能确保恐龙食物是安全的，更不能想象像今天中国北方这样寒冷的气候条件能满足恐龙的巨量食物要求。恐龙时代不难使人推测，那时的气候似乎更应该是一个温室气体含量比今天高得多的时代，由于高浓度的二氧化碳更容易加快植物的生长、提供更多的食物。高温的结果促使两极冰川的融化、提高了海平面、在陆地面积减少的同时却增加了更多适宜生物生存的空间；由于海水浓度的降低，促使水分更容易蒸发、环球洋流循环速度加快、全球气温交换平衡效率更高，水分含量的大幅度增加更容易提高全球热容量和平衡调节气温的能力，促使全球气温的日温差、年温差缩小，同时水量总供给增加促使陆地降雨量大增、可利用的淡水资源成倍增加。那样的气候更适宜生物生存，凭什么暖化就一定是恶果、一定是人类灾难呢？需要特别强调的是，在冰川消融、海平面上升、淹没岛屿与沿海陆地时，绝非像温室效应所宣扬那样恐怖和危言耸听，就是在今天所谓全球暖化海平面上升的条件下，即便是暖化论者也不能否认的一个基本事实：全球陆地面积是增加的，即便是首当其冲威胁最大的太平洋岛屿面积也是增加的。由于气候暖化、客观造成陆地冰川消融，减少、减轻了原覆盖冰川陆地的压力和温暖气流的上升，同样降低了大气压对陆地的压力，从而促成了陆地的上升，增加了陆地面积。

6.3.2.2　气候暖化对我国带来的好处

从理论上说全球的陆地水循环量的大小正是得益于气候的暖化，因为在全球暖化大背景下，同等温度下海面的蒸发量远远大于陆地失去水分蒸发量和地面径流量损失的，也正是得益于水蒸气的蒸发，在同等条件下，海洋比陆地更容易获得高气压，从而推动富含水汽的气流吹向陆地，并且水蒸气的增加有利于热交换效率提高、减少恶劣气候的发生概率、减少昼夜温差和年温差。针对我国特定的地理位置，正是得益于近年来暖化的气候，使得太平洋暖高压北移和印度洋暖湿气流促使海洋暖湿气流北上，大大增加了我国北方的降雨量，极大地缓解了北方的干旱，提高了全国农作物的生产能力。据青海柴达木盆地降水记录，近年来地下水位明显提高了。气候暖化给我国带来的是实实在在的利好，除此之外气候暖化有利于居民降低生活成本，亦有利于减少病毒的传播流行。历史曾有过辉煌的昨天似乎是在告诉我们，曾经拥有过的一切正是气候暖化太平洋暖湿气流滋润的结果，绝不是北冰洋冷气流南下的结果。但如果气候逆转的话，则可想而知：太平洋暖高压南移，我国即将面临雨水大幅度减少，中国北方夏日干燥炎热，冬季寒冷，农作物生育期大为缩短，粮食安全面临严峻考验。而正是目前这种暖化思维下，全球气候逆转变冷可能正向我们偷偷袭来。

6.3.2.3　全球暖化元凶二氧化碳依据

实际上，迄今为止没有寻找到全球暖化元凶二氧化碳的真凭实据。没有直接证据，固然是一个很遗憾的事，但仍然可有通过间接所谓证据来看出暖化论者的自相矛盾之处。据新华网报道，一个国际科研小组发表最新研究报告说，对非洲化石的分析表明，在约 3350 万年前南极冰盖开始形成时，地球大气中二氧化碳的浓度处于一个明显的下降期。这是首次有直接证据证实南极冰盖形成与二氧化碳浓度及其温室效应有关。这项研究由英国加的夫大学和布里斯托尔大学的研究人员及其美国同行完成，研究报告发表在英国《自然》杂志上。该研究小组在东非的坦桑尼亚首次找到了与南极冰盖形成时间相对应的化石。分析显示，约3400万年前，地球大气中二氧化碳浓度开始下降，当这一浓度在约3350万年前下降到 $760 \times 10^{-4}\%$ 左右的临界点时，南极冰盖开始大面积形成。布里斯托尔大学在新闻公报中说，这是首次有直接证据显示南极冰盖形成与大气中二氧化碳浓度的变化有关，它确认了二氧化碳及其温室效应与全球气候变化之间的关系，为在哥本哈根召开的联合国气候变化大会提供新的参考数据，在这份发现的数据中，气候暖化威胁论者忽视了一个最大的漏洞：那就是在约3350万年前下降到 $760 \times 10^{-4}\%$ 左右的临界点时，南极冰盖开始大面积形成。也就是说如果以上理论史实成立的话，那不难推论：大气二氧化碳浓度在 $760 \times 10^{-4}\%$ 以下时，气候应该是冷化的趋势、南极冰盖应该是增加的。而今天经人类排放温室气体后的大气二氧化碳浓度仅是 $379 \times 10^{-4}\%$，那么凭什么说二氧化碳仅仅是3350万年前 $760 \times 10^{-4}\%$ 的一半的今天就能说气候暖化了呢？这是自相矛盾的。

6.3.2.4　认清探索冷周期来临的规律

世上万物都逃脱不了周期规律的支配，气候同样逃脱不了周期支配，暖化的归属必然是冷周期的不期而遇。如果暖化论的误导使我们仍然陶醉在全球暖化中，那么2010年的冬天，北极寒流席卷几乎整个北半球，使人们强烈感觉到这个冬天来得特别寒冷与漫长。按照暖化思维的惯性和温室气体暖化论而言，似乎只要二氧化碳浓度上升，气温就一定上升，最少气温不可能下降，但事实并非如此。大自然是存在气候反馈机制的，不能因为我们没有发现就拒绝承认。世间万物虽皆变幻莫测，但都有其规律所在。除了地球自身周期性的调节气温外，还受太阳热源的影响。如果太阳黑子活动处于低谷期，光辐射强度的降低，热源吸收的减少则推动了地球的降温。如果太阳黑子活动的低潮与地球自身冷周期正好相遇则助推地球降温的到来。因此，对气候转冷以及冷周期规律研究应引起足够重视与警觉。

6.3.2.5　及早做好应对气候逆转到来的措施

温室效应之争，表象来看是学术之争，深一点来看是能源之争，再往下看实际上是一个更为严峻紧迫的粮食安全问题。粮食安全维系着一个民族一个国家的安危与未来，三年自然灾害就是发生在气候冷周期。暖化理论借助环保减排的道德大旗，让我们在减排降碳不明真相和没有话语权的亏本买卖中，忘记了气候的规律，忘记了冷冬到来的严峻局面，从而扼住粮食的咽喉，谋取最终驾驭各国利益权。经济全球化的浪潮更需要我们用中国人的智慧，迎接挑战，战胜科学迷信，旗帜鲜明地捍卫我们自己的利益。我国的粮食供给在暖化的条件下仅仅是紧平衡，如果在气候冷周期下，供给形势必将更为严峻，如果发生失误，损失将无法弥补。全球金融危机客观上促使了我国返乡农民多投入于农业生产,但 2010 年上半年的低温气候带来的农产品供应趋紧仍出乎人们的预料,5 月以前蔬菜价格的急剧攀升和夏收作物成熟推迟都告诉我们,气候降温造成农产品供应减少远大于人们的想象。对于 2010 年来说,由于北极涛动,北极圈内的寒流席卷几乎整个北半球,犹如暖化条件下的冷暖气压拔河比赛在冷气压的一边突然增加了筹码,于是暖化气候平衡打破了,使冷气压牢牢地掌握了主动权,于是台风可能少了,夏季可能短了,秋末寒露风、早霜冻可能提前降临。对此我们必须未雨绸缪,提前做好准备。因为夏收可以迟收,秋收是绝对不可以迟收的。

在全世界的焦点都在全球气候变暖,温室效应的时候,一些冷事件仍时常发生,譬如"气候门"、"冰川门"和"亚马逊雨林门"等,2008 年初中国南方的特大雪灾,2009 年夏东北的低温,2009～2010 年冬新疆与内蒙古到华北、东北的大雪。在应对全球变暖的过程中,这些冷事件也特别令人瞩目,因为它们给全球气候变暖的威信下了挑战书。总之,认为人类活动完全主导了目前气候变化的看法可能还不够全面,但完全否认人类活动对全球变暖的影响也是不恰当的。人为因素和自然因素,不管谁占主导因素,对温室气体我们都应该控制其排放量。即使没有温室效应,我们也应该低碳,积极开发新能源。

参 考 文 献

［1］莉萨·阿尔瓦雷斯-科恩，威廉·W纳扎洛夫，刘春光，漆新华．环境工程原理［M］．北京：化学工业出版社，2006.

［2］Farman J C, Gardiner B G, Shanklin J D. Large losses of total ozone in Antarctica reveal seasonal cio/no, interaction. A Century of Nature：Twenty-One Discoveries that Changed Science and the World，2003.

［3］Polvani L M, Kushner P J. Tropospheric response to stratospheric perturbations in a relatively simple general circulation model. Geophys. Res. Lett, 2002,29(7):1114 ~ 1117.

［4］赵由才．实用环境工程手册——固体废物污染控制与资源化［M］．北京：化学工业出版社，2002.

［5］赵由才．环境工程化学［M］．北京：化学工业出版社，2003.

［6］周存宇．大气主要温室气体源汇及其研究进展［J］．生态环境，2006，15(6)：1397 ~ 1402.

［7］方精云，郭兆迪．寻找失去的陆地碳汇［J］．自然杂志，2006，29(1)：1 ~ 6.

［8］遇蕾，任国玉．过去陆地生态系统碳储量估算研究［J］．地理科学进展，2007，26(3)：68 ~ 79.

［9］陶波，葛全胜，李克让，邵雪梅．陆地生态系统碳循环研究进展［J］．地理研究，2001，20(5):564 ~ 575.

［10］王效科，冯宗炜，欧阳志云．中国森林生态系统的植物碳储量和碳密度研究［J］．应用生态学报，2001，12(1)：13 ~ 16.

［11］潘根兴，曹建华，周运超．土壤有机碳及其地球表层系统碳循环中的意义［J］．第四纪研究，2000，20(4)：325 ~ 334.

［12］唐红侠，韩丹，赵由才．农林业温室气体减排与控制技术［M］．北京：化学工业出版社，2009.

［13］解宪丽，孙波，周慧珍，等．中国土壤有机碳密度和储量的估算与空间分布分析［J］．土壤学报，2004，41(1)：35 ~ 44.

［14］王绍强，刘纪远，于贵瑞．中国陆地土壤有机碳蓄积量估算误差分析［J］．应用生态学报，2003，14(5)：787 ~ 802.

［15］黄耀．中国的温室气体排放、减排措施与对策［J］．第四纪研究，2006，26(5):722 ~ 732.

［16］毛留喜，孙艳玲，延晓冬．陆地生态系统碳循环模型研究概述［J］．应用生态学报，2006，17(11)：2189 ~ 2195.

［17］王琛瑞，黄国宏，梁战备，等．大气甲烷的源和汇与土壤氧化（吸收）甲烷研究进展［J］．应用生态学报，2002，13(12)：1707 ~ 1712.

［18］耿元波，董云社，孟维奇．陆地碳循环研究进展［J］．地理科学进展，2000，19(4)：297 ~ 306.

［19］刘强，刘嘉麒，贺怀玉．温室气体浓度变化及其源与汇研究进展［J］．地球科学进展，2000，15(4)：453 ~ 460.

[20] Grady. 废水生物处理[M]. 北京：化学工业出版社，2003.

[21] 王少彬，瀚苏维. 中国地区氧化亚氮排放量及其变化的估算[J]. 环境科学，1993，14 (3)：42~46.

[22] 秦麟源. 废水生物处理[M]. 上海：同济大学出版社，1989.

[23] Khalil M A K, Rasmussen R A. The global sources of nitrous oxide. Journal of Geophysical Research, 1992, 97(13): 14651~14660.

[24] Ghim S, Kim C C, Bonner E R, et al. The enterococcus faecalis pyr operon is regulated by autogenous transcriptional attenuation at a single site in the 5′ leader. Journal of Bacteriology, 1999, 181(4): 1324~1329.

[25] 刘秀红，杨庆，吴昌永，等. 不同污水生物脱氮工艺中 N_2O 释放量及影响因素[J]. 环境科学学报，2006，26(012)：1940~1947.

[26] Johnson D, Campbell C D, Lee J A, et al. Nitrogen storage (communication arising): Uv-bradiation and soil microbial communities. Nature, 2003, 423(6936): 138~141.

[27] 刘华波，杨海真. 稳定塘污水处理技术的应用现状与发展[J]. 天津城市建设学院学报，2003，9(1)：19~22.

[28] 文湘华，钱易. 生物稳定塘生态系统的研究现状评述[J]. 环境污染与防治，1992，14 (1)：23~26.

[29] 郝晓地，汪慧贞，钱易，等. 欧洲城市污水处理技术新概念——可持续生物除磷脱氮工艺（上）[J]. 给水排水，2002，28 (6)：6~12.

[30] Picek T. Čížková H, Dušek J. Greenhouse gas emissions from a constructed wetland—Plants as important sources of carbon. Ecological Engineering, 2007, 3(1): 98~106.

[31] Pei-Dong T, Pei-Jun L, Inamori Y, et al. Greenhouse gas emissions from a constructed wetland for municipal sewage treatment[J]. 环境科学学报（英文版），2002，14(1)：27~33.

[32] Sovik A K, Augustin J, Heikkinen K, et al. Emission of the greenhouse gases nitrous oxide and methane from constructed wetlands in europe. Journal of Environmental Quality, 2006, 35(6): 2360~2373.

[33] 国家环境保护局. 氧化塘污水处理技术[M]. 北京：中国环境科学出版社，1991.

[34] 李穗中. 氧化塘污水处理技术[M]. 北京：中国环境科学出版社，1997.

[35] Elmaleh S, Yahi H, Coma J. Suspended solids abatement by ph increase-upgrading of an oxidation pond effluent. Water Research, 1996, 30(10): 2357~2362.

[36] 颜丽. 沼气发电产业化可行性分析[J]. 太阳能，2004，(5)：12~15.

[37] 尤新. 我国食品发酵工业联产饲料潜力巨大[J]. 中国饲料，1993，(8)：22~23.

[38] 韩祥兵，王吉辉. 浅述酒精废水治理"厌氧，好氧"负荷分配与运行费用的关系[J]. 山东食品发酵，2003，(1)：31~33.

[39] 宋晓雅，李维，王洪臣，等. 高碑店污水处理厂污泥处理系统工艺介绍及运行分析[J]. 给水排水，2004，30(12)：1~5.

[40] 席铁鹏. 污水厌氧处理后的沼气发电及余热利用的实践[J]. 节能，2008，27(4)：38~40.

[41] 胡滨，朱守真，郑竞宏，等. 北京分布式能源冷热电联供系统并网交易研究[J]. 电力系统自动化，2006，30(19)：18~22.

［42］李锡英，刘戈．高浓度有机废水大型厌氧反应器的调试和起动运行［J］．环境工程，2002，20(2)：32～33．

［43］Tanishou S, Ishiwata Y. Continuous Hydrogen Production from Molasses by the Bacterium Enterobacter Aetrogenes. Int. J. Hdrogen Energy, 1994, 19：807～812.

［44］Continuous Hydrogen Production from Molasses by Fermentation Using Urethane Foam as a Support of Flocks. Int. J. Hydrogen Energy, 1995, 20：541～545.

［45］Yokoi H, et al. Hydrogen production by immobilized cells of aciduric Enterobacter aerogenes strain HO-39. J. Ferment, Bioeng, 1997, 83(5)：14～84.

［46］梁建光，吴永强．生物产氢研究进展［J］．微生物学报，2002,29(6)：81～85．

［47］Annika. Hydrogen production from organic waste. International Journal of Hydrogen Energy, 2001, 26：547～550.

［48］Wu, Shu-Yii, Lin, Chi-Num, Chang, Jo-Shu. Hydrogen production from three-phrase fludized sludge bed. Biotechnology Progress, 2003, 19(3)：828～832.

［49］Tstsuya Kida, Guoqing Guan, Noriyuki Yamada. Hydrogen production from sewage sludge solubilized in hot-compressed water using photocatalyst under light irradiation, International Journal of Hydrogen Energy, 2004, 29：369～274.

［50］樊耀亭，李晨林，侯红卫．天然厌氧微生物氢发酵产生物氢气的研究［J］．中国环境科学，2002，22(4)：370～374．

［51］李秋波，邢德峰，任南琪，赵丽华，宋业颖．C/N 比对嗜酸细菌 X229 产氢能力及其酶活性的影响［J］．环境科学，2006，27(4)：810～814．

［52］Noda N, Kaneko N, Mikami M, et al. Effects of srt and do on N_2O reductase activity in an anoxic-toxic activated sludge system. Water Science and Technology, 2003, 48(11/12)：363～370.

［53］吕锡武，稻森悠平，水落元之．同步硝化反硝化脱氮及处理过程中 N_2O 的控制研究［J］．东南大学学报 (自然科学版)，2001，31(1)：95～99．

［54］Schulthess R V, Wild D, Gujer W. Nitric and nitrous oxides from denitrifying activated sludge at low oxygen concentration. Water Sci Technol, 1994, 30(6)：123～132.

［55］Kimochi Y, Inamori Y, Mizuochi M, Matsumura M, et al., Nitrogen removal and N_2O emission in a full-scale domestic wastewater treatment plant with intermittent aeration. Journal of Fermentation and Bioengineering, 1998, 86(2)：202～206.

［56］Zeng R J, Lemaire R, Yuan Z, Keller J. Simultaneous nitrification, denitrification, and phosphorus removal in a lab-scale sequencing batch reactor. Biotechnology and Bioengineering, 2003, 84(2)：170～178.

［57］马学慧，刘兴土，吕宪国，等．湿地甲烷排放研究简述［J］．地理科学，1995，15(2)：163～168．

［58］Itokawa H, Hanaki K, Matsuo T. Nitrous oxide production in high-loading biological nitrogen removal process under low cod/n ratio condition. Water Research, 2001, 35(3)：657～664.

［59］Chung Y C, Chung M S. BNP test to evaluate the influence of c/n ratio on N_2O production in biological denitrification. Water Science and Technology：23～27.

[60] Kishida N, Kim J H, Kimochi Y, Nishimura O, Sasaki H, Sudo R. Effect of c/n ratio on nitrous oxide emission from swine wastewater treatment process. Water Science and Technology, 2004, 49(5/6): 359 ~ 365.

[61] 李从娜, 吕锡武, 稻森悠平. 同步硝化反硝化脱氮研究[J]. 给水排水, 2001, 27(1): 22 ~ 24.

[62] Thorn M, Sorensson F. Variation of nitrous oxide formation in the denitrification basin in a wastewater treatment plant with nitrogen removal. Water Research, 1996, 30(6): 1543 ~ 1547.

[63] Kim E W, Bae J H. Alkalinity requirements and the possibility of simultaneous heterotrophic denitrification during sulfur-utilizing autotrophic denitrification. Water Science and Technology, 2000, 42(3): 233 ~ 238.

[64] Young P K, Inamori. Emission and control of nitrous oxide from a biological wastewater treatment system with intermittent aeration. Journal of Bioscience and Bioengineering, 2000, 90(3): 247 ~ 252.

[65] Gejlsbjerg B, Frette L, Westermann P. Dynamics of N_2O production from activated sludge. Water Research, 1998, 32(7): 2113 ~ 2121.

[66] 王志忠, 韩旭. 工业发展学[M]. 北京: 中国人民大学出版社, 1990.

[67] 吴兑. 温室气体与温室效应[M]. 北京: 气象出版社, 2003.

[68] 林培英, 杨国栋, 潘淑敏. 环境问题案例教程[M]. 北京: 中国环境科学出版社, 2002.

[69] 张合平. 环境生态学[M]. 北京: 中国林业出版社, 2002.

[70] 齐玉春, 董云社. 中国能源领域温室气体排放现状及减排对策研究[J]. 地理学报, 2004, 24(5): 528 ~ 534.

[71] 杨晓东, 张玲. 钢铁工业温室气体排放与减排[J]. 冶金环境保护, 2005, (2): 1 ~ 4.

[72] 张春霞, 胡长庆, 严定鎏, 等. 温室气体和钢铁工业减排措施[J]. 中国冶金, 2007, 17(1): 7 ~ 12.

[73] 宗希宽. 《京都议定书》及其对中国的影响[J]. 科学决策, 2007, (11): 21 ~ 22.

[74] 潘家荣. 保护全球大气环境: 中国化工行业的新课题[J]. 世界经济与政治, 2002, (8): 50 ~ 53.

[75] 黄晓丽. 中国能源现状及发展趋势初探[J]. 石油规划设计, 2004, 15(1): 11 ~ 12.

[76] 王明星, 张仁健, 郑循华. 温室气体的源与汇[J]. 气候与环境研究, 2000, 5(1): 75 ~ 79.

[77] 李国华. 国外节能现状分析及对中国的启示[J]. 科学与管理, 2007, (5): 19 ~ 21.

[78] 李有润. 过程系统节能技术[M]. 北京: 中国石化出版社, 1994.

[79] 唐克嶂. 工厂能源管理[M]. 大连: 大连理工大学出版社, 1994.

[80] 刘茂俊. 燃煤工业锅炉节能实用技术[M]. 北京: 中国电力出版社, 2006.

[81] 冯英, 郭建峰, 郭良栋, 等. 煤层甲烷气钻井技术探讨[J]. 探矿工程, 2003, (3): 44 ~ 45.

[82] 孙茂远. 煤层气资源开发利用的若干问题[J]. 中国煤炭, 2005, 31(3): 5 ~ 8.

[83] 李梅, 文福拴. 电力市场环境下发电环节的节能减排[J]. 电力技术经济, 2007, 19

(4)：27～30.

[84] 杨晓东，张玲. 钢铁工业温室气体排放与减排[J]. 钢铁，2003，38(7)：65～69.

[85] 李光强，朱诚意. 钢铁冶金的环保与节能[M]. 北京：冶金工业出版社，2006.

[86] 胡秀莲. 中国温室气体减排技术选择及对策评价[M]. 北京：中国环境科学出版社，2001.

[87] 朱松丽. 水泥行业的温室气体排放及减排措施浅析[J]. 中国能源，2000，(7)：25～28.

[88] 赵天涛，阎宁，赵由才. 环境工程温室气体减排与控制技术[M]. 北京：化学工业出版社，2009.

[89] 蒋家超，李明，赵由才. 工业领域温室气体减排与控制技术[M]. 北京：化学工业出版社，2009.

[90] Conservation E, Protection E. 气候变化和碳减排[J]. 节能与环保，2008：13～15.

[91] 殷捷，陈玉成. CO_2 的资源化研究进展[J]. 环境科学动态，1999，(4)：20～23.

[92] 张晓华. 温室气体 CO_2 的控制和处理研究进展[J]. 环境科学动态，1998，(1)：31～32.

[93] 夏明珠，严莲荷，雷武，等. 二氧化碳的分离回收技术与综合利用[J]. 现代化工，1999，19(5)：46～48.

[94] 崔学祖. 制服 CO_2 排放的新探索[J]. 上海环境科学，1995，14(1)：37～39.

[95] 程丽华，张林，陈欢林，等. 微藻固定 CO_2 研究进展[J]. 生物工程学报，2005，21(2)：177～181.

[96] M Kathrin. Biotechnological use of carbondioxide as raw material using microalgae [J]. Forsch Tech Innovation, 1997, 23：85～89.

[97] Martin F, Kubic W. Green freedom：A concept for producing carbon-neutral synthetic fuels and chemicals.

[98] Maccracken M. Prospects for future climate change and the reasons for early action. J. Air and Waste Manage. Assoc, 2008, 58：735～786.

[99] Tsubouchi M, Yamasaki N, Yanagisawa K. Two-phase titration of poly (oxyethylene) nonionic surfactants with tetrakis (4-fluorophenyl) borate. Analytical Chemistry, 1985, 57(3)：783～784.

[100] Datta S, Tian W, Hong S, Reifenberger R, Henderson J, Kubiak C. Current-voltage characteristics of self-assembled monolayers by scanning tunneling microscopy. Physical Review Letters, 1997, 79(13)：2530～2533.

[101] Lehmann J. A handful of carbon. Nature, 2007, 447(7141)：143～144.

[102] Jimenez R, Fleming G, Kumar P, Maroncelli M. Femtosecond solvation dynamics of water. Nature, 1994, 369 (6480)：471～473.

[103] 李天成，冯霞. 二氧化碳处理技术现状及其发展趋势[J]. 化学工业与工程，2002，19(002)：191～196.

[104] 马莹，刘海映. 用二氧化碳控制藻类培养中的原生动物[J]. 水产科学，1992，11(005)：11～14.

[105] Bogner, J. E. , K. A. Spokas, et al. Kinetics of methane oxidation in a landfill cover soil：Temporal variations, a whole-landfill oxidation experiment, and modeling of net CH sub (4) e-

missions. Environmental Science & Technology , 1997, 31(9): 2504 ~ 2514.

[106] Bull, I. , N. Parekh, et al. Detection and classification of atmospheric methane oxidizing bacteria in soil. Nature , 2000, 405(6783): 175 ~ 178.

[107] C. S. Liu, L. J. Zhang. , C. H. Feng, C. A. Wu, F. B. Li, and X. Z. Li . Relationship between oxidative degradation of 2-mercaptobenzothiazole and physicochemical properties of manganese (hydro) oxides. Environ. Chem. , 2009.

[108] De Visscher, A. , D. Thomas, et al. Methane oxidation in simulated landfill cover soil environments. Environmental Science & Technology , 1999, 33(11): 1854 ~ 1859.

[109] Eklund, B. , E. P. Anderson, et al. Characterization of landfill gas composition at the fresh kills municipal solid-waste landfill. Environmental Science & Technology, 1998, 32 (15): 2233 ~ 2237.

[110] Frenzel, P. Plant-Associated Methane Oxidation in Rice Fields and Wetlands. Advances in Microbial Ecology, 2000.

[111] Furuto, T. , M. Takeguchi, et al. Semicontinuous methanol biosynthesis by Methylosinus trichosporium OB3b. Journal of Molecular Catalysis. A, Chemical , 1999, 144(2): 257 ~ 261.

[112] Hanson, R. and T. Hanson. Methanotrophic bacteria. Microbiology and Molecular Biology Reviews, 1996, 60(2): 439 ~ 471.

[113] Hilger, H. and M. Humer. Biotic landfill cover treatments for mitigating methane emissions. Environmental Monitoring and Assessment, 2003, 84(1):71 ~ 84.

[114] Hilger, H. A. , A. G. Wollum, et al. Landfill methane oxidation response to vegetation, fertilization, and liming. Journal of Environmental Quality, 2000, 29(1): 324 ~ 334.

[115] HINRICHS, K. , J. Hayes, et al. Methane-consuming archaebacteria in marine sediments. Nature (London), 1999, 398(6730): 802 ~ 805.

[116] Huetsch, B. W. , C. P. Webster, et al. Methane oxidation in soil as affected by land use, soil pH and N fertilization. Soil Biology and Biochemistry, 1994, 26(12): 1613 ~ 1622.

[117] References, S. , C. Hou, et al. Microbial oxidation of gaseous hydrocarbons: epoxidation of C2 to C4 n-alkenes by methylotrophic bacteria. Appl Environ Microbiol, 1979, 38 (1): 127 ~ 134.

[118] Scheutz C. and P. Kjeldsen. Environmental factors influencing attenuation of methane and hydrochlorofluorocarbons in landfill cover soils [J] . Journal of Environmental Quality, 2004 (33).

[119] Stralis-Pavese, N. , A. Sessitsch, et al. Optimization of diagnostic microarray for application in analysing landfill methanotroph communities under different plant covers. Environmental Microbiology, 2004,6(4): 347 ~ 363.

[120] Whalen, S. C. , W. S. Reeburgh, et al. Rapid Methane Oxidation in a Landfill Cover Soil. Appl Environ Microbiol, 1990, 56(11): 3405 ~ 3411.

[121] Wilkins, P. C. , H. Dalton, et al. Biological methane activation involves the intermediacy of carbon-centered radicals. European Journal of Biochemistry, 1992, 210(1): 67 ~ 72.

[122] 丁维新，蔡祖聪．温度对甲烷产生和氧化的影响[J]．应用生态学报，2003，14（4）：604～608.

[123] C. S. 西尔弗，徐庆华．一个地球——共同的未来[M]．北京：中国环境科学出版社，1999.

[124] 刘俊女，汪苹，柯国华，等．废水脱氮过程中 N_2O 的控逸理论及研究进展[J]．北京工商大学学报，2005（6）：14～19.

[125] 邓新云，肖怀秋，禹练英．我国燃煤烟气脱硫技术研究进展[J]．广州化工，2008，36（1）：24～27.

[126] 汪艳红．我国火电厂烟气脱硫工艺现状及发展综述[J]．硫磷设计与粉体工程，2008，23（6）：13～25.

[127] 蔡博峰，刘春兰，陈操操．城市温室气体清单研究[M]．化学工业出版社，2009.

[128] 张旭亮，黄继昌．节能减排基础知识[M]．中国电力出版社，2009.

[129] 周雪飞，张亚雷．图书环境保护[M]．同济大学出版社，2010.

[130] S. 辛格，D. 艾沃利，著．全球变暖——毫无来由的恐慌[M]．林文鹏，王臣立译．上海科学技术文献出版社，2008.

[131] 王绍武．全球气候变暖的争议[J]．中国科学，2010，55（16）：1529～1531.

[132] 王星，徐菲，赵由才．清洁发展机制开发与方法学指南[M]．北京：化学工业出版社，2009.

[133] 吴创之，马隆龙．生物质能现代化利用技术[M]．北京：化学工业出版社，2003.

[134] 马晓茜，何军飞，等．生物质与煤共燃发电 CDM 项目案例分析[J]．华南理工大学学报，2006，34（4）：91～95.

[135] 赵勇强，马玉清．中国节能建筑 CDM 项目基准线方法[J]．Renewable energy，2004，116（4）：16～18.

[136] 何军飞，马晓茜，等．风力发电清洁发展机制项目案例分析[J]．中国电力，2006，39（9）：28～30.

[137] 胡秀莲，崔成，等．城市生活垃圾焚烧发电项目案例分析[J]．能源与环境，2002（7）.

[138] 刘瑞华，朱咏，等．钢铁厂富裕煤气联合循环发电清洁发展机制案例研究[J]．冶金能源，2004，23（5）：59～62.

[139] 周欢怀，艾宁．二氧化碳减排与可持续发展[J]．杭州化工，2005，35（2）：15～18.

[140] 陈文颖，吴宗鑫，等．CO_2 收集封存战略及其对我国远期减缓 CO_2 排放的潜在作用[J]．环境科学，2007，28（6）：1178～1182.

[141] 卢福海．削减二氧化碳排放的措施介绍[J]．化学教学，2005（12）.

[142] 陈晓进．国外二氧化碳减排研究及对我国的启示[J]．国际技术经济研究，2006，9（7）：21～25.

[143] 洪大剑，张德华．二氧化碳减排途径[J]．电力环境保护，2006，22（6）：5～8.

[144] 何建坤，刘滨．我国减缓碳排放的近期形势与远期趋势分析[J]．中国人口、资源与环境，2006，16（6）：153～157.

[145] 郎一环，王礼茂．能源合理利用与 CO_2 减排的国际经验及其对我国的启示[J]．地理科学进展，2004，23（4）：28～34.

[146] 魏一鸣，范英，等．关于我国碳排放问题的若干对策与建议[J]．气候变化研究进展，2006，2(1)：15~20．

[147] 刘连玉．对可再生能源配额制的考察与思考[J]．中国电力，2002，35(9)：74~77．

[148] 金枫．欧美可再生能源计划炫目登场[J]．中国石化，2007，7：59~61．

[149] 钱伯章．欧美一些国家的"生物炼油场"[J]．Renewable energy，2006，128(4)：100~101．

[150] 郑爽．国际 CDM 现状分析[J]．能源与环境，2005，27(6)：19~23．

[151] 潘攀．清洁发展机制下的减排量交易及其法律问题[J]．中国能源，2005，27(10)：18~20．

[152] 李兴旺．浅析《京都议定书》中的清洁发展机制（CDM）的不足和完善——以我国为代表的发展中国家的视角[J]．四川教育学院学报，2007，23(9)：51~59．

冶金工业出版社部分图书推荐

"十二五"国家重点图书——
《环境保护知识丛书》

日常生活中的环境保护——我们的防护小策略	孙晓杰	赵由才	主编
认识环境影响评价——起跑线上的保障	杨淑芳　张健君	赵由才	主编
温室效应——沮丧？彷徨？希望？	赵天涛　张丽杰	赵由才	主编
可持续发展——低碳之路	崔亚伟　梁启斌	赵由才	主编
环境污染物毒害及防护——保护自己、优待环境	李广科　云　洋	赵由才	主编
能源利用与环境保护——能源结构的思考	刘　涛　顾莹莹	赵由才	主编
走进工程环境监理——天蓝水清之路	马建立　李良玉	赵由才	主编
饮用水安全与人们的生活——保护生命之源	张瑞娜　曾　彤	赵由才	主编
噪声与电磁辐射——隐形的危害	王罗春　周　振	赵由才	主编
大气污染防治——共享一片蓝天	刘　清　招国栋	赵由才	主编
废水是如何变清的——倾听地球的脉搏	顾莹莹　李鸿江	赵由才	主编
土壤污染退化与防治——粮食安全，民之大幸	孙英杰　宋　菁	赵由才	主编
海洋与环境——大海母亲的予与求	孙英杰　黄　尧	赵由才	主编
城市生活垃圾——前世今生	唐　平　潘新潮	赵由才	主编